信息科学技术学术著作丛书

可证明安全公钥签密理论

俞惠芳　张文波　著

科 学 出 版 社

北 京

内 容 简 介

　　可证明安全公钥签密体制可以处理消息保密性和认证性的网络通信安全问题，其优势在于设计灵活、运算效率高。可证明安全公钥签密体制是同时实现保密并认证的重要手段，其安全性越来越完善。全书共有 11 章，内容包含绪论、无证书门限签密、无证书代理签密、无证书环签密、乘法群上的无证书盲签密、无证书椭圆曲线盲签密、无证书椭圆曲线聚合签密、通用可复合身份代理签密、通用可复合广播多重签密、通用可复合自认证盲签密、总结与展望。本书详细阐述了每章内容，力求做到让读者能直观理解每部分的知识，让读者深入理解和掌握公钥签密体制的设计和安全性证明方法。

　　本书既可以作为高等学校密码科学与技术、信息安全、网络空间安全、信息对抗技术、应用数学、计算机科学与技术、网络工程、电子与信息通信等专业的学生(含本科生和研究生)的参考书，也可以作为信息安全等领域工程技术人员和研究人员的参考书。

图书在版编目(CIP)数据

可证明安全公钥签密理论 / 俞惠芳，张文波著. — 北京：科学出版社，2022.10

(信息科学技术学术著作丛书)

ISBN 978-7-03-073377-1

Ⅰ. ①可… Ⅱ. ①俞… ②张… Ⅲ. ①公钥密码系统－研究 Ⅳ. ①TN918.4

中国版本图书馆 CIP 数据核字(2022)第 189133 号

责任编辑：闫　悦 / 责任校对：胡小洁
责任印制：吴兆东 / 封面设计：陈　敬

科 学 出 版 社 出版

北京东黄城根北街 16 号
邮政编码：100717
http://www.sciencep.com

北京中石油彩色印刷有限责任公司印刷

科学出版社发行　各地新华书店经销

＊

2022 年 10 月第 一 版　　开本：720×1000　1/16
2022 年 10 月第一次印刷　　印张：11 3/4
字数：300 000

定价：108.00 元

(如有印装质量问题，我社负责调换)

《信息科学技术学术著作丛书》序

21世纪是信息科学技术发生深刻变革的时代，一场以网络科学、高性能计算和仿真、智能科学、计算思维为特征的信息科学革命正在兴起。信息科学技术正在逐步融入各个应用领域并与生物、纳米、认知等交织在一起，悄然改变着我们的生活方式。信息科学技术已经成为人类社会进步过程中发展最快、交叉渗透性最强、应用面最广的关键技术。

如何进一步推动我国信息科学技术的研究与发展；如何将信息技术发展的新理论、新方法与研究成果转化为社会发展的推动力；如何抓住信息技术深刻发展变革的机遇，提升我国自主创新和可持续发展的能力？这些问题的解答都离不开我国科技工作者和工程技术人员的求索和艰辛付出。为这些科技工作者和工程技术人员提供一个良好的出版环境和平台，将这些科技成就迅速转化为智力成果，将对我国信息科学技术的发展起到重要的推动作用。

《信息科学技术学术著作丛书》是科学出版社在广泛征求专家意见的基础上，经过长期考察、反复论证之后组织出版的。这套丛书旨在传播网络科学和未来网络技术，微电子、光电子和量子信息技术、超级计算机、软件和信息存储技术、数据知识化和基于知识处理的未来信息服务业、低成本信息化和用信息技术提升传统产业，智能与认知科学、生物信息学、社会信息学等前沿交叉科学，信息科学基础理论，信息安全等几个未来信息科学技术重点发展领域的优秀科研成果。丛书力争起点高、内容新、导向性强，具有一定的原创性，体现出科学出版社"高层次、高水平、高质量"的特色和"严肃、严密、严格"的优良作风。

希望这套丛书的出版，能为我国信息科学技术的发展、创新和突破带来一些启迪和帮助。同时，欢迎广大读者提出好的建议，以促进和完善丛书的出版工作。

中国工程院院士

原中国科学院计算技术研究所所长

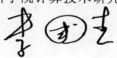

前　言

互联网技术已经渗透到社会经济、政治文化等各个领域，正在不断影响着人们的工作方式和生活方式。各种网络服务给人们活动带来便利的同时也带来不少潜在的威胁。互联网技术的不断发展，促使危害信息安全的事件不断发生，敌对势力的破坏、黑客的攻击、网络上有害内容的泛滥、隐私数据的泄露等对信息安全构成了很大的威胁。信息的存储、传输和处理越来越多地在开放网络上进行，容易受到各种各样的网络攻击，信息安全问题已成为信息社会亟待解决的重要问题。全球信息化迅速发展的今天，开展信息安全的研究、增强信息安全的意识、提高信息安全技术和加强信息安全风险的认识和基本防护能力、营造信息安全的氛围，是社会主义新时代发展的客观要求。

密码科学技术是保障信息安全的关键技术，比较常用的密码科学技术是加密技术和签名技术。加密技术不允许任何非授权者得到消息的内容；签名技术可使接收者确定谁是消息的发送者。随着信息技术快速发展，人们对网上传输数据的安全性要求越来越高，同时需要保证数据的保密性和不可伪造性的安全需求也越来越广泛。这说明加密技术或签名技术的单独使用远远不能满足密码学的应用需求，实际应用场景中往往需要融合加密技术和签名技术。公钥签密技术能同时实现加密和签名过程，是公认的同时实现签名和加密过程的理想方法。公钥签密技术能确保交易双方的安全性，在在线电子邮件收发、在线电子交易、在线电子服务等方面有着广泛的应用前景。

全球范围内网络信息安全人才目前缺口很大。随着我国网络经济规模迅速发展和全球网络安全形势日益严峻，加快培养适应社会需求的多层次的高素质网络信息安全人才迫在眉睫。本书是可证明安全公钥签密理论方面的最新专业著作，是作者多年从事含可证明安全公钥签密理论在内的信息安全方面的科学研究成果的总结。

本书在阐述可证明安全公钥签密理论的内容时，主要采用描述性方式向读者介绍可证明安全公钥签密理论的研究成果。作者旨在努力使这本书成为密码科学与技术、信息安全、网络空间安全、信息对抗技术、网络工程、通信工程、物联网工程等领域的读者缩短熟悉可证明安全公钥签密理论时间的参考书。作者也希望本书能给这些领域读者的学习提供必要的帮助。

本书付梓之际，衷心感谢给予作者很多支持并助力作者成长的领导们和同事们，衷心感谢在学术道路上给予作者谆谆教诲的导师，真心感谢在人生道路上给作者鼓励关怀和无私帮助的亲人、同行和朋友，同时感谢塔里木大学李建民和北京优炫软件公司赵晨在此书校正工作中的辛苦付出。西安邮电大学张文波老师撰写了此书的 150 千字。

本书创新性地提出了保护网络数据安全的可证明安全公钥签密理论，可根据不同安全需求应用到电子现金支付、电子投票、电子拍卖、电子合同、匿名通信、电子医疗、物联网等实际场景。本书主要介绍九种具有特殊性质的公钥签密算法，旨在详细描述这九种公钥签密算法的形式化算法定义、形式化安全模型、技术实例、安全论证方法，同时给出这些公钥签密算法的性能评价过程。本书主要内容是国家自然科学基金委项目(61363080)和陕西省自然科学基础研究计划重点项目(2020JZ-54)的部分成果，是基于作者在可证明安全公钥签密理论方面多年深耕积累成果的高度凝练。

本书受到青海省"昆仑英才·教学名师"专项信息安全名师工作室(青人才字(2020)18)和陕西省自然科学基础研究计划重点项目(2020JZ-54)的资助。

在公钥密码体制创新需求的情况下，融合数字签名技术和公钥加密技术的研究愈来愈多，可证明安全公钥签密理论随之发展很快，相应成果层出不穷，在撰写本书过程中不当之处和疏漏在所难免，敬请各位前辈和读者批评指正。如果有幸收到各位前辈和读者的建议和意见，作者必定会在第一时间内回复并做出改进。作者的联系方式：327766891@qq.com。

作　者

2022 年 6 月

目　　录

第1章 绪 论

1.1 信息安全概述

信息安全(information security，IS)的保障能力是 21 世纪经济竞争力、生存能力、综合国力的重要组成部分。信息安全技术能防御信息侵略和对抗霸权主义。信息是战略资源和决策之源，信息必须要安全可信，如果信息不安全，错误的信息则会起到很大的反作用[1,2]。解决不好信息安全问题，国家就会处于信息战、信息恐怖和经济风险等威胁之中。没有网络安全就没有国家安全；没有信息化就没有现代化。不强化网络化信息安全保障，不解决信息安全的问题，信息化不可能持续健康发展。

人们从事各项活动往往需要借助互联网，无时无刻面临着或者难以避免各种信息安全威胁[3-5]。如今信息安全问题日益突出，信息安全威胁的事件频繁在媒体上报道，信息安全形势不容乐观，严重威胁着人们正常生活甚至国家安全。

信息安全可使计算机信息系统的硬件、软件、网络及其系统中的数据受到保护，不因偶然的或恶意的原因遭到破坏、更改、泄露，保障系统连续可靠正常运行并使信息服务不中断。信息安全技术可确保信息不暴露给未授权实体或进程，只有得到授权的实体才可修改数据和辨别数据是否已被修改；可保证得到授权的实体在需要时能访问数据，攻击者不能占用所有资源阻碍授权者的工作；可控制授权范围内的信息流向、信息传播、信息内容等，信息资源的访问是可控的，网络用户的身份是可验证的，用户活动记录是可审计的；可防止信息通信过程中的任何参与方否认过去执行过的操作。

信息安全不得不面临很多自然或人为的威胁，自然威胁来自各种各样的自然灾害、电磁辐射或电磁干扰、网络设备老化等事件，这些事件会影响信息存储介质、威胁信息的安全。人为威胁含信息泄露、破坏信息完整性、拒绝服务、非授权访问、旁路控制、业务流分析、窃听、假冒、授权侵犯、抵赖等。

随着网络的普及和信息技术的广泛应用，网络信息安全问题存在于国家层面，也与每个人息息相关，使得网络信息安全成为全社会关注的问题。我国网络信息安全人才需求快速扩张，供应严重不足，网络信息安全人才培养非常重要。实战型人才储备不足、专业人才流失、人才成长和培养落后于社会变革速度等问题逐渐显现。伴随着国内经济的高速回温、网络业务重要性不断提升，人才缺口持续拉大。我国目前的网络信息安全人才建设进入复杂阶段，除数量供给不足，人才质量也很难满足社会需求，缺乏敏锐的安全意识和实战攻防的经验，尤其能分析与解决复杂安全问题和高级别安全威胁的高层次专业人才严重紧缺，各个区域网络信息安全领域人才供求存在很大差异。各个区域网络信息安全人才招聘规模占比各不相同，人才需求在不同区域快速扩张，供应不足现象严重。2021 年多个城市网络安全人才需求量如图 1-1 所示。据清华大学王传毅老师介绍，以信息安全、大数据、云计算、人工智能等为代表的信息技术产业的人才缺口 150 万，到 2050 年人才缺口会达到 950 万。

图 1-1   2021 年多个城市网络安全人才需求量

1.2   密 码 理 论

信息安全涉及密码科学与技术、网络空间安全、计算机科学与技术、信息与通信、信息对抗技术、信息编码理论、数学、物理、生物、管理、法律、教育、数据库系统、操作系统等诸多学科。其中，密码科学与技术是信息安全的灵魂。

密码学在信息安全领域起着举足轻重的作用。密码学含密码分析学和密码编码学两个分支，二者相互对立又相互依存，推动了密码学自身的快速发展[6-11]。密码分析学是破译密码的科学，是在不知道密钥的情况下从密文推导出原始明文或密钥的技术。密码编码学是对明文进行编码的科学，保护信息在网络传递过程中不被窃取、解读和利用。网络上应用的公钥加密、数字签密、网络编码密码、区块链密码、抗量子计算密码等，都是使用密码学理论设计的。密码科学与技术的应用非常广泛，各国政府都非常重视密码科学与技术的研究和应用。

密码学是信息安全的核心和基础。密码系统是密码学用来提供信息安全服务的原语。密码系统分为对称密码系统和非对称密码系统。对称密码系统又称为单钥密码系统或私钥密码系统，加解密的密钥是保密的、不公开的。公钥密码系统出现前，对称密码系统的安全性通过对密钥和加密算法的保密来保障。对称密码系统的代价昂贵，主要用于军事、政府和外交等机要部门。对称密码系统中加密和解密的密钥是相同的，通常使用的加密算法简单高效、密钥短、安全性高，然而，传送密钥和保管密钥是个严峻的问题。

1976 年 Diffie 和 Hellman 发表的论文《密码学的新方向》是公钥密码诞生的标志，在密码学发展史上具有里程碑意义。公钥密码可实现发送方和接收方之间不需要传递密钥的保密通信。公钥密码系统(public key cryptosystem，PKC)又称为双钥密码系统或非对称密码系统，PKC 解决了对称密码系统中最难的密钥分配问题和数字签名问题，加密密钥即公钥(public key)和解密密钥即私钥(private key)是不同的，公钥公开，私钥保密。公钥密码系统模型如图 1-2 所示。

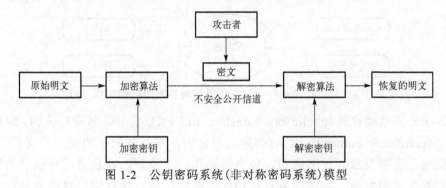

图 1-2　公钥密码系统(非对称密码系统)模型

1.3　公钥签密理论

密码系统可确保通信各方在不安全的信道中安全传输信息。保密性和认证性是密码学提供信息安全服务的重要内容，是数字签密体制形式化定义的基本安全概念。保密性可保证信息只为授权用户使用而不能泄露给未授权用户。认证性可防止通信各方否认以前的许诺或行为。加密能使可读的明文信息变换为不可读的密文信息，签名能保证接收者确认数据的完整性和签名者的身份。信息技术的快速发展，仅靠加密或签名无法满足安全需求，在密码学实际应用中往往需要整合加密和签名[12,13]。

传统的先签名后加密的方法能提供保密性和认证性两个安全目标，计算量和通信成本是加密和签名的代价之和，计算复杂度高。数字签密(digital signcryption)[14-35]

作为整合加密和签名的代表性密码算法，在一个逻辑步骤中对传输信息的签名和加密是同时进行的，从而在很大程度上降低了信息在传输过程中进行密码操作所需要的时间开销，比起传统的方法节省了计算和通信成本。数字签密分为公钥签密（public key signcryption，PKSC）和混合签密（hybrid signcryption，HSC）[36]两类，作者在本书中主要描述 PKSC。PKSC 是国际标准化组织认可的安全技术的标准（ISO/IEC 29150），在实际应用中 PKSC 可提供信息保密、身份认证、权限控制、数据完整性和不可否认等安全服务。公钥签密系统中签密阶段和解签密阶段的工作流程如图 1-3 所示。

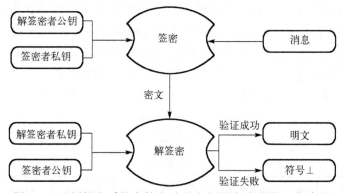

图 1-3　公钥签密系统中签密阶段和解签密阶段的工作流程

传统公钥基础设施（public key infrastructure，PKI）采用证书管理公钥，通过认证中心（certificate authority，CA）绑定用户公钥，在互联网上验证用户身份。CA的功能包含证书发放、证书更新、证书撤销和证书验证，还负责用户证书的黑名单登记和黑名单发布。公钥证书是结构化的数据记录，含有用户身份信息、公钥参数和证书机构的签名等。任何人都可通过检查证书的合法性认证公钥。PKI 在使用任何公钥时，都要事先验证公钥证书的合法性，计算量很大。PKI 下的公钥密码体制能达到信任标准 3（认证机构不知道或不能轻松得到用户私钥，如果认证机构生成假证书冒充用户，就会被发现），同一用户拥有两个合法的证书则意味着认证机构的欺骗。

身份密码系统（identity-based public key cryptosystem，IB-PKC）[37]简化了 PKI公钥体系架构中 CA 对各用户证书的管理，用户公钥由用户身份信息计算得出，私钥生成器（private key generator，PKG）采用用户身份信息（手机号码、邮箱地址等）计算用户私钥，一个用户使用另外一个用户的公钥时只需知道其身份信息即可，无须获取和验证公钥证书。IB-PKC 减少了公钥证书的存储、颁发、撤销和公钥验证费用，缺点在于不诚实的 PKG 可冒充任意用户进行任何密码操作且不被发现，存在密钥托管的问题。PKG 知道所有用户私钥，IB-PKC 只达到信任标准 1

(认证机构知道或可轻松得到用户的私钥,可冒充用户并且不被发现)。

无证书密码系统(certificateless public key cryptosystem,CL-PKC)[38]中,用户的完整私钥包含密钥生成中心(key generation center,KGC)计算出的部分私钥和用户随机选取的秘密值两部分,用户公钥由自己计算得到。CL-PKC 不再使用证书绑定用户的公钥和身份,不需要托管密钥。CL-PKC 不需要公钥证书且达到了信任标准 3。

根据公钥认证方法,公钥签密体制可分为 PKI 下的公钥签密体制、IB-PKC 下的公钥签密体制和 CL-PKC 下的公钥签密体制。融合公钥签密体制和具有特殊性质的数字签名,可设计具有特殊性质的公钥签密体制。

接下来,本书大部分内容描述具有不同特殊性质的可证明安全公钥签密体制。公钥签密技术在网上报关、网上报检、网上办公、网上采购和网上报税等领域具有很大应用价值,也可用于电子支付、电子邮件、数据交换、物联网和电子货币等领域。在实际的电子签章系统中,只有合法拥有印章和密码权限的用户才能在文件上加盖电子签章;可通过密码验证、签名验证、数字证书等验证身份的方式,验证用户的合法性,还可查看和验证数字证书的可靠性。具有不同特殊性质的可证明安全公钥签密算法的工作仍没有完成,目前还在继续进行和完善之中。可证明安全公钥签密理论看似简单,然而,根据密码学界的不同研究目的,公钥签密技术的实现方式却又丰富多彩,不断沿着不同研究方向延伸和发展。可证明安全公钥签密算法的设计研究工作还需不断改进和创新。

虽然已经公布不少使用不同公钥认证方法的公钥签密理论方面的研究成果,然而,设计安全性强、计算复杂度低和通信效率高的公钥签密算法仍然具有非常重要的理论意义和实际价值。本书的重点在于,在数学理论基础之上设计在不同数学困难问题的假设下具有特殊性质的无证书公钥签密体制和通用可组合公钥签密体制,在随机谕言(random oracle,RO)模型中采用归约方法证明密码算法的安全性,然后给出概率和性能的分析过程。

公钥签密算法的安全性证明中随机谕言模型通常是现实中哈希函数的理想化替身,如果在随机谕言模型中证明密码算法是安全的,则在实际执行的时候密码算法使用具体哈希函数来替换随机谕言机。标准模型中敌手受时间和计算能力的约束没有其他假设,标准模型下的可证明安全性可将密码算法归约到困难问题上。然而在实际中很多密码算法在标准模型下建立安全性归约比较困难。因此,为了降低证明的难度和计算复杂度,往往在安全性归约过程中加入其他假设条件。随机谕言模型下安全性证明除了散列函数外的环节都可达到安全要求,目前大多数可证明安全公钥签密算法都是在随机谕言模型下设计的,随机谕言模型被认为是公钥签密算法可证明安全中最成功的应用。本书的重点在于描述随机谕言模型下可证明安全的公钥签密理论。

1.4　可证明安全理论

可证明安全理论在密码算法的设计和分析中具有重要的作用，本节主要介绍随机谕言模型方法论、安全性证明方法、归约思想、可证明安全性、哈希函数。

1.4.1　随机谕言机

随机谕言机指具有确定性、有效性和均匀输出的虚构函数，现实中的计算模型没有如此强大的工具。随机谕言概念源自 Fiat 等将哈希函数看作随机函数的思想[39]，由 Bellare 等[40]转化成随机谕言模型。后来，国内外密码学家提出许多随机谕言模型中可证明安全的密码算法。Canetti 等[41]指出密码算法在随机谕言模型中的安全性和通过哈希函数实现的安全性之间没有必然的因果关系，在随机谕言模型中可证明安全密码算法在任何具体实现的时候却是不安全的。Pointcheval[42]则认为没有人提出让人信服的随机谕言模型的实际合法性的反例，这说明随机谕言模型仍以高实现效率的优势在密码学界被广泛接受，随机谕言机是度量实际安全级别的一种好方法[43]。

随机谕言模型是从哈希函数抽象出来的安全模型，随机谕言模型可以很好地模拟敌手的各种行为，允许归约密码算法的安全性到相应计算难题上。随机谕言模型中有针对哈希函数的随机谕言机假设。随机谕言假设下归约得到的安全性称为随机谕言模型中可证明安全性。随机谕言模型中的归约过程包含三个方面：①形式化定义密码算法的安全性，假设多项式时间敌手能以不可忽略的概率优势攻破密码算法的安全性；②挑战者为敌手提供和现实环境不可区分的仿真环境，挑战者针对各种随机谕言机的询问做出相应回答；③挑战者利用敌手的攻击能力解决某个数学困难问题。

随机谕言模型中证明安全的密码算法，使用密码学安全的哈希函数实现的时候或许不一定可证明安全。然而，随机谕言模型中证明安全的密码算法肯定比那些尚未得到证明的密码算法还是让人放心得多。实际应用中大多数密码算法只能进行随机谕言模型中的证明，随机谕言模型中证明安全的密码算法的计算复杂度往往是很低的。标准模型中可证明安全密码算法一般比随机谕言模型中可证明安全密码算法的计算复杂度高。

标准模型中密码算法的安全性证明更令人信服，然而很多密码算法在标准模型中建立安全性归约比较困难，也就是说很难在标准模型中证明其安全性。在随机谕言模型中安全性归约过程需要加入其他假设条件，这使随机谕言机中的证明难度有所降低。随机谕言模型中的安全证明除哈希函数外的环节都可达到安全要求。随机谕言模型仍是公认的可证明安全中最成功的实际应用。几乎所有国际安全标准体系都要求提供至少在随机谕言模型中可证明安全的设计。现在大多数可证明安全密码算法都是在随机谕言模型中设计的。

1.4.2 安全性证明方法

1. 密码算法安全性证明方法

可证明安全密码算法[44]含随机谕言模型中可证明安全密码算法和标准模型中可证明安全密码算法。随机谕言模型中采用定义域内某个数询问该哈希函数的时候，可从值域内选取一个随机值作为应答。如果使用相同的数询问的时候，应该使用值域相同的值应答。使用不同值询问的时候，响应值应该是完全相互独立的。标准模型中不假设哈希函数是理想的，采取一些标准的数论假设。密码算法安全性证明方法如下。

(1)公布密码算法后，看是否有什么行之有效的方法能攻破该密码算法。如果在一段时间内没有出现攻击者，说明在这段时间内是安全的。如果在其他时刻发现安全缺陷问题，需要重新进行补救措施，经过再次完善后才能让客户使用。或许这个过程会反复进行。通过这种方式经过修复完善的密码算法，也会增加使用者的使用成本，让人难以接受[45]。

(2)Goldwasser 等[46]提出的可证明安全性理论是密码学和计算复杂性理论的天作之合。过去几十年，密码学的最大进展是将密码学建立在计算复杂性理论之上，计算复杂性理论将密码学从一门艺术发展成一门严格的科学。可证明安全实际上是一种归约方法：先确定密码算法要达到的安全目标，例如，加密的安全目标是保密性、签名的安全目标是认证性；之后，根据敌手的能力定义形式化攻击模型；最后，指出该攻击模型与密码算法安全性之间的归约关系，如果敌手能成功攻破密码算法,则必存在概率多项式时间算法能解决一个公认的数学困难问题。

2. 密码分析者获取信息的方式

(1)唯密文攻击模型中密码分析者需要掌握加密算法和截获的部分密文。密码分析者具有一些信息的密文，这些信息都用同一加密算法加密。密码分析者的任务是恢复出尽可能多的明文，或最好推算出加密信息的密钥来，以便采用相同的密钥解出其他的加密信息[47]。

(2)已知明文攻击模型中密码分析者需要掌握加密算法、截获的部分密文、一个或多个明文密文对。密码分析者掌握一段明文和对应密文，目的在于发现加密的密钥。实际应用中获得某些密文对应的明文是可能的，如电子邮件信头格式是固定的，如果加密电子邮件必然有一段密文对应于信头[47]。

(3)选择明文攻击模型中密码分析者需要掌握加密算法、截获的部分密文、自己选取的明文消息和由密钥产生的部分密文。密码分析者设法让对手加密一段分析者选定的明文并获得加密结果，目的在于确定加密密钥。这比已知明文攻击更有效，因为密码分析者能选择特定明文块去加密，那些块可能会产生更多关于密钥的信息[47]。

(4)选择密文攻击模型中密码分析者需要掌握加密算法、截获的部分密文、自己选取的密文消息和解密出的相应明文。密码分析者事先任意搜集一定数量密文，让这些密文透过被攻击的解密算法脱密得到明文，由此计算出加密者的私钥或分解模数，运用这些信息密码分析者恢复出所有明文[47]。

1.4.3　归约思想

归约是指将一个密码算法的安全性问题归结为某一个或某几个数学困难问题，用来描述某个密码算法与某个或某些数学难题之间的关系。

通过归约方法将公认的难解问题通过概率多项式时间转发成密码算法的破译问题。密码算法的安全性可通过归约方法得到证明。安全性证明本质上是安全性归约，是将密码算法的安全性归约到底层困难假设上。如果底层困难假设成立，密码算法就是安全的。通常而言，密码算法 Y 的安全性可归约到数学困难问题 X，这要求对于任意的概率多项式时间敌手 A 存在归约算法 C；如果 A 能攻破 Y 的安全性，则 C 能高效解决数学困难问题 X。目前没有有效算法可在概率多项式时间内解决这些困难假设，C 也不可能攻破数学困难问题，因而 Y 是安全的。

随机谕言模型中的归约表现如下：首先形式化定义密码算法的安全性，假设概率多项式时间敌手能以不可忽略的优势破坏该密码算法的安全性；然后挑战者在模拟环境中回答敌手的所有随机谕言机的询问；最后挑战者利用敌手的攻击能力设法解决数论中的困难问题。密码算法到数学困难问题的归约过程如图1-4所示。

现代密码学中大多数公钥密码算法是在数学困难问题假设下设计的。密码算法通过攻击模型论证安全性，如果存在概率多项式时间敌手能以不可忽略的概率攻破某个密码算法，通过归约技术推导就能构造出一个挑战算法使用另外一个不可忽略的概率解决该密码算法所依赖的数学困难问题。该密码算法所依赖的数学问题是难解的，这样就产生矛盾，因而不可能存在这样的概率多项式时间敌手能攻破该密码算法。数学困难问题在选取一定安全参数的条件下是安全的，从归约矛盾中可反推出建立在数学困难问题上的密码算法是安全的。如果某一天密码算法所依赖的困难问题能快速计算出，所有建立在数学困难问题上的密码算法就变得不安全了。

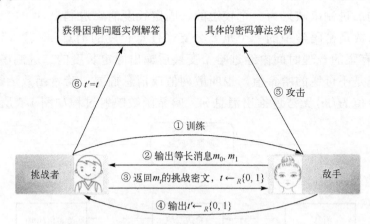

图 1-4　密码算法到数学困难问题的归约过程

1.4.4　可证明安全性

可证明安全性是指假设概率多项式敌手能成功，则可从逻辑上推出这些攻击信息，使敌手或系统的使用者能解决某个公认的数学难题。安全性证明过程中的随机谕言机是一种理想化的哈希函数，可根据不同的输入值在均匀分布的值空间内随机取出相应的值。可证明安全思想理论中，需要定义如下密码算法所要达到的安全目标的模型、困难问题假设和归约方法。

(1)安全模型用来保证密码算法抗主动攻击,安全模型含攻击行为和攻击目的两部分，攻击行为就是敌手想要达到目标时需要实施的行为，攻击目的就是敌手只有知道自己的目标才能通过某种行为达到成功。如果敌手在某种攻击行为下不能达到攻击目的，可认为密码算法在该敌手攻击下是安全的。

(2)困难问题假设用来说明解决某个数学困难问题是不可能的。

(3)归约方法中构造一个挑战者,挑战者能利用敌手的攻击能力解决某一个数学困难问题实例，这也是密码算法可证明安全性理论的独特所在。挑战者潜藏在敌手存在的某一个环境中，利用敌手的攻击能力执行一个模拟过程，借助敌手帮助解决数学困难问题的随机实例。挑战者不会拥有真正的签名密钥和解密密钥，因而挑战者必须通过某特权执行所有的签名过程或解密过程以弥补缺少密钥的不足，通过随机谕言模型可实现这个特权。

1.4.5 哈希函数

定义 1-1（哈希函数）　哈希函数[48,49]又称散列函数或杂凑函数，哈希函数可将任意长度的消息 m 压缩成固定长度的消息摘要 h，可表示成 $h=H(m)$，即将任意有限长度的二进制串映射为一个较短的、固定长度的二进制串。

哈希函数是密码学中的一个重要分支，任意长度的消息 m 输入到哈希函数 $H()$ 中，在有限的合理时间内经过哈希变换后输出固定长度的二进制串 $H(m)$，这个输出值就是不可逆的哈希值，也叫散列值或消息摘要。哈希函数运算不可逆转是指由哈希值 $H(m)$ 无法逆推出消息 m。哈希函数映射过程如图 1-5 所示。

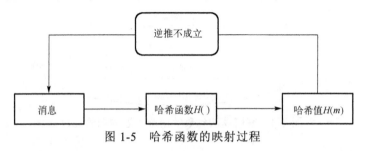

图 1-5　哈希函数的映射过程

哈希函数包含不带密钥的哈希函数和带密钥的哈希函数。不带密钥的哈希函数是输入串的函数，任何人都可以计算；带密钥的哈希函数是输入串和密钥的哈希函数，只有持有密钥的人才能计算出哈希值。哈希函数特性如下。

①哈希函数的输入长度没有任何限制。

②哈希函数的输出必须是固定的长度。

③任意给定 m，计算 $H(m)$ 是容易的，这条性质能用于秘密值的认证。

④给定 β，求解 m 使得 $\beta=H(m)$ 成立是不可行的，这条性质说明由消息计算哈希函数值很容易，然而，由哈希函数值却不能计算出相应的消息。

⑤任意给定 m_1，求解 $m_2(m_2 \neq m_1)$ 使得 $H(m_2)=H(m_1)$ 是不可行的。

⑥求解出两个任意的 $m_1, m_2(m_2 \neq m_1)$，使得 $H(m_2)=H(m_1)$ 是不可行的。

哈希函数性质⑤和⑥给出哈希函数无碰撞的概念。碰撞性是指对于两个不同的消息 α_1, α_2，如果 α_1, α_2 的哈希值相同，说明发生碰撞。事实上可能的消息是无限的，可能的哈希值却是有限的（SHA-1 可能的哈希值是 2^{160}）。不同的消息会产生相同的哈希值，也就是说碰撞是存在的，然而人们要求敌手不能按要求找到一个碰撞。

目前已有哈希函数（MD5、SHA-1）能快速找到碰撞攻击的方法，研究更安全的哈希函数是国内外学者的热点课题。哈希函数是实现密码学中消息认证和数字签名的重要工具。一个完整的数字签名方案由两部分组成：①签名算法；②验证算法。

签名过程(图1-6)：给定一个消息 m，先计算消息 m 的消息摘要 $h=H(m)$，然后用签名者的私钥 sk 计算得到一个签名结果 $\sigma=sk(h)$，即 σ 就是消息 m 的数字签名。

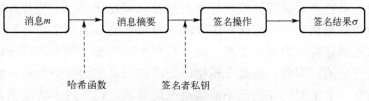

图 1-6　数字签名的签名过程

验证过程(图1-7)：验证者根据收到的数字签名 σ，先计算 $H(m)$，然后用自己的公钥计算 $pk(\sigma)$，最后验证 $H(m)=pk(\sigma)$ 是否成立。如果成立，签名有效；否则，签名无效。

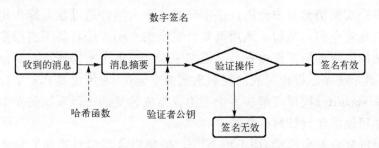

图 1-7　数字签名的验证流程图

同态哈希函数的使用可极大降低敏感数据的暴露问题，对于访问系统的内部用户和外部用户都起到同样的作用。使用同态哈希函数模型可保护用户隐私不受数据处理者的影响：访问者无法查看正在处理的数据，只能看到数据处理的最终结果。云计算和需要保护数据的分布式系统中，同态哈希函数会对其起到重要作用，用户可在不访问原始未加密数据的情况下进行计算。

1.5　通用可复合安全理论

网络信息技术的发展使各行各业都要在互联网上进行大量的信息交互。信息化带来便捷的同时也使人们面临信息被泄露、被窃取的风险，怎样使信息变得安全是首要任务。信息安全最核心的部分是设计出安全的密码算法，给信息安全提供基础理论和关键技术。以前甚至是现在，研究密码算法的时候都是先确立正确的模型，实际上一个完整的模型要考虑的状态和情况非常多，难以考虑周全，为了简化起见，基本上都是简单考虑单一密码算法的执行情况，很少考虑该密码算法和其他密码算法并行运行时的安全情况或者作为其他密码算法的组件时整个复合系统的安全情况。如果考虑并行运行的情况，想到的一个自然解决办法是直接模拟几个密码算法并行运行的实际情况，这样会造成状态爆炸导致设计的密码算法并不高效；有些并行密码算法设计虽然成功，但仅适用于一些特殊情况。于是迫切需要新的一般化的研究方法和路线来应付日益复杂的网络运行环境。并发组合是复杂的网络环境中的实际情形，孤立模型中证明安全的密码算法在组合情形下不一定是安全的。因此，在孤立模型中证明密码算法的安全性是不够的。复杂的网络环境中，单个密码算法已不能满足应用需求，越来越多情况下需要多个密码算法组合在一起使用，各自安全的密码算法在组合后并不能保证组合密码系统的安全。

　　密码算法的通用可复合问题是安全密码系统分析研究的一个热点。复合安全需保证某个密码算法在独立计算情况下是安全的，在复杂的网络环境中该密码算法运行的多个实例仍然是安全的，该密码算法作为组件通过复合操作构成的大型密码系统仍是安全的。然而，通用可复合安全的密码算法目前不是很多，实际情况是在复杂的网络环境下许多在孤立模型中安全的单个密码算法与其他密码算法组合后，根本无法保证组合形成的复杂系统的安全性。通用可复合安全(universally composable security)模型可解决多个子协议组成的复杂密码系统的安全性问题，最重要的是可模块化设计密码算法。

　　在通用可复合安全框架(图 1-8)下[50]，抽象出合理的理想函数是非常关键的一步，理想函数可完成密码算法需要的特定功能。设计通用可复合安全框架下密码算法需要三个步骤。

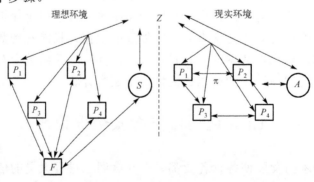

图 1-8　　通用可复合安全框架

①根据攻击者和参与方的能力，构造出相应密码算法的理想函数。
②设计能利用理想函数成功仿真的具体密码算法。

③如果密码算法在仿真时实现不了理想函数，那么首先应该考虑重新定义理想函数的描述，看看抽象的理想函数是否合理，其次直接调整设计的具体密码算法，相当于回到最初密码算法的设计阶段。

通用可复合安全框架[50]由现实模型、理想模型和混合模型组成。通用可复合安全框架含参与者、攻击者和环境机等实体，这些实体可用交互式图灵机来描述，交互式图灵机的运行规定在概率多项式时间内。参与者是指参与密码算法的各方；攻击者监视用户之间的通信，同时具备收买用户的能力；环境机是指所有的外部情况。

如果某个密码算法具备通用可复合安全性，则存在仿真敌手 S，使得任何环境机 Z 都不能区分它是在理想环境中看到的还是在现实环境中看到的。理想模型中，如果用户之间想要通信，必须经过理想函数转发，理想函数会根据通信的会话标识将消息转发给相应的用户。在现实模型中，每个用户之间能直接进行通信并严格遵守密码算法的运行。现实模型中密码算法能直接访问理想函数来完成期望的操作。

现实模型中的实体包含现实密码算法 π、参与方 $P_1, \cdots, P_n$、真实敌手 A 和环境机 Z。现实环境一般描述密码算法 π 的真实运行情况。参与方 P_i 在真实敌手 A 存在的情况下不仅诚实地执行 π，而且每个参与方相互之间允许直接进行通信，同时还要求他们诚实地运行协议 π。A 可收买某个参与方，如果 A 收买了某个参与方 P_i，则 A 就可得到 P_i 的所有内部状态和一些过去保留的信息。

理想模型中的密码算法总被认为是安全的，理想模型中的实体含虚拟参与方 $P_1, \cdots, P_n$、模拟者 S、外部环境 Z 和理想函数 F(不可攻陷的可信第三方)。理想模型与现实模型不一样的是，参与方 $P_1, \cdots, P_n$ 相互之间不能直接通信，理想敌手 S 与参与方也不能直接通信，所有参与方和理想敌手 S 均与理想函数 F 交互。现实模型和理想模型的外部环境 Z 相同。由于 $P_1, \cdots, P_n$ 之间不能直接进行信息交互，如果虚拟参与方之间想要进行通信，只有先将消息转发给 F，然后 F 再根据会话标识转给相应的参与方。通用可复合安全框架下，理想函数 F 的能力仅限于与虚拟参与方 P_i 和理想敌手 S 进行交互，交互过程中模拟者 S 的能力与现实模型中的 A 至少相当。怎样抽象一个理想函数 F 是设计通用可组合密码算法的关键任务。

混合模型的实体包含参与方 $P_1, \cdots, P_n$、攻击者 A、环境机 Z、现实密码算法 π、理想函数 F。与现实模型和理想模型的区别在于，混合模型中不仅有现实协议 π，还具有理想函数 F 的多个副本，这些副本之间是不能进行通信的。

通用可复合安全框架下，环境机 Z 用来模拟密码算法运行的整个外部环境，Z 可与真实敌手 A、理想敌手 S 和所有的参与者 $P_1, \cdots, P_n$ 直接通信，环境机 Z 不能直接访问理想函数 F。由于模块化设计思想，只要证明某个密码算法能满足通用可复合安全性，那么就能保证该密码算法与其他密码算法并发运行时的安全，而且也能保证该密码算法作为复杂系统组件时整个组合系统的安全。

定义 1-2（不可区分性）　X 和 Y 是两个不可区分的二元分布集合（记作 $X \approx Y$），如果任何 $c \in N$ 都有 $k_0 \in N$，使得所有 $k > k_0$ 和所有的 a 都有：

$$|\Pr(X(k,a)=1) - \Pr(Y(k,a)=1)| < k^{-c}$$

定义 1-3（UC 仿真）　设 $n \in N$，F 是一个理想函数，π 是具有 n 个参与方的现实密码算法，T 是现实生活中的某类敌手。如果对任何现实敌手 $A \in T$ 都存在一个理想过程中的模拟者 S，使得任何环境机 Z 都不能区分是与 (π,A) 交互还是与 (F,S) 交互，则称 π 安全实现理想函数 F，记作：

$$\mathrm{IDEAL}_{F,S,Z} \approx \mathrm{REAL}_{\pi,A,Z}$$

定理 1-1（组合定理）　令 F 和 G 是理想函数，如果密码算法 ρ 能安全实现理想函数 F，而且 π 是 F-混合模型下的一个密码算法，则 $\pi^{\rho/F}$（用 ρ 替换 π 中的理想函数 F 所得到的组合协议）成功仿真 F-混合模型下的密码算法 π。特别地，如果 π 在 F-混合模型下能安全实现理想函数 G，则 $\pi^{\rho/F}$ 也能安全实现理想函数 G，记作：

$$\mathrm{EXEC}_{\pi,S,Z}(F) \approx \mathrm{REAL}^{\rho}_{\pi,A,Z}(G)$$

1.6　常用数学知识

数论是优美的纯之又纯的数学学科，数论的任务之一是研究整数（尤其是正整数）的性质，整数的性质复杂深刻，难以琢磨。研究整数的过程中，往往需要用到别的数学分支的技巧与知识，这样就诞生了代数数论、解析数论、组合数论、几何数论、概率数论甚至计算数论等分支学科。数论是纯数学学科也是应用性极强的数学学科，在化学、物理、生物、信息通信、信息安全，尤其是在密码学中有着广泛的应用。数学是科学的皇后，数论是数学的皇后，数论本身的理论方法具有很大价值。数论密码是密码学中的主流学科。可证明安全公钥签密理论研究中需要用到数论、线性代数、近世代数、复杂性理论、组合数论等数学理论，这些数学理论知识是可证明安全公钥签密理论不可或缺的工具。

本章的 1.4～1.6 节，主要介绍可证明安全公钥签密理论中用到的可证明安全方法、随机谕言模型、归约思想、哈希函数、通用可组合安全理论、群理论、有限域、素数、整数分解问题、费尔马定理、欧拉定理、离散对数问题、椭圆曲线密码系统、Lagrange 插值多项式、复杂性理论，这些知识是学习后续各章内容的基础。

1.6.1 群理论

定义 1-4（群） 只有满足下列四个条件的集合 G 和运算"$\circ$"称为群,记作 $(G, \circ)$。

①对于任意的 $a, b \in G$,存在 $a \circ b \in G$。

②对于任意的 $a, b, c \in G$,存在 $a \circ (b \circ c) = (a \circ b) \circ c \in G$。

③有且仅有元素 $e \in G$,可使任意的 $a \in G$,均有 $a \circ e = e \circ a$,元素 $e \in G$ 称为单位元。

④对于任意的 $a \in G$,存在 $a^{-1} \in G$,可使 $a \circ a^{-1} = a^{-1} \circ a$。

交换群[49]在群的基础上满足交换律 $a \circ b = b \circ a$。有限群是元素个数有限的群,反之称为无限群,$|G|$ 表示群 G 中元素的个数。

循环群内任意一个元素都是群中某一元素的幂。循环群一定是交换群。在循环群中,如果认为群 G 是由元素 g 生成的,则 g 是群 G 的生成元。

群的性质:群中的单位元是唯一的;群中每个元素的逆元是唯一的,$(a^{-1})^{-1} = a$,$(a^n)^{-1} = (a^{-1})^n$,$(a \circ b)^{-1} = b^{-1} \circ a^{-1}$,对于任意的 $a, b, c \in G$,如果 $a \circ b = a \circ c$,则 $b = c$,同样,如果 $b \circ a = c \circ a$,则 $b = c$。

群元素的阶:假设 G 是一个群,$a \in G$,则可使得 $a^i = e \in G$ 的最小正整数 $i \in N$ 称为元素 $a \in G$ 的阶。如果这样的整数不存在,则称 $a \in G$ 为无限阶元。

1.6.2 有限域

假设 F 集合上定义了 $(+, \times)$ 两种运算,符号"$+$"表示加法运算,"$\times$"表示乘法运算,如果满足性质①~⑨,则称 $(F, \times, +)$ 为一个域。

①加法结合律。对于任意的 $a, b, c \in F$,均有 $(a + b) + c = a + (b + c)$。

②加法交换律。对于任意的 $a, b \in F$,均有 $a + b = b + a$。

③存在加法单位元 $e \in F$。对于任意的 $a \in F$,均有 $a + e = a$。

④存在加法逆元 $a' \in F$。对于任意的 $a \in F$,均有 $a + a' = 0$。

满足性质①~④时,称 $(F, +)$ 为一个加法交换群。

⑤乘法结合律。对于任意的 $a, b, c \in F$,均有 $(a \times b) \times c = a \times (b \times c)$。

⑥乘法交换律。对于任意的 $a, b \in F$,均有 $a \times b = b \times a$。

⑦存在乘法单位元 $e \in F$。对于任意的 $a \in F$,均有 $a \times e = a$。

⑧存在乘法逆元 $a' \in F$。对于任意的 $a \in F$,均有 $a \times a' = 1$。

满足性质⑤~⑧时,称 $(F, \times)$ 为一个乘法交换群。

⑨分配率。对于任意的 $a, b, c \in F$,均有 $a \times (b + c) = (a \times b) + (a \times c)$。

定义 1-5（有限域） 令 q 表示元素的个数,q 表示有限的正整数。如果在一个集合 F 中只有 q 个元素,则称 $(F, \times, +)$ 为一个有限域(伽罗瓦域)。

1.6.3 素数

定义 1-6（素数） 一个大于 1 的正整数 a，如果除了 1 和它本身以外，不能被其他任何整数整除，则称 a 为素数。大于 1 同时不是素数的数称为合数。如果有两个整数互素，则它们的最大公因数一定为 1。

唯一分解定理：任何一个大于 1 的正整数 a 都可分解为有限个素数之积，$a = p_1 p_2 \cdots p_s$（$p_1 \leqslant p_2 \leqslant \cdots \leqslant p_s$，$p_1, p_1, \cdots, p_s$ 都是素数）。上述分解式是唯一的，如果还有一个分解 $a = q_1 q_2 \cdots q_r$（$q_1 \leqslant q_2 \leqslant \cdots \leqslant q_r$，$q_1, q_1, \cdots, q_r$ 都是素数），则 $r = s$，$q_i = p_i (i \in \{1, 2, \cdots, s\})$。

1.6.4 整数分解

定义 1-7（IF 问题） 给定正整数 N，整数分解（integer factorization，IF）问题是指求 n 的素因式分解，$n = p_1^{t_1} p_2^{t_2} \cdots p_l^{t_l}$，其中，$p_1, p_2, \cdots, p_l$ 互不相同，t_i 为 p_i 的个数。

IF 问题在代数学、密码学、量子计算机和计算复杂性理论等领域中具有重要的实用价值。大整数因式分解最为有效的算法是数域筛选法。如果整数足够大（$\geqslant 1024\text{bit}$），则没有有效的概率多项式时间算法能求解大整数分解问题。模数大于 1024bit 的时候，使用 IF 问题的 RSA 密码算法和 Rabin 密码算法是足够安全的。

密码学家、数学家和计算机科学家都非常关注大整数分解问题。在网络空间安全领域得到广泛应用的 RSA 密码算法和 Rabin 密码算法就是建立在整数分解问题的难解性之上的。整数分解问题今后的研究方向为在现有分解算法的基础上寻求分解过程的优化和设计高度并行化的算法。

1.6.5 费尔马定理

定理 1-2（费尔马定理） 如果 p 是素数，a 是正整数且 $gcd(a, p) = 1$，则有 $a^{p-1} = 1 \bmod p$ [47]。

费尔马定理也可写成如下形式：设 p 是素数，a 是任意的一个正整数，则 $a^p = a \bmod p$。

1.6.6 欧拉定理

设 n 为任意正整数，小于 n 且与 n 互素的正整数的个数称为 n 的欧拉函数，记为 $\varphi(n)$。

例 1-1 n 分别取 7,8,12，则

$\varphi(7) = 6$，即 0,1,2,3,4,5,6 中，1,2,3,4,5,6 与 7 互素；

$\varphi(8) = 4$，即 0,1,2,3,4,5,6,7 中，1,3,5,7 与 8 互素；

$\varphi(12) = 4$，即 0,1,2,3,4,5,6,7,8,9,10,11 中，1,5,7,11 与 12 互素。

定理 1-3 如果 n 是素数，则显然有 $\varphi(n) = n - 1$；

如果 n 是两个素数 p 和 q 的乘积，则 $\varphi(n) = \varphi(p) \times \varphi(q) = (p-1) \times (q-1)$；

如果 n 有标准分解式 $n = p_1^{\beta_1} p_2^{\beta_2} \cdots p_t^{\beta_t}$，则

$$\varphi(n) = n \left(1 - \frac{1}{p_1}\right)\left(1 - \frac{1}{p_2}\right)\cdots\left(1 - \frac{1}{p_t}\right)$$

例 1-2

$$\varphi(15) = \varphi(5) \times \varphi(3) = 4 \times 2 = 8$$

$$\varphi(72) = 72\left(1 - \frac{1}{2}\right)\left(1 - \frac{1}{3}\right) = 24$$

$$\varphi(120) = 120\left(1 - \frac{1}{2}\right)\left(1 - \frac{1}{3}\right)\left(1 - \frac{1}{5}\right) = 32$$

定理 1-4（欧拉定理） 设 n 是大于 1 的整数，对任意整数 a，如果 a 和 n 互素，则一定有 $a^{\varphi(n)} = 1 \bmod n$。

1.6.7 离散对数

1. 指标

定义 1-8（指标） 设 p 是大于 1 的整数，a 是模 p 的一个原根。假设 a 是与 p 互素的整数，则存在唯一的整数 r 使得 $b = a^r \bmod p$ $(1 \leqslant r \leqslant \varphi(p))$ 成立，这个整数 r 叫作以 a 为底的 b 对模 p 的一个指标，记作 $r = \text{ind}_{a,p}(b)$。

指标的四个性质：

① $\text{ind}_{a,p}(1) = 0$；

② $\text{ind}_{a,p}(a) = 1$；

③ $\text{ind}_{a,p}(xy) = [\text{ind}_{a,p}(x) + \text{ind}_{a,p}(y)] \bmod \varphi(p)$；

④ $\text{ind}_{a,p}(y^r) = [r \times \text{ind}_{a,p}(y)] \bmod \varphi(p)$。

2. 离散对数

从指标的性质可以看出，指标与对数的概念特别相似，将指标称为离散对数（discrete logarithm，DL），如下所述。

定义 1-9（DL 问题） 令 p 是素数，a 是 p 的生成元，即 $a^1, a^2, \cdots, a^{p-1}$ 在模 p 下生产 1 到 $p-1$ 的所有值，所以对任意的 $y \in \{1, 2, \cdots, p-1\}$，有唯一的 $x \in \{1, 2, \cdots, p-1\}$ 使得 $y = a^x \bmod p$，则称 x 是模 p 下以 g 为底的离散对数，记为 $x = \log a^y \bmod p$。

如果知道 a, p, x，使用快速指数算法比较容易求出 y。如果知道 a, p, y，则求 x 是非常困难的。科学家对目前计算机的计算能力经过充分估计和计算后发现，现有指数演算法、Shanks 法和 Pollard 离散对数法随机选取的素数超过1024bit 时都不能在可以接受的时间内完成。目前已知的最快求解素域上的离散对数算法的时间复杂度（素数 p 很大时该算法不可行）为

$$O\left(\exp\left((\ln p)^{\frac{1}{3}}\ln(\ln p)^{\frac{2}{3}}\right)\right)$$

1.6.8　椭圆曲线密码系统

1. ECC 的简介

使用定义在椭圆曲线点群上的离散对数问题的难解性可以设计椭圆曲线密码系统（elliptic curve cryptosystem，ECC）。从表 1-1 可以看出，ECC 可用很短的密钥获得跟 RSA 和 DSA 等密码算法同样的安全性，非常具有应用前景，备受研究人员关注。几种密码体制的密钥长度比较情况如表 1-1 所示。

表 1-1　ECC 与 RSA/DSA 密钥长度比较

安全级别	RSA/DSA	ECC
80 比特	1024	160
112 比特	2048	224
128 比特	3072	1028
192 比特	7680	1047
256 比特	15360	1066

采用有限域上离散对数问题设计的加密和签名算法都可平移到椭圆曲线机制中，只需要将模数乘法运算转换为椭圆曲线上点的加法，将模幂运算转换为一个整数乘以曲线上的一个点即倍乘运算。有限域 F_p 上的椭圆曲线 E 满足维尔斯特拉斯方程：

$$y^2 + a_1 xy + a_3 y = x^3 + a_2 x^2 + a_4 x + a_6 \quad (a_1, a_2, a_3, a_4, a_6 \in F_p) \tag{1-1}$$

椭圆曲线 E 是维尔斯特拉斯方程（1-1）的所有解再加上一个无穷远点 O 的集合，可写成如下形式：

$$E = \{(x, y) \mid y^2 + a_1 xy + a_3 y = x^3 + a_2 x^2 + a_4 x + a_6\} \bigcup \{O\}$$

方程（1-1）可变换为 $y^2 = x^3 + ax + b \bmod p$，$4a^3 + 27b^2 \neq 0$ 时称 E 是一条非奇异

椭圆曲线。令 P 和 Q 是 E 上的两个点，过 P、Q 的直线和椭圆曲线 E 的交点是关于 x 轴的对称点，定义 E 上的加法运算：$S = P + Q$。$P = Q$ 时，S 是 P 点的切线和椭圆曲线 E 的交点关于 x 轴的对称点。这样定义的 $(E, +)$ 构成阿贝尔群，其中，无穷远点 O 是加法单位元（零元），群上的加法运算具有性质①~⑤：

①对于任意的 $P = (x, y) \in E$，存在 $Q = (x, -y) \in E$，使得 $P + Q = O$，Q 记作 $-P$，则有 $P + (-P) = O$；

②对于任意的 $P \in E$，$P + O = -P$；

③对于任意的 $P, Q \in E$，满足交换律：$P + Q = Q + P$；

④对于任意的 $P, Q, R \in E$，满足结合律：$(P + Q) + R = (Q + R) + P$；

⑤如果 $S = Q + P$，则 $(P + Q) + (-S) = O$。

定理 1-5 令域 F 上的椭圆曲线 E 满足维尔斯特拉斯方程，假设椭圆曲线 E 上的两个点 $P = (x_1, y_1)$，$Q = (x_2, y_2)$，O 是无穷远点且有 $P \neq O$，$Q \neq O$，那么：

$$-P = (x_1, -y_1 - a_1 x_1 - a_3)$$

如果 $S = (x_3, y_3)$，$P + Q \neq O$，则有：

$$\begin{cases} x_3 = \lambda^2 + a_1 \lambda - a_2 - x_1 - x_2 \\ y_3 = -(\lambda + a_1) x_3 - \mu - a_3 \end{cases}$$

① $x_1 \neq x_2$ 时，

$$\lambda = \frac{y_2 - y_1}{x_2 - x_1}, \quad \mu = \frac{y_1 x_2 - y_2 x_1}{x_2 - x_1}$$

② $x_1 \neq x_2$ 且 $Q \neq -P$ 时，

$$\lambda = \frac{3x_1^2 + 2a_2 x_1 + a_4 - a_1 y_1}{2y_1 + a_1 x_1 + a_3}, \quad \mu = \frac{-x_1^2 + a_4 x_1 + 2a_6 - a_3 y_1}{2y_1 + a_1 x_1 + a_3}$$

2. ECC 的优点

ECC 和其他公钥密码体制相比，具有安全性高、密钥长度短、运算速度快等优点，这些对于网络信息的传输都有很大用处，已逐渐引起更多研究人员的关注。

(1) 安全性高。ECC 比采用有限域上离散对数问题的公钥密码机制更安全，而且 ECC 也比 RSA 的安全性高。

(2) 密钥长度短。ECC 的密钥长度和系统参数与 RSA 和 DSA 相比要小得多，160 比特 ECC 的密钥与 1024 比特 RSA 和 DSA 的密钥具有相同的安全强度。这说明 ECC 特别适用于存储空间和计算能力有限、带宽受限、要求高速实现的场合。

(3) 运算速度快。有限域确定的情况下其上的循环群也就确定了，在有限域上的椭圆曲线可通过改变曲线参数得到不同的曲线，从而形成不同循环群。椭圆曲线具有丰富的群结构。相同计算资源的情况下 ECC 在私钥的处理速度上，比 RSA 和 DSA 快得多。ECC 的密钥生成速度比 RSA 快百倍以上。

3. ECDL 问题

令 P 是椭圆曲线 E 上的点，βP 是 β 个 P 的和表示，其中，β 是任意的正整数，可得：$\beta P = \underbrace{P + P + \cdots + P}_{\beta}$。如果 $\beta < 0$，那么 βP 表示如下：

$$\beta P = \underbrace{(-P) + (-P) + \cdots + (-P)}_{\beta}$$

如果 β 是一个很大的整数时，把 βP 逐个相加起来，计算烦琐且效率很低。因此，可换用连续相加的方式计算 βP。如果 P 表示椭圆曲线 E 上的点，β 表示一个正整数，计算 βP 的过程如下：

①令 $d = \beta$，$f = \infty$，$x_1 \neq x_2$ 时，$l = P$；

②如果 d 为偶数，令 $d = d/2$，$f = f$，$l = l$；

③如果 d 为奇数，令 $d = d - 1$，$f = f + 1$，$l = l$；

④如果 $d = 0$，返回②；

⑤输出 f。

输出的 f 是 βP 的值，β 非常大时可采用上述步骤快速计算出 βP 的值，同时计算点的坐标亦会快速增大，可通过不断模 p 使点的坐标变得相对较小。

定义 **1-10**（ECDL 问题）　椭圆曲线离散对数（elliptic curve discrete logarithm，ECDL）问题的安全依据为：给定 βP 和 P 的值，计算出 β 的值在计算上是不可行的。

1.6.9　Lagrange 插值多项式

Lagrange 插值构造的首要任务是在插值节点上构造出插值基函数，对于二次插值而言，插值基函数的次数不超过二次，应满足插值基函数的性质。选定 3 个点 $(x_0, y_0), (x_1, y_1), (x_2, y_2)$ 构造二次插值多项式 $\varphi_2(x)$，首先构造过点 x_0 的二次插值基函数 $l_0(x)$。根据插值基函数的性质，x_1, x_2 显然是 $l_0(x)$ 的两个零点，因此必有因子 $(x - x_1)(x - x_2)$。又由于 $l_0(x)$ 是次数不高于二次的多项式，则还差一个常数因子，于是 $l_0(x) = K(x - x_1)(x - x_2)$，因为 $l_0(x) = 1$，则

$$K = \frac{1}{(x_0 - x_1)(x_0 - x_2)}$$

可得 x_0 的二次插值基函数：

$$l_0(x) = \frac{(x-x_1)(x-x_2)}{(x_0-x_1)(x_0-x_2)}$$

同理可得，x_1 的二次插值基函数和 x_2 的二次插值基函数：

$$l_1(x) = \frac{(x-x_0)(x-x_2)}{(x_1-x_0)(x_1-x_2)} , \quad l_2(x) = \frac{(x-x_0)(x-x_1)}{(x_2-x_0)(x_2-x_1)}$$

则有二次 Lagrange 插值 $\varphi_2(x) = y_0 l_0(x) + y_1 l_1(x) + y_2 l_2(x)$。显然上面插值公式可推广到 n 次插值的形式。对 n 次 Lagrange 插值多项式而言，先对 $n+1$ 个插值节点 $x_i (i=0,1,\cdots)$ 构造插值基函数。对每一个 x_i 所对应的插值基函数 $l_i(x)$ 可表示如下：

$$l_i(x) = K(x-x_0)\cdots(x-x_{i-1})(x-x_{i+1})\cdots(x-x_n)$$

由 $l_i(x_i) = 1$，可得 $K = \dfrac{1}{(x-x_0)\cdots(x-x_{i-1})(x-x_{i+1})\cdots(x-x_n)}$，将 K 代入上式中，可得

$$l_i(x) = \frac{(x-x_0)\cdots(x-x_{i-1})(x-x_{i+1})\cdots(x-x_n)}{(x_i-x_0)\cdots(x_i-x_{i-1})(x_i-x_{i+1})\cdots(x_i-x_n)}$$

因而，

$$\varphi_n(x) = \sum_{k=0}^{n} y_k l_k(x)$$

门限方案可用来解决秘密共享的问题。如果消息分成 n 份分配给 n 个人。n 个人参加一个共享算法，n 个人中任意少于 t（$t<n$，t 表示门限值）个人合作都不可能还原出消息，这就是门限方案。采用 Lagrange 插值的 (t,n) 门限方案：假设 F 是一个域，$s \in F$ 是一个被 n 个参加者所共享的秘密。令秘密的分配者在 F 上随机选取 $t-1$ 次秘密多项式 $f(x) \in F[x]$，使得 $f(0) = s$，接下来选取一些公开参数 $x_1, x_2, \cdots, x_n \in F$，为这 n 个参加者分配份额 $y_i = f(x_i)(i=1,2,\cdots,n)$。通过 Lagrange 插值重构多项式 $f(x)$，利用 t 个份额，可重构出秘密 $s = f(0)$：

$$f(x) = \sum_{k=1}^{t} y_k \prod_{i=k} \frac{(x-x_i)}{(x_k-x_i)}$$

1.6.10　复杂性理论

复杂性理论[49]采用数学方法对计算中需要的各种资源耗费做定量分析，可用于研究各类问题在计算复杂程度上的相互关系和基本性质。复杂性理论是计算理论在可计算理论之后的又一个重要发展。可计算理论研究区分哪些是可计算的，哪些是不可计算的，可计算是理论上或原则上的可计算。可用复杂性理论研究现

实中的可计算性，研究计算一个问题类需要多少时间和多少存储空间。研究哪些问题是现实中可计算的，哪些问题虽然是理论可计算的，然而如果计算复杂性太大，实际上是无法计算的。

复杂性理论是密码学的理论基础之一。绝大多数情况下容易计算的问题比难计算的问题可取，求解容易问题的代价小。密码技术非常需要难计算的问题。利用复杂性理论设计安全实用密码系统是现代密码学的研究趋势。复杂性理论给研究人员指出了寻找难计算问题的方向，围绕这些问题设计新的密码算法。面对很难计算问题的时候有如下几种选择：

①搞清楚问题困难的根源，可做某些改动使问题变得容易解决；

②可能会求出不那么完美的解，在某些情况下寻找问题的近似解相对容易一些；

③有些问题仅在最坏的情况下是困难的，在绝大多数情况下是容易的；

④可考虑随机计算加速某些工作，复杂性理论正是指明在面对困难问题的时候应该如何选择的理论。

1. 算法的复杂性

某密码系统是否安全，取决于密码分析者破解该密码系统的时间开销和空间开销。如果在相当长时间内至少保证密码系统的保密功能有效的前提下，密码分析者无法破解，则说明该密码系统是安全的。计算复杂性理论是密码分析的基础，提供分析密码算法的计算复杂性方法。密码算法的计算复杂性由求解问题需要的运算次数决定，其中，时间复杂度是指算法实现所需要的最长时间，空间复杂度是指算法实现所需要的最大空间。如果使用 n 表示问题的大小或输入长度，计算复杂度可用两个参数来表示：计算时间 $T(n)$ 和存储空间 $S(n)$，二者均是 n 的函数。

计算复杂度的大小使用级数的同级阶 $O(n)$ 表示，如果算法时间复杂度是 $2n^2 + 5n + 7$，则可表示成 $O(n^2)$。常见的计算复杂度表示法有 3 种：① $O(1)$ 表示算法的时间复杂度是固定值，与输入值大小无关；② $O(n^c)$（c 是常数）表示算法的计算时间与输入值大小成多项式的关系；③ $O(c^{p(n)})$（$c>1$）表示算法的计算时间与输入值大小成指数阶的关系。对安全密码系统，任何破译方法的时间复杂度必须与输入值大小成指数阶的关系。输入值很大（$n \gg 0$）的时候，$O(c^{p(n)})$ 的时间复杂度是上述时间复杂度中增长最快的。不同复杂度与所需时间的关系如表 1-2 所示。

表 1-2 不同复杂度与所需时间的关系[13]

算法类型	时间复杂度	操作次数	所需时间
常数	$O(1)$	1	1μs
线性	$O(n)$	10^6	1s

续表

算法类型	时间复杂度	操作次数	所需时间
二次方	$O(n^2)$	10^{12}	11.6 天
三次方	$O(n^3)$	10^{18}	32000 年
指数	$O(2^n)$	10^{301030}	3×10^{301030} 年

2. 问题的复杂性

复杂性理论分析各种问题求解所需要的时间和最小空间，复杂性理论对问题的求解仿真在图灵机上执行，图灵机是一种有限状态机，具备无限长度的读写磁带。对于复杂度和输入值成多项式关系的问题，由于一般大小的输入值可以在合理的时间内求解，称这类问题是容易处理的问题。反之，多项式时间内没有办法求解的问题称为不容易处理的问题或困难问题。根据求解问题所需时间的不同，可计算问题分为三类。

①P 问题：能在多项式时间内求解的问题。

②非确定性多项式(non-deterministic polynomial，NP)问题：能在多项式时间内验证一个解的问题。能在多项式时间内求解就一定可以在多项式时间内验证；反过来则不成立，因为求解比验证解更为困难，显然 $P \subseteq NP$。

③NP 完全(non-deterministic polynomial complete，NPC)问题：如果任何一个 NP 问题都能通过一个多项式时间算法转换为某个 NP 问题，则这个 NP 问题为 NPC 问题。NPC 问题是 NP 类问题中可以证明比其他问题困难的那部分问题。依据计算复杂性理论的研究，NPC 类问题是最难计算的一类问题，公钥密码算法往往是采用 NPC 问题设计的，以使密码算法在计算上是安全的。

1.7 本 章 小 结

不强化网络化的信息安全保障，不解决信息安全问题，则信息化就不可能持续、健康发展，经济安全、政治安全、国家安全也不可能得到可靠保障。密码技术是信息安全的核心和基础，离开了密码技术，信息安全将无从谈起。加密技术以某种特殊算法改变原有的信息数据，未授权用户即使获得加密信息，因为不知道解密方法仍然无法恢复信息的真实内容。认证技术能确保用户身份和信息来源的真实性。越来越多的应用环境要求同时实现认证和加密两项功能。公钥签密就是整合认证和加密的密码算法，这类算法可使用较少计算量和通信代价就可提供认证和保密的安全通信服务。

数学是一切自然科学的理论基础，也是网络信息安全的理论基础。密码算法的安全性依赖于某一个或某几个数学问题的难解性。如果使用合理的计算资源找不到求解数学问题的多项式时间算法，则认为该数学问题是困难的。密码算法难以破译的原因在于数论问题的难解性。设计密码算法实际上是在设计数学函数，破译密码算法实际上是求解数学困难问题。

可证明安全理论是在计算复杂性理论基础上加以研究的，主要考虑概率多项式时间敌手、转化算法和可忽略的获胜概率。

椭圆曲线密码系统使用很短的密钥就可获得跟 RSA 密码算法和 DSA 密码算法同样的安全性，非常具有应用前景。

本书的重点在于采用数学困难问题设计具有特殊性质的公钥签密算法，并且论证提出的公钥签密算法的安全性。具体而言，就是设计无证书门限签密、无证书代理签密、无证书环签密、乘法群上的无证书盲签密、无证书椭圆曲线盲签密、无证书椭圆曲线聚合签密、通用可复合身份代理签密、通用可复合广播多重签密、通用可复合自认证盲签密等密码算法，然后详细论证这些公钥签密算法的可行性和安全性，并通过仿真实验依据计算复杂度评估这些公钥签密算法的性能优势。

本书第 2 章～第 10 章内容的框架如图 1-9 所示。

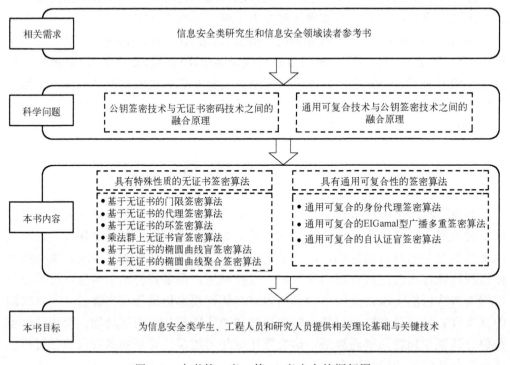

图 1-9　本书第 2 章～第 10 章内容的框架图

参 考 文 献

[1] 沈昌祥. 关于加强信息安全保障体系的思考[J]. 中国计算机用户, 2002, (45): 11-14.

[2] 沈昌祥. 当今时代的重大课题——信息安全保密[J]. 信息安全与通信保密, 2001, (8): 16-18.

[3] Wu T S, Zhao G. A novel risk assessment model for privacy security in internet of things[J]. Wuhan University Journal of Natural Sciences, 2014, 19(5): 398-404.

[4] Weber R. Internet of things-new security and privacy challenges[J]. Computer Law & Security Review, 2010, 26(8): 23-30.

[5] Feng D G, Zhang Y, Zhang Y Q. Survey of information security risk assessment[J]. Journal of China Institute of Communications, 2004, 25(7): 10-18.

[6] 沈昌祥, 张焕国, 冯登国, 等. 信息安全综述[J]. 中国科学 E 辑: 信息科学, 2007, 37(2): 129-150.

[7] 曹珍富. 密码学的新发展[J]. 四川大学学报(工程科学版), 2015, 47(1): 1-12.

[8] 冯登国, 陈成. 属性密码学研究[J]. 密码学报, 2014, 1(1): 1-12.

[9] 肖国镇, 卢明欣, 秦磊, 等. 密码学的新领域——DNA 密码[J]. 科学通报, 2006, 51(10): 1139-1144.

[10] 刘传才. 量子密码学的研究进展[J]. 小型微型计算机系统, 2003, 24(7): 1202-1206.

[11] 杨波. 现代密码学[M]. 3 版. 北京: 清华大学出版社, 2015.

[12] 粟栗. 混合签密中的仲裁安全性研究[D]. 武汉: 华中科技大学, 2007.

[13] Zheng Y. Digital signcryption or how to achieve cost (signature & encryption) << cost (signature) + cost (encryption)[C]// Proceedings of the CRYPYO'97, LNCS 1294, 1997: 165-179.

[14] Youn T, Hong D. Signcryption with fast online signing and short signcryptext for secure and private mobile communication[J]. Science China Information Sciences, 2012, 55(11): 2530-2541.

[15] Li F G, Takagi T. Secure identity-based signcryption in the standard model[J]. Mathematical and Computer Modelling, 2013, 57(11/12): 2685-2694.

[16] Herranz J, Ruiz A, Sáez G. Signcryption schemes with threshold unsigncryption and applications[J]. Designs, Codes and Cryptography, 2014, 70(3): 323-345.

[17] Kushwah P, Lal S. Provable secure identity-based signcryption schemes without random oracles[J]. International Journal of Network Security & Its Applications, 2012, 4(3): 97-110.

[18] Li F, Liao Y, Qin Z. Analysis of an identity-based signcryption scheme in the standard

model[J]. IEICE Transactions, 2011, E94A (1): 268-269.

[19] Zhang Z J, Mao J. A novel identity-based multisigncryption scheme[J]. Computer Communications, 2009, 32 (1): 14-18.

[20] Zhou C X, Zhou W, Dong X W. Provable certificateless generalized signcryption scheme[J]. Designs, Codes and Cryptography, 2014, 71 (2): 331-346.

[21] Hu C, Zhang N, Li H, et al. Body area network security: A fuzzy attribute-based signcryption scheme[J]. IEEE Journal on Selected Areas in Communications, 2013, 31 (9): 37-46.

[22] 李建民, 俞惠芳, 赵晨. UC 安全的自认证盲签密协议[J]. 计算机科学与探索, 2017, 11 (6): 932-940.

[23] 李慧贤, 陈绪宝, 巨龙飞, 等. 改进的多接收者签密方案[J]. 计算机研究与发展, 2013, 50 (7): 1418-1425.

[24] Yu H F, Bai L, Hao M, et al. Certificateless signcryption scheme from lattice[J]. IEEE Systems Journal, 2020, (99): 1-9.

[25] Yu H F, Bai L. Post-quantum blind signcryption scheme from lattice[J]. Frontier of Information Technology & Electronic Engineering, 2020.

[26] Yu H F, Wang S B. Certificateless threshold signcryption scheme with secret sharing mechanism[J]. Knowledge-Based Systems, 2021, 221: 1-7.

[27] Yu H F, Yang B. Low-computation certificateless hybrid signcryption scheme[J]. Frontier of Information Technology & Electronic Engineering, 2017, 18 (7): 928-940.

[28] Yu H F, Wang Z C, Li J M, et al. Identity-based proxy signcryption protocol with universal composability[J]. Security and Communication Networks, 2018, (7): 1-11.

[29] 俞惠芳, 杨波. 可证安全的无证书混合签密[J]. 计算机学报, 2015, 38 (4): 804-813.

[30] 俞惠芳, 杨波. 使用 ECC 的身份混合签密方案[J]. 软件学报, 2015, 26 (12): 3174-3182.

[31] 李建民, 俞惠芳, 谢永. 通用可复合的 ElGamal 型广播多重签密协议[J]. 计算机研究与发展, 2019, 56 (5): 1101-1111.

[32] Yu H F, Yang B. Pairing-free and secure certificateless signcryption scheme[J]. The Computer Journal, 2017, 60 (8): 1187-1196.

[33] Yu H F, Wang Z C. Construction of certificateless proxy signcryption scheme from CMGs[J]. IEEE Access, 2019, 7 (1): 141910-141919.

[34] Yu H F, Wang Z C. Certificateless blind signcryption with low complexity[J]. IEEE Access, 2019, 7 (1): 11518-11519.

[35] Yu H F, Yang B, Zhao Y, et al. Tag-KEM for self-certified ring signcryption[J]. Journal of Computational Information Systems, 2013, 9 (20): 8061-8071.

[36] 俞惠芳. 混合签密理论[M]. 北京: 科学出版社, 2018.

[37] Shamir A. Identity-based cryptosystem and signature scheme[C]// Proceedings of the CRYPTO'84, California, USA, 1984: 47-53.

[38] Al-Riyami S, Paterson K. Certificateless public key cryptography[C]// Proceedings of the 9th International Conference on the Theory and Application of Cryptology and Information Security, Taipei, Taiwan, 2003: 452-474.

[39] Fiat A, Shamir A. How to prove yourself: Practical solution to identification and signature problems[C]// Proceedings of the Cryptology-Crypto'86. Berlin: Springer-Verlag, 1986: 186-194.

[40] Bellare M, Rogaway P. Random oracles are practical: A paradigm for designing efficient protocols[C]// Proceedings of the 1st ACM Conference on Computer and Communication Security, New York: ACM Press, 1993: 62-73.

[41] Canetti R, Goldreich O, Halevi S. The random oracle methodology revisited[J]. Journal of the ACM, 2004, 51(4): 557-594.

[42] Pointcheval D. Asymmetric cryptography and practical security[J]. Journal of Telecommunications and Information Technology, 2002, (4): 41-56.

[43] 冯登国. 可证明安全性理论与方法研究[J]. 软件学报, 2005, 16(10): 1743-1756.

[44] 何大可, 彭代渊, 唐小虎, 等. 现代密码学[M]. 北京: 人民邮电出版社, 2009.

[45] Rivest R, Shamir A, Adleman L. A method for obtaining digital signatures and public key cryptosystems[J]. Communications of the ACM, 1978, 21(2): 120-126.

[46] Goldwasser S, Micali S. Probabilistic encryption[J]. Journal of Computer and System Sciences, 1984, 28: 270-299.

[47] 杨波. 现代密码学[M]. 4 版. 北京: 清华大学出版社, 2017.

[48] 王起月. 基于椭圆曲线的数字签名算法研究[D]. 洛阳: 河南科技大学, 2018.

[49] 杨波. 网络空间安全数学基础[M]. 北京: 清华大学出版社, 2020.

[50] 雷宇飞. UC 安全多方计算模型及其典型应用研究[D]. 上海: 上海交通大学, 2007.

第 2 章 无证书门限签密

2.1 引 言

对密码系统而言密钥是实现密码操作的关键,密钥存储是密码系统的安全核心。在传统公钥密码学中密钥是唯一的,密钥的安全性完全依赖于用户;一旦用户的密钥丢失,任何恶意的敌手都可任意窃取用户隐私信息或伪造用户身份。Shamir[1]和 Blakley[2]提出了秘密共享的概念。Desmedt 和 Frankel 提出了门限密码学[3,4]的概念,通过共享给多个用户来保存秘密信息。门限密码体制可分散传统公钥密码体制的集中权限,可保证多个用户共享某个密码操作权。用户的数量等于或大于门限值时,这些用户可合作完成密码操作;否则不能完成相应的密码操作。门限密码技术在提高密码系统的鲁棒性和安全性方面起着重要的作用。

目前,公钥签密[5-11]和门限签名[12-19]有了很大发展。Duan 等融合公钥签密和门限签名提出身份门限签密(identity-based threshold signcryption,IB-TSC)[20]。Li 和Yu 在 IB-TSC 中指定的职员可根据收集的部分签名恢复出组私钥[21]。IB-TSC[20-23]难以避免密钥托管的问题。密钥托管和证书管理的问题在 CL-PKC 中均可以得到解决。CL-PKC 中每个用户的完整私钥包含用户自己选取的秘密值和密钥生成中心生成的部分私钥,敌手无法获取用户完整私钥去进行相应密码操作。无证书门限签名[24,25]只能保证不可伪造性。设计可同时实现保密性和不可伪造性的无证书门限签密算法是一个值得研究的问题。

本章采用判定双线性 Diffie-Hellman 问题和计算 Diffie-Hellman 问题,提出秘密共享机制下的无证书门限签密[26](certificateless threshold signcryption,CL-TSC)。CL-TSC 的不可区分性(indistinguishability against adaptive ciphertext-chosen attacks,IND-CCA2)和不可伪造性(existential unforgeability against adaptive message-chosen attacks,UF-CMA)在随机谕言模型中均得以证明。CL-TSC 中,验证者不知道门限签密阶段参加密码操作的是哪 t 个共享成员(t 表示门限值,$t<n$),只有大于或等于 t 个签密者使用自己的秘密份额才能生成针对消息 m 的完整密文,少于 t 个却不能。如果不慎泄露了 n 个秘密份额中的几个,只要签密者人数少于门限值,则敌手仍无法通过泄露的子密钥恢复出密钥。无证书门限签密 CL-TSC 的工作流程如图 2-1 所示。

图 2-1　CL-TSC 的工作流程

CL-TSC 中只有经过验证的 $t(t<n)$ 个共享成员才可以生成合法的部分密文；参加签密操作的人数必须大于或等于门限值 t；签密者能证明自己的部分密文是否有效。CL-TSC 能防御内部和外部敌手的攻击，可高效实现传输数据的安全通信，在电子拍卖、云计算、区块链、电子选举、分布式环境等领域有着很好的应用前景。

2.2　基　本　知　识

定义 2-1（双线性映射）　令 $(G_1, \times)$、$(G_2, \times)$ 均为具有素数阶 p 的乘法循环群，g 为乘法循环群 G_1 的生成元，$e: G_1 \times G_1 \to G_2$ 为一个具有下列属性的双线性映射：

① 对于任意的 $a,b \in Z_p^*$，给定 $g \in G_1$，$e(g^a, g^b) = e(g,g)^{ab} \in G_2$；

② $e(g,g) \neq 1_{G_2}$。

定义 2-2（BDH 问题）　乘法循环群 $(G_2, \times)$ 上的双线性 Diffie-Hellman（bilinear Diffie-Hellman, BDH）问题为：给定 $(g, g^a, g^b, g^c) \in G_1$，计算 $e(g,g)^{abc} \in G_2$，其中，g 为群 G_1 的生成元，$a,b,c \in Z_p^*$。

定义 2-3（CDH 问题）　乘法循环群 $(G_1, \times)$ 上的计算性 Diffie-Hellman（computational Diffie-Hellman, CDH）问题是指：给定 $(g, g^a, g^b) \in G_1$，计算 $g^{ab} \in G_2$，其中，g 为群 G_1 的生成元，$a,b \in Z_p^*$。

定义 2-4（DBDH 问题）　乘法循环群 $(G_1, \times)$、$(G_2, \times)$ 上的判定双线性 Diffie-Hellman（decisional bilinear Diffie-Hellman, DBDH）问题为：给定 $(g, g^a, g^b, g^c) \in G_1$，$\omega \in G_2$，判定 $\omega = e(g,g)^{abc} \in G_2$ 是否成立，其中，g 为群 G_1 的生成元，$a,b,c \in Z_p^*$。如果成立，随机谕言机 $\mathcal{O}_{\text{DBDH}}$ 输出 1；否则，$\mathcal{O}_{\text{DBDH}}$ 输出 0。

定义 2-1～定义 2-4 提到的数论问题通常被看作困难问题，目前还没有发现有效的多项式时间算法解决这些困难问题，这些数学问题的困难程度是不一样的。一般而言，判定性问题比计算性问题更加困难，如果能求解 CDH 问题，那么 BDH 问题就容易解决了；同样地，如果能求解 BDH 问题，那么 DBDH 问题就容易解决了。

2.3　CL-TSC 的形式化定义

2.3.1　CL-TSC 的算法定义

无证书门限签密由六个概率多项式时间（probabilistic polynomial time，PPT）算法组成。下面描述每个算法的具体定义。

系统初始化算法：输入一个安全参数 1^k，初始化算法输出系统的主控密钥 x 和系统的全局参数的集合 γ。

密钥生成算法：输入 (γ, ID_i)，密钥生成算法输出用户 ID_i 的公私钥对 (u_i, x_i)。请注意：ID_i 表示用户身份，$i \in (D, r)$，$\mathrm{ID}_i \in (\mathrm{ID}_D, \mathrm{ID}_r)$，$(\mathrm{ID}_D, \mathrm{ID}_r)$ 分别表示密钥分发者和接收者的身份，(x_D, x_r) 分别表示密钥分发者 ID_D 和接收者 ID_r 的私钥，(u_D, u_r) 分别表示密钥分发者 ID_D 和接收者 ID_r 的公钥。

密钥提取算法：输入 $(\gamma, x, u_i, \mathrm{ID}_i)$，密钥提取算法输出用户 ID_i 的部分私钥 d_i。请注意：$i \in (D, r)$，$\mathrm{ID}_i \in (\mathrm{ID}_D, \mathrm{ID}_r)$ 表示某用户的身份，(d_D, d_r) 分别表示密钥分发者 ID_D 和接收者 ID_r 的部分私钥。

密钥共享算法：输入 (γ, u_D, d_D)，密钥共享算法输出一个秘密份额 s_i。

门限签密算法：输入 $(\gamma, \mathrm{ID}_D, \mathrm{ID}_r, m, x_D, d_D, u_r, u_D)$，门限签密算法输出通过计算得到的密文 $\sigma \leftarrow (r, c, h)$。

解签密算法：输入 $(\gamma, \mathrm{ID}_D, \mathrm{ID}_r, \sigma \leftarrow (r, c, h), x_r, d_r, u_r, u_D)$，解签密算法输出恢复出的明文 m 或表示解签密失败的符号 $\bot$。

2.3.2　CL-TSC 的安全模型

无证书门限签密 CL-TSC 须满足 IND-CCA2 安全性和 UF-CMA 安全性。依赖于 IND-CCA2 安全模型和 UF-CMA 安全模型的适应性询问中，不允许外部敌手和内部敌手发起身份相同的任何询问。

在针对保密性和不可伪造性的适应性询问中，涉及两种类型敌手的询问，其中，第一类外部敌手 $A_1(F_1)$ 不知道系统的主密钥，可替换任意身份的公钥；内部敌手 $A_2(F_2)$ 知道系统的主密钥，不能更换任意用户的公钥。

1. 保密性

CL-TSC 的保密性依赖于 IND-CCA2 安全模型中的两个交互游戏：Game1，Game2。CL-TSC 的 IND-CCA2 安全模型搭建过程如图 2-2 所示。

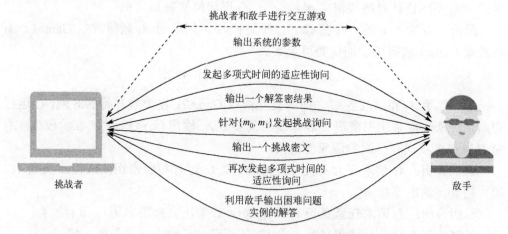

图 2-2　CL-TSC 的 IND-CCA2 安全模型搭建过程

外部敌手 A_1 和挑战者 C 之间的交互游戏 Game1：在游戏开始的时候，C 运行初始化算法获取系统的主密钥 x 和全局参数 γ，C 保留 x，输出 γ 给 A_1。在阶段 1，A_1 向 C 发出多项式有界次的适应性询问。

请求公钥：A_1 请求任意身份 ID_i 的公钥，C 运行密钥生成算法得到 ID_i 的公钥 u_i，输出 u_i 给 A_1。

私钥询问：A_1 请求任意身份 ID_i 的私钥，如果 ID_i 的公钥从来没有替换过，C 输出私钥 x_i 给 A_1。

部分私钥询问：A_1 请求任意身份 ID_i 的部分私钥，C 运行提取密钥算法，输出 ID_i 的部分私钥 d_i 给 A_1。

公钥替换：A_1 可请求替换任意身份 ID_i 的公钥 u_i。

秘密共享询问：A_1 请求任意身份 ID_i 的秘密份额，C 运行秘密共享算法，输出秘密份额 s_i 给 A_1。

门限签密询问：A_1 请求 $(\text{ID}_D, \text{ID}_r, m)$ 的一个密文，C 运行相应的门限签密算法，输出密文 $\sigma \leftarrow (r, c, h)$ 给 A_1。

解签密询问：A_1 请求 $(\text{ID}_D, \text{ID}_r, \sigma \leftarrow (r, c, h))$ 的一个解签密结果，C 运行解签密算法，输出明文 m 或符号 $\perp$ 给 A_1。

在挑战阶段，A_1 向 C 发出针对等长消息 (m_1, m_2) 和身份 $(\text{ID}_D', \text{ID}_r')$ 的挑战询问。在阶段 1，A_1 不能提取 ID_r' 的秘密值和部分私钥；A_1 亦不能替换 ID_r' 的公钥。C 选

取任意的 $e \in \{0,1\}$，输出针对消息 m_e 的挑战密文 $\sigma' \leftarrow (r',c',h')$ 给 A_1。

在阶段 2，A_1 继续向 C 发出像阶段 1 那样的多项式有界次适应性询问。挑战询问前，A_1 不能询问 ID'_r 的部分私钥和秘密值，A_1 不能替换 ID'_r 的公钥；挑战询问后，A_1 不应该针对挑战密文 $\sigma' \leftarrow (r',c',h')$ 询问解签密谕言机。

最后，A_1 输出 e 的一个猜测 e'。如果 $e' = e$，则说明 A_1 赢得游戏 Game1。A_1 在游戏 Game1 取得成功的优势可定义为

$$\text{Adv}^{\text{Game1}}(A_1,k) = \left| \Pr[e' = e] - 1/2 \right|$$

内部敌手 A_2 和挑战者 C 之间的交互游戏 Game2：在游戏开始的时候，C 运行初始化算法获取系统主密钥 x 和系统全局参数 γ，输出 (x,γ) 给 A_2。在阶段 1，A_2 向 C 发出多项式有界次的适应性询问。

请求公钥：A_2 请求任意身份 ID_i 的公钥，C 运行相应密钥生成算法获取 ID_i 的公钥 u_i，输出 u_i 给 A_2。

私钥询问：A_2 请求任意身份 ID_i 的私钥，C 输出完整的私钥 (x_i,d_i) 给 A_2。

秘密共享询问：A_2 请求任意身份 ID_i 的部分，C 输出秘密份额 s_i 给 A_2。

门限签密询问：A_2 请求 $(\text{ID}_D, \text{ID}_r, m)$ 的密文，C 运行相应门限签密算法，输出密文 $\sigma \leftarrow (r,c,h)$ 给 A_2。

解签密询问：A_2 请求 $(\text{ID}_D, \text{ID}_r, \sigma \leftarrow (r,c,h))$ 的解签密结果，C 运行相应解签密算法，输出明文 m 或符号 $\perp$ 给 A_2。

在挑战阶段，A_2 向 C 询问针对等长消息 (m_1,m_2) 和身份 $(\text{ID}'_D, \text{ID}'_r)$ 的密文。在阶段 1 的询问中，A_1 不能提取 ID'_r 的秘密值。C 任意选取 $e \in \{0,1\}$，输出针对消息 m_e 的挑战密文 $\sigma' \leftarrow (r',c',h')$ 给 A_2。

在阶段 2，A_2 再次向 C 发出多项式有界次的适应性询问。在阶段 1 的询问过程中，A_2 不能询问 ID'_r 的秘密值。在挑战阶段后的询问中，A_2 不能针对挑战密文 $\sigma' \leftarrow (r',c',h')$ 询问解签密谕言机。

最后，A_2 输出 $e \in \{0,1\}$ 的一个猜测 $e' \in \{0,1\}$。如果 $e'=e$，则说明 A_2 赢得 Game2。A_2 在 Game2 中的获胜优势可定义为

$$\text{Adv}^{\text{Game2}}(A_2,k) = \left| \Pr[e' = e] - 1/2 \right|$$

定义 2-5（保密性）　如果任何 PPT 外部敌手 A_1（内部敌手 A_2）赢得 Game1（Game2）的优势是可忽略的，则说明 CL-TSC 具有 IND-CCA2 安全性。

2. 不可伪造性

CL-TSC 的不可伪造性依赖于 UF-CMA 安全模型中的两个交互游戏：Game3，Game4。CL-TSC 的 UF-CMA 安全模型构建过程如图 2-3 所示。

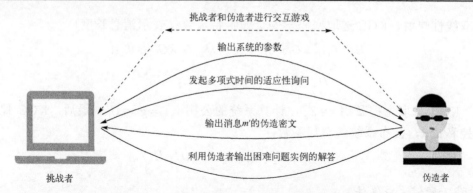

图 2-3　CL-TSC 的 UF-CMA 安全模型构建过程

外部伪造者 F_1 和挑战者 C 之间的交互游戏 Game3：游戏开始时，C 运行设置算法获取系统的主密钥 x 和系统的全局参数 γ，C 保留 x，发送 γ 给 F_1。然后，F_1 发出像 Game1 的阶段 1 那样的多项式有界次适应性询问。

在适应性询问结束时，外部伪造者 F_1 输出一个伪造密文 $(\mathrm{ID}'_D, \mathrm{ID}'_r, \sigma' \leftarrow (r', c', h'))$ 给挑战者 C。在询问过程中，F_1 不能提取 ID'_D 的部分私钥和秘密值，$(\mathrm{ID}'_D, \mathrm{ID}'_r, \sigma' \leftarrow (r', c', h'))$ 不应该为任何门限签密谕言机的应答。

如果解签密的结果不是符号 $\perp$，说明外部伪造者 F_1 赢得 Game3。F_1 的优势定义为其在 Game3 中的获胜概率。

内部伪造者 F_2 和挑战者 C 之间的交互游戏 Game4：游戏开始时，C 运行设置算法获取系统主密钥 x 和系统参数的集合 γ，输出 (x, γ) 给 F_2。然后，F_2 提交像 Game2 的阶段 1 那样的多项式有界次适应性询问。

在适应性询问结束时，内部伪造者 F_2 输出一个伪造的密文 $(\mathrm{ID}'_D, \mathrm{ID}'_r, \sigma' \leftarrow (r', c', h'))$ 给挑战者 C。询问中，F_2 不能提取 ID'_D 的秘密值，$(\mathrm{ID}'_D, \mathrm{ID}'_r, \sigma' \leftarrow (r', c', h'))$ 不应该为任何门限签密谕言机的应答。

如果解签密的结果不是符号 $\perp$，则说明内部伪造者 F_2 赢得 Game4。F_2 的优势定义为其在 Game4 中的获胜概率：

$$\mathrm{Adv}^{\mathrm{Game4}}(F_2, k) = |\Pr[\mathrm{Win}] - 1/2|$$

定义 2-6（不可伪造性）　如果任何 PPT 外部伪造者 F_1（内部伪造者 F_2）赢得 Game3（Game4）的优势是可忽略的，则说明 CL-TSC 具有 UF-CMA 安全性。

2.4　CL-TSC 方案实例

1. 系统初始化算法

G_1, G_2 都是具有素数阶 p 的乘法循环群，g 是群 G_1 的生成元，$e: G_1 \times G_1 \to G_2$ 是

个双线性映射。KGC 选取密码学安全的哈希函数（l 表示消息长度）：

$$H_1:\{0,1\}^* \times G_1 \times G_1 \to G_1, \quad H_2:G_1 \times G_1 \to \{0,1\}^l$$

$$H_3:\{0,1\}^l \times G_1 \times G_1 \times G_1 \times G_2 \to Z_p^*$$

KGC 选取主控私钥 $x \in Z_p^*$，计算系统的公钥 $y_{\text{pub}} = g^x \in G_1$。最后，KGC 保密主控私钥 x，公布系统的全局参数：

$$\gamma = \{G_1, G_2, p, g, y_{\text{pub}}, l, H_1, H_2, H_3\}$$

2. 密钥生成算法

用户 ID_i 任意选取一个秘密值 $x_i \in Z_p^*$，计算公钥 $u_i \leftarrow g^{x_i} \in G_1$。

根据 2.3.1 节算法定义可知，$i \in (D, r)$，$\text{ID}_i \in (\text{ID}_D, \text{ID}_r)$，$(\text{ID}_D, \text{ID}_r)$ 分别表示密钥分发者和接收者的身份，(x_D, x_r) 分别表示密钥分发者 ID_D 和接收者 ID_r 的私钥，(u_D, u_r) 分别表示密钥分发者 ID_D 和接收者 ID_r 的公钥。

3. 密钥提取算法

KGC 先计算 $\xi_i = H_1(\text{ID}_i \| y_{\text{pub}} \| u_i) \in G_1$，$d_i = \xi_i^x \in G_1$。然后，KGC 输出部分密钥 d_i 给用户 ID_i。如果：

$$e(g, d_i) = e(y_{\text{pub}}, \xi_i \leftarrow H_1(\text{ID}_i \| y_{\text{pub}} \| u_i))$$

用户 ID_i 接受该部分私钥 d_i；否则，要求 KGC 重发。

根据 2.3.1 节算法定义可知，$i \in (D, r)$，$\text{ID}_i \in (\text{ID}_D, \text{ID}_r)$，$(d_D, d_r)$ 分别表示密钥分发者 ID_D 和接收者 ID_r 的部分私钥。

4. 秘密共享算法

秘密共享算法中需要采用 (t, n) 门限机制[20]，其中，$n \geq 2t-1$。令 $\{U_1, U_2, \cdots, U_n\}$ 是 n 个签密者的集合，则密钥分发者 ID_D 随机选取 $b_1, b_2, \cdots, b_{t-1}$，建立 $t-1$ 次多项式：

$$f(x) = s_0 + b_1 x + b_2 x^2 + \cdots + b_{t-1} x^{t-1}$$

密钥分发者 ID_D 计算 $s_i = f(i)$，$i = 0, 1, 2, \cdots, n$，$s_0 = x_D$。然后密钥分发者 ID_D 秘密输出 s_i 给每一个签密者 $U_i (i = 1, 2, \cdots, n)$，接着广播 $y_0 = g^{s_i} d_D$，$y_j = g^{b_j}$。每个签密者 $U_i (i = 1, 2, \cdots, n)$ 都可验证下列等式是否成立：$e(g, y_0) = e(y_{\text{pub}}, \xi_r) \prod_{j=0}^{t-1} e(g, y_j)^{i^j}$。

每个签密者 U_i 秘密份额的正确性验证过程为

$$e(g, y_0) = e(g, g^{s_i} d_D)$$
$$= e(g, d_D) e(g, g^{x_D + ib_1 + \cdots + i^{t-1}b_{t-1}})$$

$$= e(y_{\mathrm{pub}}, \xi_r) e(g, g^{x_D}) e(g, g^{ib_1}) \cdots e(g, g^{i^{t-1}b_{t-1}})$$

$$= e(y_{\mathrm{pub}}, \xi_r) \prod_{j=0}^{t-1} e(g, y_j)^{i^j}$$

5. 门限签密算法

密钥分发者 ID_D 利用 t 个签密者生成针对消息 m 的一个密文 $\sigma \leftarrow (r, c, h)$。门限签密算法的具体操作过程如下。每个签密者 $U_i(i=1,2,\cdots,n)$ 选取任意的 $\mu_i \in Z_p^*$，计算：

$$r_i = g^{\mu_i} \in G_1, \quad v_i = (y_r y_{\mathrm{pub}})^{\mu_i} \in G_1$$

每个签密者 $U_i(i=1,2,\cdots,n)$，发送 (r_i, v_i) 给密钥分发者 ID_D。密钥分发者 ID_D 计算：

$$r = \prod_{i=1}^{t} r_i, \quad v = \prod_{i=1}^{t} v_i$$

$$\kappa = e(v, \xi_r) \in G_2, \quad c = H_2(r \| \kappa) \oplus m$$

$$\varphi = H_3(m \| u_D \| u_r \| r \| \kappa)$$

接下来，密钥分发者 ID_D 输出 φ 给每个签密者 U_i。每个签密者 U_i 计算：

$$h_i = \varphi^{\mu_i} g^{\eta_i s_i} \in G_1, \quad \text{其中，} \quad \eta_i = \prod_{j=1, j\neq i}^{t} \frac{j}{j-i}$$

每个签密者 U_i 发送 h_i 给密钥分发者 ID_D。如果 $e(g, h_i) = e(r_i, \varphi) e(g, g^{\eta_i s_i})$，密钥分发者 ID_D 接受 h_i；否则，拒绝接受 h_i。密钥分发者 ID_D 计算 $h = d_D \prod_{i=1}^{t} h_i$，输出密文 $\sigma \leftarrow (r, c, h)$ 给接收者 ID_r。部分密文 h_i 的合法性验证过程如下：

$$e(g, h_i) = e(g, \varphi^{\mu_i} g^{\eta_i s_i}) = e(r_i, \varphi) e(g, g^{\eta_i s_i})$$

6. 解签密算法

接收者 ID_r 根据收到的密文 $\sigma \leftarrow (r, c, h)$，依照下面方式恢复出明文 m：

$$\kappa = e(r, d_r \xi_r^{x_r}) \in G_2$$

$$m = H_2(r \| \kappa) \oplus c$$

接收者 ID_r 计算 $\varphi = H_3(m \| u_D \| u_r \| r \| \kappa)$。如果 $e(g, h) = e(y_{\mathrm{pub}}, \xi_r) e(r, \varphi) e(u_D, g)$，接受恢复出的明文 m；否则，拒受密文。

无证书门限签密 CL-TSC 的正确性验证过程为

$$\kappa = e(v, \xi_r)$$

$$= e\left(\prod_{i=1}^{t}(y_r y_{\text{pub}})^{\mu_i}, \xi_r\right)$$

$$= e(r, d_r \xi_r^{x_r}) \in G_2$$

$$e(g, h) = e\left(g, d_D \prod_{i=1}^{t} h_i\right)$$

$$= e(g, d_D) e\left(g, \prod_{i=1}^{t} \varphi^{\mu_i}\right) e\left(g, \prod_{i=1}^{t} g^{\mu_i s_i}\right)$$

$$= e(y_{\text{pub}}, \xi_D) e(r, \varphi) e\left(g, g^{\sum_{i=1}^{t} g^{\mu_i s_i}}\right)$$

$$= e(y_{\text{pub}}, \xi_D) e(r, \varphi) e(g, u_D)$$

2.5　安全性证明

2.5.1　CL-TSC 的保密性

定理 2-1　如果多项式时间的挑战算法 C 能以概率 $\varepsilon'\left(\varepsilon \geqslant \dfrac{\varepsilon}{e l_2 (l_p + l_s + l_r)}\right)$ 解决 DBDH 问题，则必定存在多项式时间外部敌手 A_1 能以概率 ε 攻破 CL-TSC 的 IND-CCA2-Ⅰ 安全性，其中，e 表示自然对数的底，(l_2, l_s, l_p, l_r) 分别表示 A_1 询问 H_2 谕言机、秘密值谕言机、部分私钥谕言机和公钥替换谕言机的次数。

证明　假如 C 收到一个 DBDH 问题的随机实例 $(g, g^a, g^b, g^c, \mathcal{X})$。$C$ 的目标是利用外部对手 A_1 的能力计算 $\mathcal{X} = e(g, g)^{abc} \in G_2$，$a, b \in Z_p^*$ 对于 C 是未知的。A_1 在定义 2-5 的游戏 Game1 中充当挑战者 C 的子程序。C 维护初始化为空的 4 张列表 list1, list2, list3, list4，目的在于记录每次询问 $H_i (i = 1,2,3)$ 谕言机和公钥谕言机的应答值。C 从 $\{1, 2, \cdots, l_1\}$ 中任意选取一个整数 τ，l_1 表示询问 H_1 谕言机的次数，ID_τ 表示目标身份，δ 表示 $\text{ID}_i = \text{ID}_\tau$ 的概率，τ 和 ID_τ 对于 A_1 是未知的。

在游戏开始的时候，C 调用初始化算法得到系统全局参数 $\gamma(y_{\text{pub}} \leftarrow g^a \in G_1)$，输出 γ 给 A_1。在阶段 1，A_1 向 C 发出多项式有界次的适应性询问。

公钥询问：A_1 发出任意身份 ID_i 的公钥询问请求。如果列表 list4 中存在相应公钥，C 输出 u_i 给 A_1；否则，C 选取任意的 $x_i \in Z_p^*$，输出公钥 $u_i \leftarrow g^{x_i} \in G_1$ 给 A_1，存储 $(\mathrm{ID}_i, x_i, u_i, -)$ 到 list4 中。

H_1 询问：A_1 发出任意身份 ID_i 的 H_1 询问。C 检查列表 list1 中是否存在匹配元组。如果有，C 输出 ξ_i 给 A_1；否则，C 响应如下。

情形 1：如果是第 τ 次询问，C 存储 $(\mathrm{ID}_i \| y_{\mathrm{pub}} \| u_i, \xi_i \leftarrow g^b)$ 到 list1 中，输出 ξ_i 给 A_1。

情形 2：如果不是第 τ 次询问，C 选取任意的 $\lambda \in Z_p^*$，存储 $(\mathrm{ID}_i \| y_{\mathrm{pub}} \| u_i, \xi_i \leftarrow g^\lambda)$ 到 list1 中，输出 ξ_i 给 A_1。

H_2 询问：A_1 在任何时候都可发出 H_2 询问。C 检查列表 list2 中是否存有相关元组。如果有，C 输出 w 给 A_1；否则，C 输出任意选取的 $w \in \{0,1\}^l$，存储 $(r \| \kappa, w \leftarrow H_2(r \| \kappa))$ 到 list2 中。

H_3 询问：A_1 在任何时候都可发出 H_3 询问。C 检查列表 list3 中是否存在相关元组。如果有，C 输出 φ 给 A_1；否则，C 选取任意的 $z \in Z_p^*$，输出 $\varphi \leftarrow g^z \in G_1$，存储 $(m \| u_D \| u_r \| r \| \kappa, \varphi)$ 到 list3 中。

秘密值询问：A_1 发出任意身份 ID_i 的秘密值询问。如果是第 τ 次询问，C 放弃游戏；否则，C 输出从 list4 查询得到的秘密值 x_i 给 A_1。

部分私钥询问：A_1 发出任意身份 ID_i 的部分私钥询问。如果 $\mathrm{ID}_i = \mathrm{ID}_\tau$，$C$ 放弃游戏；否则，C 调用 H_1 谕言机获取 $\lambda \in Z_p^*$，计算部分私钥 $d_i = y_{\mathrm{pub}}^\lambda$，输出 d_i 给 A_1，然后利用 $(\mathrm{ID}_i, x_i, u_i, d_i)$ 更新 list4 中的 $(\mathrm{ID}_i, x_i, u_i, -)$。外部对手 A_1 通过下列等式验证 ID_i 的部分私钥 d_i 的合法性：

$$e(g, d_i) = e(y_{\mathrm{pub}}, \xi_i \leftarrow H_1(\mathrm{ID}_i \| y_{\mathrm{pub}} \| u_i))$$

替换公钥：A_1 选取任意的 $u_i \in G_1$ 试图替换 ID_i 的当前公钥 $u_i \in G_1$。如果 $\mathrm{ID}_i = \mathrm{ID}_\tau$，$C$ 放弃游戏；否则，C 使用 $(\mathrm{ID}_i, -, u_i, d_i)$ 替换列表 list4 中的 $(\mathrm{ID}_i, x_i, u_i, d_i)$。

密钥共享询问：A_1 发出任意身份 ID_i 的密钥共享询问。如果是第 τ 次询问，C 放弃游戏；否则，C 随机选取 $b_1, b_2, \cdots, b_{t-1}$，建立 $t-1$ 次多项式：

$$f(x) = s_0 + b_1 x + b_2 x^2 + \cdots + b_{t-1} x^{t-1}$$

C 计算 $s_i = f(i)$，$i = 0, 1, 2, \cdots, n$，$s_0 = x_D$。然后，C 秘密发送 $(s_i, y_0 \leftarrow g^{s_i} d_D, y_j \leftarrow g^{b_j})$ 给外部对手 A_1。外部对手 A_1 通过下列等式验证秘密共享份额的正确性：

$$e(g, y_0) = e(y_{\mathrm{pub}}, \xi_r) \prod_{j=0}^{t-1} e(g, y_j)^{i^j}$$

门限签密询问：A_1 询问 $(\mathrm{ID}_D, \mathrm{ID}_r, m)$ 的密文。如果 $\mathrm{ID}_D \neq \mathrm{ID}_\tau$，$C$ 输出调用门限签密算法得到的一个密文 $\sigma \leftarrow (r, c, h)$ 给 A_1。否则，C 任意选取 $\mu_i \in Z_p^*$，计算：

$$r_i = g^{\mu_i}, \quad v_i = (y_r y_{\text{pub}})^{\mu_i}$$

$$r = \prod_{i=1}^{t} r_i, \quad v = \prod_{i=1}^{t} v_i, \quad \kappa = e(v, \xi_r)$$

$$c = w \oplus m, \quad \varphi = H_3(m \| u_D \| u_r \| r \| \kappa)$$

C 存储 $(r \| \kappa, w \leftarrow H_2(r \| \kappa))$ 到列表 list2 中,存储 $(m \| u_D \| u_r \| r \| \kappa, \varphi)$ 到列表 list3 中。然后,C 继续计算:

$$h_i = \varphi^{\mu_i} g^{\eta_i s_i}, \quad \text{其中}, \quad \eta_i = \prod_{j=1, j \neq i}^{t} \frac{j}{j-i}$$

如果 $e(g, h_i) = e(r_i, \varphi) e(g, g^{\eta_i s_i})$,$C$ 计算 $h \leftarrow y_{\text{pub}}^{\lambda} \prod_{i=1}^{t} h_i$,输出密文 $\sigma \leftarrow (r, c, h)$ 给外部对手 A_1。

解签密询问:A_1 发出针对 $(\text{ID}_D, \text{ID}_r, \sigma \leftarrow (r, c, h))$ 的解签密询问。如果 $\text{ID}_r \neq \text{ID}_\tau$,$C$ 输出正常运行解签密算法得到的 m 或 $\perp$ 给 A_1;否则,C 在 list2 中搜索元组 $(r \| \kappa, w)$ 使得询问 $(r, y_{\text{pub}}, \xi_r, \mathcal{X})$ 时 $\mathcal{O}_{\text{DBDH}}$ 输出 1。如果这样的情况发生,C 从 A_1 或 list4 处得到 x_r,计算 $\kappa = e(v, \xi_r^{x_r}) \cdot \mathcal{X}$,$m = w \oplus c$,$\varphi = H_3(m \| u_D \| u_r \| r \| \kappa)$。如果:

$$e(g, h) = e(y_{\text{pub}}, \xi_D) e(r, \varphi) e(u_D, g)$$

C 输出 m 给 A_1;否则,输出 $\perp$ 给 A_1。

在挑战阶段,A_1 向 C 发出针对挑战信息 $(\text{ID}_D', \text{ID}_r', m_0, m_1)$ 的询问,(m_0, m_1) 为等长的消息。在阶段 1,A_1 不能询问 ID_r' 的秘密值和部分私钥。如果 $\text{ID}_r' \neq \text{ID}_\tau$,$C$ 放弃游戏。否则,C 选取任意的 $\rho \in \{0,1\}$,$\mathcal{X} \in G_2$,$\kappa_0 \in \{0,1\}^l$,计算:

$$r' = g^c \in G_1, \quad v' = (r')^{x_r'} \in G_1, \quad \kappa' = e(v', \xi_r^{x_r'}) \cdot \mathcal{X}$$

$$c' = w' \oplus m_\rho, \quad \varphi' = H_3(m_\rho \| u_D' \| u_r' \| r' \| \kappa_\rho)$$

存储 $(r' \| \kappa', w' \leftarrow H_2(r' \| \kappa'))$ 到列表 list2 中,存储 $(m_\rho \| u_D' \| u_r' \| r' \| \kappa_\rho, \varphi')$ 到列表 list3 中。C 继续计算:

$$h_i = (r')^{1/t} g^{\eta_i s_i} \in G_1, \quad \text{其中}, \quad \eta_i = \prod_{j=1, j \neq i}^{t} \frac{j}{j-i}$$

如果 $e(g, h_i') = e(r', \varphi^{1/t}) e(g, g^{\eta_i s_i})$,$C$ 计算 $h' = y_{\text{pub}}^{\lambda} \prod_{i=1}^{t} h_i'$,然后输出挑战的密文 $\sigma' \leftarrow (r', c', h')$ 给 A_1。

在阶段 2,A_1 再次向 C 发出像阶段 1 那样的多项式有界次适应性询问。在询问中，A_1 不能提取 ID_r^* 的秘密值和部分私钥，A_1 不能针对 $\sigma' \leftarrow (r', c', h')$ 询问解签密谕言机。最后，C 输出 DBDH 问题实例的解答：

$$\mathcal{X} = e(r', d_r^{x_r}) = e(g, g)^{abc}$$

概率分析：C 在阶段 1 或阶段 2 的适应性询问中不失败的概率为 $\delta^{l_p + l_s + l_r}$；挑战时不放弃 Game1（请见定义 2-5）的概率为 $(1-\delta)$，则 C 在 Game1 中不失败的概率为 $\delta^{l_p + l_s + l_r}(1-\delta)$，该式在 $\delta = 1 - 1/(1 + l_s + l_p + l_r)$ 时达到最大值[8]。可得 C 在 Game1 中不失败的概率至少为 $\varepsilon' \geqslant \dfrac{1}{e(l_p + l_s + l_r)}$，即

$$
\begin{aligned}
\delta^{l_p + l_s + l_r}(1-\delta) &= \left(1 - \frac{1}{1 + l_p + l_s + l_r}\right)^{(l_p + l_s + l_r)}\left(\frac{1}{1 + l_p + l_s + l_r}\right) \\
&= \left(1 - \frac{1}{1 + l_p + l_s + l_r}\right)^{(1 + l_p + l_s + l_r)}\left(\frac{1}{l_p + l_s + l_r}\right) \\
&\geqslant \frac{1}{e(l_p + l_s + l_r)}
\end{aligned}
$$

另外，C 均匀随机选取 $\mathcal{X} \in G_2$ 的概率为 $\dfrac{1}{l_2}$。因此，C 利用外部敌手 A_1 的能力解决 DBDH 问题的概率为 $\varepsilon' \geqslant \dfrac{\varepsilon}{el_2(l_p + l_s + l_r)}$。

定理 2-2　如果挑战算法 C 能以概率 $\varepsilon'\left(\varepsilon' \geqslant \dfrac{\varepsilon}{el_2 l_s}\right)$ 解决 DBDH 问题，内部敌手 A_2 能以概率 ε 攻破 CL-TSC 的 IND-CCA2-Ⅱ 安全性，其中，e 表示自然对数的底，(l_2, l_s) 分别表示 A_2 询问 H_2 谕言机和私钥谕言机的次数。

证明　假如 C 收到一个 DBDH 问题的随机实例 $(g, g^a, g^b, g^c, \mathcal{X})$。$C$ 的目标在于利用外部对手 A_1 计算 $\mathcal{X} = e(g, g)^{abc} \in G_2$，$a, b \in Z_p^*$ 对于挑战者 C 是未知的。C 在定义 2-5 的游戏 Game2 中运行子程序 A_2。C 从 $\{1, 2, \cdots, l_1\}$ 中选取一个整数 τ，确定挑战的身份 ID_τ，l_1 表示询问谕言机 H_1 的次数。δ 表示 $\mathrm{ID}_i \neq \mathrm{ID}_\tau$ 的概率，τ 和 ID_τ 对内部敌手 A_2 是未知的。

在游戏开始的时候，C 调用初始化算法得到系统全局参数 $\gamma(y_{\mathrm{pub}} \leftarrow g^x \in G_1)$，输出 (x, γ) 给 A_2。然后，在阶段 1，A_2 向 C 发出多项式有界次的适应性询问。(H_1, H_2, H_3) 谕言机的询问跟定理 2-1 的阶段 1 完全相同，其余谕言机的询问描述如下。

公钥询问：A_2 发出任意身份 ID_i 的公钥询问请求。如果在 list4 中有公钥 u_i，C 输出 u_i 给 A_1；否则，C 响应如下。

情形 1：如果是第 τ 次询问，C 输出 $u_i \leftarrow g^a \in G_1$ 给 A_2，存储 $(\text{ID}_i, -, u_i, -)$ 到列表 list4 中。

情形 2：如果不是第 τ 次询问，C 输出 $u_i \leftarrow g^{x_i} \in G_1$（$x_i \in Z_p^*$）给 A_1，存储 $(\text{ID}_i, x_i, u_i, -)$ 到列表 list4 中。

私钥询问：A_2 发出 ID_i 的私钥询问。如果是第 τ 次询问，C 放弃游戏；否则，C 输出私钥 $(x_i, d_i \leftarrow \xi_i^x)$ 给 A_2，利用 $(\text{ID}_i, x_i, u_i, d_i)$ 更新列表 list4 中的 $(\text{ID}_i, x_i, u_i, -)$。内部敌手 A_2 通过下列等式验证部分私钥 d_i 的合法性：

$$e(g, d_i) = e(y_{\text{pub}}, \xi_i \leftarrow H_1(\text{ID}_i \| y_{\text{pub}} \| u_i))$$

密钥共享询问：A_2 发出任意身份 ID_i 的密钥共享询问。如果是第 τ 次询问，C 放弃游戏；否则，C 随机选取 $b_1, b_2, \cdots, b_{t-1}$，建立 $t-1$ 次多项式：

$$f(x) = s_0 + b_1 x + b_2 x^2 + \cdots + b_{t-1} x^{t-1}$$

C 计算 $s_i = f(i)$，$i = 0, 1, 2, \cdots, n$，$s_0 = x_D$。然后，C 秘密发送 $(s_i, y_0 \leftarrow g^{s_i} d_D,$ $y_j \leftarrow g^{b_j})$ 给内部敌手 A_2。内部敌手 A_2 通过如下等式验证秘密共享份额的正确性：

$$e(g, y_0) = e(y_{\text{pub}}, \xi_r) \prod_{j=0}^{t-1} e(g, y_j)^{i^j}$$

门限签密询问：A_2 询问针对 $(\text{ID}_D, \text{ID}_r, m)$ 的门限签密结果。如果 $\text{ID}_D \neq \text{ID}_\tau$，$C$ 输出运行门限签密算法得到的密文 $\sigma \leftarrow (r, c, h)$ 给 A_2。否则，C 任意选取 $\mu_i \in Z_p^*$，计算：

$$r_i = g^{\mu_i}, \quad v_i = (y_r y_{\text{pub}})^{\mu_i}$$

$$r = \prod_{i=1}^{t} r_i, \quad v = \prod_{i=1}^{t} v_i, \quad \kappa = e(v, \xi_r)$$

$$c = w \oplus m, \quad \varphi = H_3(m \| u_D \| u_r \| r \| \kappa)$$

然后分别存储 $(r \| \kappa, w \leftarrow H_2(r \| \kappa))$，$(m \| u_D \| u_r \| r \| \kappa, \varphi)$ 到列表 list2 和 list3 中。C 计算：

$$h_i = \varphi^{\mu_i} g^{\eta_i s_i}, \quad \text{其中，} \quad \eta_i = \prod_{j=1, j \neq i}^{t} \frac{j}{j-i}$$

如果 $e(g, h_i) = e(r_i, \varphi) e(g, g^{\eta_i s_i})$，$C$ 计算 $h \leftarrow y_{\text{pub}}^\lambda \prod_{i=1}^{t} h_i$，输出密文 $\sigma \leftarrow (r, c, h)$ 给内部对手 A_2。

解签密询问：A_2 发出针对 $(\text{ID}_D, \text{ID}_r, \sigma \leftarrow (r, c, h))$ 的解签密询问。如果 $\text{ID}_r \neq \text{ID}_\tau$，

C 输出正常运行解签密算法得到的明文 m 或 $\perp$ 给 A_1；否则，C 在列表 list2 中搜索元组 $(r\|\kappa,w)$ 使得询问 $(r,y_r,\xi_r,\mathcal{X})$ 时 $\mathcal{O}_{\text{DBDH}}$ 输出 1。如果这种情况发生，C 查询列表 list4 得到 d_r，计算：

$$\kappa = e(v,d_r)\cdot\mathcal{X}, \quad m = w\oplus c$$

$$\varphi = H_3(m\|u_D\|u_r\|r\|\kappa)$$

如果 $e(g,h) = e(y_{\text{pub}},\xi_D)e(r,\varphi)e(u_D,g)$，$C$ 输出恢复出的明文 m 给 A_1；否则，C 输出符号 $\perp$ 给 A_1。

在挑战阶段，A_2 向 C 发出针对挑战信息 $(\text{ID}'_D,\text{ID}'_r,m_0,m_1)$ 的询问，(m_0,m_1) 为等长消息。在阶段 1，A_2 不能询问 ID'_r 的秘密值。如果 $\text{ID}'_r\neq\text{ID}_\tau$，$C$ 放弃游戏；否则，C 选取任意的 $\rho\in\{0,1\}$，$\mathcal{X}\in G_2$，计算：

$$r' = g^c\in G_1, \quad v' = (r')^{x'_r}\in G_1$$

$$\kappa' = e(v',d'_r)\cdot\mathcal{X}$$

C 计算得到 $c' = w'\oplus m_\rho$，存储 $(r'\|\kappa',w'\leftarrow H_2(r'\|\kappa'))$ 到列表 list2 中。C 选取任意的 $\kappa_0\in\{0,1\}^l$，然后继续计算：

$$\varphi' = H_3(m_\rho\|u'_D\|u'_r\|r'\|\kappa_\rho)$$

$$h_i = (r')^{1/t}g^{\eta_i s_i}\in G_1, \quad \text{其中，} \quad \eta_i = \prod_{j=1,j\neq i}^{t}\frac{j}{j-i}$$

C 存储 $(m_\rho\|u'_D\|u'_r\|r'\|\kappa_\rho,\varphi')$ 到 list3 中。如果 $e(g,h'_i) = e(r',\varphi'^{1/t})e(g,g^{\eta_i s_i})$，$C$ 计算 $h' = g^{x\lambda}\prod_{i=1}^{t}h'_i$，输出挑战密文 $\sigma'\leftarrow(r',c',h')$ 给 A_2。

在阶段 2，A_2 再次向 C 发出像阶段 1 那样的多项式有界次的适应性询问。在询问中，A_2 不能发出 ID^* 的秘密值询问，A_2 不能针对挑战密文针对 $\sigma'\leftarrow(r',c',h')$ 询问解签密谕言机。最后，C 输出 DBDH 问题实例的解答：

$$\mathcal{X} = e(r',y_r)^b = e(g,g)^{abc}$$

概率分析：在阶段 1 或 2 的适应性询问中，不放弃 Game2（请见定义 2-5）的概率为 δ^{l_s}；在挑战阶段的询问中，C 不放弃 Game2 的概率为 $(1-\delta)$，则 C 在 Game2 中不失败的概率为 $\delta^{l_s}(1-\delta)$，该式在 $\delta = 1-1/(1+l_s)$ 时达到最大值[8]。可得 C 在 Game2 中不失败概率至少为 $\dfrac{1}{el_2 l_s}$，即

$$\delta^{l_s}(1-\delta)=\left(1-\frac{1}{1+l_s}\right)^{l_s}\left(\frac{1}{1+l_s}\right)$$

$$=\left(1-\frac{1}{1+l_s}\right)^{l_s}\left(\frac{1}{l_s}\right)$$

$$\geqslant\frac{1}{e\cdot l_s}$$

另外，C 随机均匀选取 $\mathcal{X}\in G_2$ 的概率为 $\frac{1}{l_2}$。因此，C 获得 DBDH 问题实例解

答的概率为 $\varepsilon'\geqslant\dfrac{\varepsilon}{el_2l_s}$。

2.5.2　CL-TSC 的不可伪造性

定理 2-3　如果任意 PPT 外部敌手 A_1 能以概率 ε 攻破 CL-TSC 的 UF-CMA- I

安全性，那么必存在挑战算法 C 能以概率 ε'（$\varepsilon'\geqslant\dfrac{\varepsilon}{e(l_p+l_s+l_r)}$）解决 CDH 问题。

证明　假定 C 收到一个 CDH 问题的随机实例 $(g,g^a,g^b)\in G_1$。C 的目标在于利用 A_1 的能力计算 $g^{ab}\in G_1$，$a,b\in Z_p^*$ 对于挑战者 C 是未知的。外部对手 A_1 在游戏中扮演 C 的子程序。

在游戏开始的时候，C 运行初始化算法得到系统全局参数 γ（$y_{\text{pub}}\leftarrow g^a\in G_1$），输出 γ 给外部对手 A_1。接下来，外部敌手 A_1 向 C 发出与定理 2-1 阶段 1 完全相同的多项式有界次适应性询问。

询问结束时，A_1 输出一个伪造密文 $(\text{ID}'_D,\text{ID}'_r,\sigma'\leftarrow(r',c',h'))$ 给 C。在询问过程中，A_1 不能提取 ID_D^* 的秘密值和部分私钥，A_1 亦不能针对 $(\text{ID}'_D,\text{ID}'_r,\sigma'\leftarrow(r',c',h'))$ 询问解签密谕言机。如果 $\text{ID}'_D\neq\text{ID}'_r$，$C$ 在游戏中失败；否则，C 通过调用相关的随机谕言机，输出 CDH 问题实例的解答：

$$g^{ab}=\frac{h'}{(r')^{z'}u'_D}$$

如果挑战者 C 在交互游戏中获得胜利，那么下面等式肯定成立：

$$e(g,h')=e(y_{\text{pub}},\xi'_D)e(r',\varphi')e(u'_D,g)$$

$$=e(g,g^{ab})e(g,(r')^{z'})e(g,g^{x'_D})$$

$$=e(g,g^{ab+x'_D}(r')^{z'})$$

概率分析：依据定理 2-1 可得，C 不放弃 Game3（请见定义 2-6）的概率为 $\dfrac{1}{e(l_p + l_s + l_r)}$，则有 C 获得 CDH 问题实例解答的概率为 $\varepsilon' \geq \dfrac{\varepsilon}{e(l_p + l_s + l_r)}$。

定理 2-4　如果多项式时间敌手 A_2 能以概率 ε 攻破 CL-TSC 的 UF-CMA-Ⅱ 安全性，那么就存在挑战算法 C 能以概率 ε'（$\varepsilon' \geq \dfrac{\varepsilon}{el_s}$）解决 CDH 问题。

证明　假定 C 收到一个 CDH 问题的随机实例 $(g, g^a, g^b) \in G_1$。C 的目标在于利用 A_2 计算 $g^{ab} \in G_1$，$a, b \in Z_p^*$ 对于 C 是未知的。A_2 在游戏中扮演挑战者 C 的子程序。

在游戏开始的时候，C 运行初始化算法得到系统全局参数 $\gamma(y_{\text{pub}} \leftarrow g^x \in G_1)$，发送 (x, γ) 给 A_2。接下来，内部敌手 A_2 向 C 发出像定理 2-2 那样的多项式有界次适应性询问。除 H_1, H_3 谕言机询问外，其余谕言机的询问与定理 2-2 的阶段 1 完全相同。

H_1 询问：A_2 发出任意身份 ID_i 的 H_1 询问。C 检查列表 list1 中是否存在匹配元组。如果有，C 输出 ξ_i 给 A_2；否则，C 输出任意选取的 $\xi_i \in G_1$ 给 A_2，存储 $(\text{ID}_i \| y_{\text{pub}} \| u_i, \xi_i)$ 到 list1 中。

H_3 询问：A_2 在任何时候都可发出 H_3 询问。C 检查列表 list3 中是否存在相关元组。如果有，C 输出 φ 给 A_2；否则，反应如下。

情形 1：如果是第 τ 次询问，C 存储 $(m \| u_D \| u_r \| r \| \kappa, \varphi \leftarrow g^b)$ 到列表 list3 中；然后，C 输出 φ 给 A_2。

情形 2：如果不是第 τ 次询问，C 输出 $\varphi \leftarrow g^z \in G_1$（$z \in Z_p^*$）给 A_2，存储 $(m \| u_D \| u_r \| r \| \kappa, \varphi)$ 到 list3 中。

询问结束时，A_2 输出一个伪造密文 $(\text{ID}_D', \text{ID}_r', \sigma' \leftarrow (r', c', h'))$ 给 C。在询问过程中，A_2 不能提取 ID_D^* 的秘密值，A_2 亦不能针对 $(\text{ID}_D', \text{ID}_r', \sigma' \leftarrow (r', c', h'))$ 询问解签密谕言机。如果 $\text{ID}_D' \neq \text{ID}_r'$，$C$ 在游戏中失败；否则，C 通过调用相关的随机谕言机，输出 CDH 问题实例的解答：

$$g^{ab} = \frac{h'}{(\xi_D')^x u_D'}$$

如果挑战者 C 在游戏中获得成功，则下面等式肯定成立：

$$
\begin{aligned}
e(g, h') &= e(y_{\text{pub}}, \xi_D') e(r', \varphi') e(u_D', g) \\
&= e(g, \xi_D')^x e(g, g^{ab}) e(g, g^{x_D'}) \\
&= e(g, g^{ab + x_D'} (\xi_D')^x)
\end{aligned}
$$

概率分析：依据定理 2-2 可得，C 不放弃 Game4（请见定义 2-6）的概率为 $\dfrac{1}{\mathrm{e}l_s}$。则有 C 解决 CDH 问题的概率为 $\varepsilon' \geqslant \dfrac{\varepsilon}{\mathrm{e}l_s}$。

推论 2-1　如果外部敌手 A_1（内部敌手 A_2）攻破 CL-TSC 安全性的概率 ε 不可忽略，则挑战者 C 就能以不可忽略的优势 ε' 求解 DBDH（CDH）问题。在定理 2-1～定理 2-4 的交互游戏中，$A_1(A_2)$ 扮演挑战者 C 的子程序，这意味着 C 可以利用 $A_1(A_2)$ 以不可忽略的概率 ε' 解决 DBDH（CDH）问题。众所周知，破解 DBDH（CDH）问题在计算上是不可行的。因此，任何 $A_1(A_2)$ 不可能以概率 ε 获胜，C 亦不可能以概率 ε' 解决 DBDH（CDH）问题，即 $A_1(A_2)$ 不可能以不可忽略的优势 ε 在游戏中获得成功。

2.6　性　能　评　价

本节依据计算复杂度和安全性对 CL-TSC 和文献[24,25]中的密码算法进行性能比较。

每种密码操作的时间复杂度[27]的含义和操作时间如表 2-1 所示。

表 2-2 给出 CL-TSC 和文献[24,25]中的密码算法的计算开销和安全性。表 2-2 中，"×"表示不满足相应的安全属性，"√"表示满足相应的安全属性。

依据表 2-1 密码操作的时间复杂度，计算得到表 2-2 中各种密码算法的计算开销。然后采用 MATLAB 软件画出 3 个密码算法的仿真图。从仿真图 2-4 可看出，CL-TSC 的计算开销明显比文献[24,25]中的密码算法低。CL-TSC 在计算效率上优势明显，相对而言是个优秀的密码算法。

表 2-1　时间复杂度符号和密码操作的时间

符号	符号的含义	操作时间/ms
T_p	运行一次双线性对操作的计算复杂度	32.713
T_m	运行一次标量乘操作的计算复杂度	13.405
T_e	运行一次指数操作的计算复杂度	2.249

表 2-2　各个密码算法的计算开销和安全性

密码算法	密码算法的计算开销	安全性	
		保密性	不可伪造性
文献[24]中的密码算法	$(4t+4)T_p+(6t+8)T_m+6tT_e$	×	√
文献[25]中的密码算法	$(8t+6)T_p+(4t+3)T_m+2tT_e$	×	√
CL-TSC	$(4t+8)T_p+(6t+6)T_e$	√	√

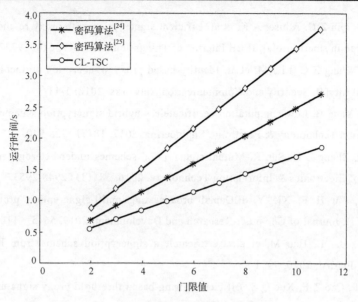

图 2-4　几个方案的计算开销比较图

2.7　本 章 小 结

本章依赖双线性 Diffie-Hellman 问题和计算性 Diffie-Hellman 问题的困难假设，提出采用秘密共享机制的无证书门限签密 CL-TSC。CL-TSC 满足适应性攻击下的不可区分性和不可伪造性。CL-TSC 的计算复杂度低，在电子医嘱、电子拍卖、电子选举、分布式环境、区块链和云计算等诸多领域有着广泛的应用价值。

参 考 文 献

[1] Shamir A. How to share a secret[J]. Communications of the ACM, 1979, 22(11): 612-613.

[2] Blakley G R. Safeguarding cryptographic keys[C]// Proceeding of AFIPS 1979 National Computer Conference, New York: AFIPS Press, 1979: 313-317.

[3] Desmedt Y G. Society and group oriented cryptography: A new concept[C]//Advances in Cryptology-CRYPTO'87, Berlin: Springer, 1987: 120-127.

[4] Desmedt Y G. Frankel Y. Threshold cryptosystems[C]//Advances in Cryptology-CRYPTO'89. Berlin: Springer, 1989: 307-315.

[5] Li F G, Liu B, Hong J J. An efficient signcryption for data access control in cloud computing[J]. Computing, 2017, 99(5): 1-15.

[6]　Ahene E, Qin Z C, Adusei A K, et al. Efficient signcryption with proxy re-encryption and its application in smart grid[J]. IEEE Internet of Things Journal, 2019, 6(6): 9722-9737.

[7]　Yu H F, Wang Z C, Li J M, et al. Identity-based proxy signcryption protocol with universal composability[J]. Security and Communication Networks, 2018: 1-11.

[8]　Yu H F, Yang B. Low-computation certificateless hybrid signcryption scheme[J]. Frontier of Information Technology & Electronic Engineering, 2017, 18(7): 928-940.

[9]　Liu J W, Zhang L H, Sun R. Mutual signcryption schemes under heterogeneous systems[J]. Journal of Electronics & Information Technology, 2016, 38(11): 2948-2953.

[10]　Li J M, Yu H F, Xie Y. ElGamal broadcasting multi-signcryption protocol with UC security[J]. Journal of Computer Research and Development, 2019, 56(5): 1101-1111.

[11]　Yu H F, Bai L, Hao M, et al. Certificateless signcryption scheme from lattice[J]. IEEE Systems Journal, 2020, 99: 1-9.

[12]　Qian H F, Cao Z F, Xue Q S. Efficient pairing-based threshold proxy signature scheme with known signers[J]. Informatica, 2005, 16(2): 261-274.

[13]　Kim S, Kim J, Cheon J, et al. Threshold signature scheme for ElGamal variants[J]. Computer Standards & Interfaces, 2011, 33(4): 432-437.

[14]　Peng H, Feng D. A forward secure threshold signature scheme from bilinear pairing[J]. Journal of Computer Research and Development, 2007, 44(4): 574-580.

[15]　Hu J H, Zhang J Z. Cryptanalysis and improvement of a threshold proxy signature scheme[J]. Computer Standards & Interfaces, 2009, 31: 169-173.

[16]　Xu J. Provably secure threshold signature schemes without random oracles[J]. Chinese Journal of Computers, 2006, 29(9): 1636-1640.

[17]　Wang B, Li J. (t, n) threshold signature scheme without a trusted party[J]. Chinese Journal of Computers, 2003, 26(11): 1581-1584.

[18]　Tu B B, Chen Y. A survey of threshold cryptosystems[J]. Journal of Cryptologic Research, 2020, 7(1): 1-14.

[19]　Wang F, Chang C C, Harn L. Simulatable and secure certificate-based threshold signature without pairings[J]. Security and Communication Networks, 2014, 7(11): 2094-2103.

[20]　Duan S S, Cao Z F, Lu R X. Robust ID-based threshold signcryption scheme from pairings[C]// Proceedings of the 3rd International Conference on Information Security, Shanghai, China, 2004: 33-37.

[21]　Li F G, Yu Y. An efficient and provably secure ID-based threshold signcryption scheme[C]// Proceedings of the 2008 International Conference on Communications, Circuits and Systems (ICCCAS 2008), Xiamen, Fujian Province, China, 2008: 488-492.

[22] Selvi S S D, Vivek S S, Rangan C P, et al. Cryptanalysis of Li et al.'s identity-based threshold signcryption scheme[C]// Proceedings of the 5th International Conference on Embedded and Ubiquitous Computing (EUC 2008), Shanghai, China, 2008: 127-132.

[23] Zhu C Y, Chen Q, Xu K. New ID-based (t, n) threshold signcryption scheme[J]. Computer Systems & Applications, 2011, 20(4): 55-58.

[24] Wang L, Cao Z, Li X, et al. Simulatability and security of certificateless threshold signatures[J]. Information Sciences, 2007, 177(7): 1382-1394.

[25] Yuan H, Zhang F T, Huang X Y, et al. Certificateless threshold signature scheme from bilinear maps[J]. Information Sciences, 2010, 180(23): 4714-4728.

[26] Yu H F, Wang S B. Certificateless threshold signcryption scheme with secret sharing mechanism[J]. Knowledge-Based Systems, 2021, 221: 1-7.

[27] He D B, Wang H Q, Wang L N, et al. Efficient certificateless anonymous multi-receiver encryption scheme for mobile devices[J]. Soft Computing, 2017, 21(22): 6801-6810.

第 3 章　无证书代理签密

3.1　引　　言

传统公钥密码学(traditional public key cryptography, TPKC)中使用发送者的私钥对消息进行签名操作，然后采用一个会话密钥对消息-签名对进行加密操作，从而保证消息的保密性和不可伪造性。在解密和验证阶段，使用接收者的私钥计算得到会话密钥，然后利用会话密钥对加密得到的密文进行解密操作。最后，接收者通过使用发送方的公钥验证签名并确认消息的不可伪造性。在实际应用的某些场合中，有时需同时满足保密性和不可伪造性。签密技术可同时提供针对消息的保密和认证功能[1-9]，允许指定接收者从发送者产生的签密密文中恢复出原始消息，然后验证恢复出的明文的合法性。相比传统先签后加密方法，签密技术的计算量小且带宽负载低。

Mambo 等[10]提出了首个不可伪造的代理签名。1999 年，Gamage 等[11]首次提出代理签密的概念，即原始的签密者委托签密权给代理签密者，代理签密者代表前者对指定的消息进行签密操作。Ming 等[12]在标准模型中提出了采用 IB-PKC 的代理签密，目的是通过授权代理来促进机密交易。Zhou[13]提出了标准模型下的广义代理签密，可抗内部敌手的攻击。Yu 等[14]提出了通用可复合安全的身份代理签密。IB-PKC 下的代理签密技术克服了 TPKC 中证书管理的计算量大、通信代价高和存储开销大的问题，然而仍然面临密钥托管的问题，原因在于 PKG 计算出用户私钥，故可冒充任何用户签署任何消息或解密任何密文。幸运的是，CL-PKC 可解决 IB-PKC 中的密钥托管的问题，原因在于 KGC 和用户合作生成用户的秘密值和部分私钥。2008 年，Barbosa 和 Farshim 首次提出了无证书签密的概念[15]。Liu 等[16]提出了标准模型下的无证书签密，但在恶意的 KGC 攻击下不安全[17,18]。2015 年无证书混合签密[19]和抗泄露的无证书签密[20]被提出，2017 年出现了无证书椭圆曲线混合签密[21]。

本章采用联合判定双线性 Diffie-Hellman 问题和联合计算 Diffie-Hellman 问题，提出新颖的无证书代理签密(certificateless proxy signcryption，CL-PSC)。CL-PSC 中，原始签密者委托签密权限给代理签密者，由后者代表前者对指定的消息进行签密操作，接收者负责解密密文和验证密文的合法性；发生争议时，接收者可随时宣布任何第三方公开验证，无须任何额外计算工作。CL-PSC 没有证书管理和密钥托管的问题，并满足适应性选择消息攻击下的不可伪造性和适应性选择密文攻击下的不可区分性。与文献[13,22,23]中密码算法的比较结果说明，CL-PSC[24]计算复杂度较低。CL-PSC 适合应用在移动代理、电子合同签署、在线代理拍卖、云计算等多个领域。

3.2　基　本　知　识

定义 3-1（双线性映射）　令 $(G_1, \times)$，$(G_2, \times)$，$(G_3, \times)$ 均为具有素数阶 p 的乘法循环群，$g_1(g_2)$ 是群 $G_1(G_2)$ 的生成元，存在从 G_2 到 G_1 的同构 $\psi : \psi(g_2) = g_1$。双线性映射 $e : G_1 \times G_2 \to G_3$ 具有以下属性：

①对于任意的 $a, b \in Z_p^*$，给定 $g \in G_1$，$\mathcal{X} \in G_2$，$e(g^a, \mathcal{X}^b) = e(g, \mathcal{X})^{ab} \in G_3$；

② $e(g_1, g_2) \neq 1_{G_2}$。

定义 3-2（Co-BDH 问题）　乘法循环群 $(G_3, \times)$ 上的联合双线性 Diffie-Hellman（co-bilinear Diffie-Hellman，Co-BDH）问题是指：对于任意未知的 $a, b \in Z_p^*$，给定 $(g, g^a, g^b) \in G_1$，$\mathcal{X} \in G_2$，计算 $e(g, \mathcal{X})^{ab} \in G_3$。

定义 3-3（CDH 问题）　乘法循环群 $(G_2, \times)$ 上的联合计算 Diffie-Hellman（co-computational Diffie-Hellman，Co-CDH）问题为：对于任意未知的 $a \in Z_p^*$，给定 $(g, g^a) \in G_1$，$\mathcal{X} \in G_2$，计算 $\mathcal{X}^a \in G_2$。

定义 3-4（Co-DBDH 问题）　乘法循环群 $(G_1, \times)$，$(G_2, \times)$，$(G_3, \times)$ 上的联合判定双线性 Diffie-Hellman（co-decisional bilinear Diffie-Hellman，Co-DBDH）问题是指：对于任意未知的 $a, b \in Z_p^*$，给定 $(g, g^a, g^b) \in G_1$，$\mathcal{X} \in G_2$，$\omega \in G_3$，判定 $\omega = e(g, \mathcal{X})^{ab} \in G_3$ 是否成立。如果成立，随机谕言机 $\mathcal{O}_{\text{Co-DBDH}}$ 输出 1；否则，$\mathcal{O}_{\text{Co-DBDH}}$ 输出 0。

3.3　CL-PSC 的形式化定义

3.3.1　CL-PSC 的算法定义

无证书代理签密是由六个概率多项式时间算法组成的。CL-PSC 的每个算法的具体定义请见下面描述。

系统初始化算法：输入一个安全参数 1^k，输出主密钥 x 和系统全局参数 γ。

密钥生成算法：输入 (γ, ID_i)，输出用户 $\text{ID}_i (i \in (o, p, b))$ 的公钥 y_i 和私钥 x_i。

请注意：$\text{ID}_i \in (\text{ID}_o, \text{ID}_p, \text{ID}_b)$，$(\text{ID}_o, \text{ID}_p, \text{ID}_b)$ 分别表示原始签密者、代理签密者和接收者的身份，(x_o, x_p, x_b) 分别是原始签密者 ID_o、代理签密者 ID_p 和接收者

ID_b 的私钥，(y_o, y_p, y_b) 分别表示原始签密者 ID_o、代理签密者 ID_p 和接收者 ID_b 的公钥。

密钥提取算法：输入 (γ, x, ID_i, y_i)，输出用户 ID_i 的部分私钥 r_i。

请注意：$i \in (o, p, b)$，$ID_i \in (ID_o, ID_p, ID_b)$，$(r_o, r_p, r_b)$ 分别表示原始签密者 ID_o、代理签密者 ID_p 和接收者 ID_b 的部分私钥。

代理授权算法：输入 $(\gamma, m_w, ID_o, ID_p)$，输出一个代理密钥 x_{ap}。

代理授权宏观过程：原始签密者先建立一个许可证书，该许可证书中含有原始签密者和代理签密者的身份信息、原始签密者给予代理签密者的权力范围、二者的公钥信息等。原始签密者发送使用许可证书和自己私钥生成的签名给代理签密者。如果验证通过，则代理签密者生成代理密钥；否则，请求重发。代理授权的工作过程如图 3-1 所示。

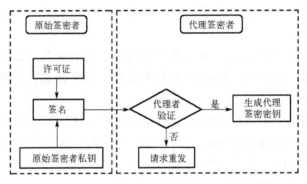

图 3-1　代理授权的工作过程示意图

代理签密算法：输入 $(\gamma, m_w, m, ID_b, ID_p, x_{ap}, r_p, y_b, y_p)$，输出密文 $\sigma \leftarrow (m_w, r, c, s)$。

解签密算法：输入 $(\gamma, m_w, \sigma \leftarrow (m_w, r, c, s), ID_b, ID_p, x_b, r_b, y_b, y_p)$，输出恢复出的明文 m 或者表示解签密失败的符号 $\bot$。

代理签密算法和解签密算法的工作过程如图 3-2 所示。

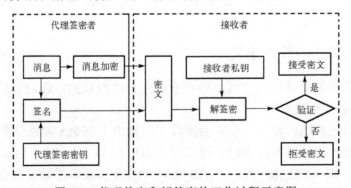

图 3-2　代理签密和解签密的工作过程示意图

3.3.2 CL-PSC 的安全模型

CL-PSC 必须满足 IND-CCA2 安全性和 UF-CMA 安全性。模型中不允许身份相同的任何询问；外部敌手 A_1 不知道主控密钥但可替换任意身份的公钥，内部敌手 A_2 知道主密钥但不能更换任意身份的公钥。

1. 保密性

依赖 IND-CCA2 安全模型中的交互游戏 Game1,Game2[19]可确保 CL-PSC 的保密性。

外部对手 A_1 和挑战者 C 之间的交互游戏 Game1：在游戏开始的时候，C 运行初始化算法获取主控密钥 x 和系统全局参数 γ，然后 C 保留 x，输出 γ 给 A_1。在阶段 1，A_1 向 C 发出多项式有界次的适应性询问。

请求公钥：A_1 询问任意身份 ID_i 的公钥，C 运行密钥生成算法得到 ID_i 的公钥 y_i，输出 y_i 给 A_1。

私钥询问：A_1 询问任意身份 ID_i 的私钥，如果 ID_i 的公钥从来没有替换过，C 输出私钥 x_i 给 A_1。

部分私钥询问：A_1 询问任意身份 ID_i 的部分私钥，C 运行密钥提取算法得到部分私钥 r_i，输出 r_i 给 A_1。

公钥替换：A_1 可请求替换任意身份 ID_i 的公钥 y_i。

代理密钥询问：A_1 询问针对 (ID_o, ID_p, m_w) 的代理密钥，C 运行代理密钥生成算法，输出代理密钥 x_{ap} 给 A_1。

代理签密询问：A_1 询问 (m, ID_p, ID_b, m_w) 的代理签密密文，C 运行相应代理签密算法，输出密文 $\sigma \leftarrow (r, c, s, m_w)$ 给 A_1。

解签密询问：A_1 询问 $(\sigma \leftarrow (r, c, s, m_w), ID_p, ID_b)$ 的解签密结果，C 运行解签密算法，输出明文 m 或符号 $\perp$。

在挑战阶段，A_1 向 C 询问针对等长消息 (m_1, m_2) 和挑战信息 (m'_w, ID'_p, ID'_b) 的密文。在阶段 1，A_1 不能提取 ID'_b 的秘密值和部分私钥，A_1 也不能替换 ID'_b 的公钥。C 选取一个随机数 $t \in \{0,1\}$，输出针对 m_t 的挑战密文 $\sigma' \leftarrow (r', c', s', m'_w)$ 给 A_1。

在阶段 2，A_1 继续向 C 发出多项式有界次适应性询问。挑战之前，A_1 不能询问 ID'_b 的部分私钥和秘密值，A_1 也不能替换 ID'_b 的公钥。挑战之后，A_1 不能针对 $\sigma' \leftarrow (r', c', s', m'_w)$ 询问解签密谕言机。

最后，A_1 输出 t 的一个猜测 t'。如果 $t'=t$，A_1 赢得游戏 Game1。外部对手 A_1 在游戏 Game1 中的获胜优势可定义为

$$\text{Adv}^{\text{Game1}}(A_1, k) = \left| \Pr[t' = t] - 1/2 \right|$$

内部敌手 A_2 和挑战者 C 之间的交互游戏 Game2：在游戏开始的时候，C 运行设置算法获取主控密钥 x 和系统全局参数 γ，然后 C 输出 (x,γ) 给 A_2。在阶段 1，A_2 向 C 提交多项式有界次的适应性询问。

请求公钥：A_2 请求任意身份 ID_i 的公钥，C 运行密钥生成算法获取 ID_i 的公钥 u_i，返回 u_i 给 A_2。

私钥询问：A_2 请求任意身份 ID_i 的私钥，C 返回完整的私钥 (x_i,r_i) 给 A_2。

代理密钥询问：A_2 询问针对 $(\mathrm{ID}_o,\mathrm{ID}_p,m_w)$ 的代理密钥，C 运行代理密钥生成算法得到代理密钥 x_{ap}，输出 x_{ap} 给 A_2。

代理签密询问：A_2 询问 $(m,\mathrm{ID}_p,\mathrm{ID}_b,m_w)$ 的代理签密密文，C 输出运行代理签密算法，返回密文 $\sigma \leftarrow (r,c,s,m_w)$ 给 A_2。

解签密询问：A_2 询问 $(\sigma \leftarrow (r,c,s,m_w),\mathrm{ID}_p,\mathrm{ID}_b)$ 的解签密结果，C 运行解签密算法，返回明文 m 或符号 $\perp$ 给 A_2。

在挑战阶段，A_2 向 C 询问针对挑战信息 $(m'_w,\mathrm{ID}'_p,\mathrm{ID}'_b)$ 和等长消息 (m_1,m_2) 的挑战密文。在阶段 1，A_2 不能提取 ID'_b 的秘密值。C 选取一个随机数 $t \in \{0,1\}$，输出针对 m_t 的挑战密文 $\sigma' \leftarrow (r',c',s',m'_w)$ 给 A_2。

在阶段 2，A_2 继续向 C 发出多项式有界次适应性询问。挑战询问前，A_1 不能询问 ID'_b 的秘密值。挑战询问后，A_2 不能针对 $\sigma' \leftarrow (r',c',s',m_w)$ 询问解签密谕言机。

最后，A_2 输出 t 的一个猜测 t'。如果 $t'=t$，A_2 赢得游戏 Game2。内部敌手 A_2 在游戏 Game2 中的获胜优势定义为

$$\mathrm{Adv}^{\mathrm{Game2}}(A_2,k) = \left| \Pr[t'=t] - 1/2 \right|$$

定义 3-5（保密性） 如果任何 PPT 外部敌手 A_1（内部敌手 A_2）赢得游戏 Game1（Game2）的优势是可忽略的，说明 CL-PSC 具有 IND-CCA2 安全性。

2. 不可伪造性

为了保证 CL-PSC 的不可伪造性，需要依赖 UF-CMA 安全模型中的交互游戏 Game3，Game4[19]。

外部伪造者 A_1 和挑战者 C 之间的交互游戏 Game3。在游戏开始时，C 运行初始化算法获取主控密钥 x 和系统全局参数 γ，然后 C 保留 x，发送 γ 给 A_1。接下来，A_1 发出像 Game1 的阶段 1 那样的多项式有界次的适应性询问。

在适应性询问结束时，A_1 输出一个伪造的密文 $(\sigma' \leftarrow (r',c',s',m'_w),\mathrm{ID}'_p,\mathrm{ID}'_b)$ 给挑战者 C。询问中，A_1 不能提取 ID'_p 的部分私钥和秘密值，$(\sigma' \leftarrow (r',c',s',m'_w),\mathrm{ID}'_p,\mathrm{ID}'_b)$ 不应该是任何代理签密谕言机的应答。

如果解签密的结果有效，则说明 A_1 赢得游戏 Game3。外部伪造者 A_1 的优势定义为其在游戏 Game3 中获胜的概率。

内部伪造者 A_2 和挑战者 C 之间的交互游戏 Game4。在游戏开始时，C 运行初始化算法获取主控密钥 x 和系统的全局参数 γ，然后 C 输出 (x,γ) 给 A_2。接下来，A_2 提交像 Game2 阶段 1 那样的多项式有界次的适应性询问。

在询问结束时，A_2 输出一个伪造的密文 $(\sigma' \leftarrow (r',c',s',m'_w),\mathrm{ID}'_p,\mathrm{ID}'_b)$ 给挑战者 C。在询问过程中，A_2 不能提取 ID'_p 的秘密值，$(\sigma' \leftarrow (r',c',s',m'_w),\mathrm{ID}'_p,\mathrm{ID}'_b)$ 不应该是任何代理签密谕言机的应答。

如果解签密的结果不是符号 $\bot$，则说明 A_2 赢得游戏 Game4。外部伪造者 A_2 的优势定义为其在游戏 Game4 中获胜的概率。

定义 3-6(不可伪造性) 如果任何 PPT 外部敌手 A_1(内部敌手 A_2)赢得游戏 Game3(Game4)的优势是可忽略的，说明 CL-PSC 具有 UF-CMA 安全性。

3.4 CL-PSC 方案实例

1. 系统初始化算法

令 $(G_1,\times)$，$(G_2,\times)$，$(G_3,\times)$ 均为具有素数阶 p 的乘法循环群，g 是循环乘法群 G_1 的生成元，$e:G_1 \times G_2 \to G_3$ 是一个双线性映射。KGC 选取密码学安全的哈希函数(n_1 是授权证书的长度，n_2 是消息的长度)：

$$H_0:\{0,1\}^* \times G_1 \times G_1 \to G_2$$

$$H_1:\{0,1\}^{n_1} \times G_1 \times G_3 \to \{0,1\}^{n_2}$$

$$H_2:\{0,1\}^{n_1} \times \{0,1\}^{n_2} \times G_1 \times G_1 \times G_3 \to G_2$$

$$H_3:\{0,1\}^{n_1} \times G_1 \to G_2$$

KGC 选取系统的主私钥 $x \in Z_p^*$，计算得到系统公钥 $y_{\mathrm{pub}} = g^x \in G_1$。最后，KGC 保密主控私钥 x，公布系统的全局参数：

$$\gamma = \{G_1,G_2,G_3,p,g,y_{\mathrm{pub}},n_1,n_2,H_0,H_1,H_2,H_3\}$$

2. 密钥生成算法

用户 $\mathrm{ID}_i (i \in (o,p,b)$，$\mathrm{ID}_i \in (\mathrm{ID}_o,\mathrm{ID}_p,\mathrm{ID}_b))$ 任意选取一个秘密值 $x_i \in Z_p^*$，计算公钥 $y_i \leftarrow g^{x_i} \in G_1$。

根据 3.3.1 节的算法定义可知，$(\mathrm{ID}_o,\mathrm{ID}_p,\mathrm{ID}_b)$ 分别表示原始签密者、代理签密者和接收者的身份，(x_o,x_p,x_b) 分别是原始签密者 ID_o、代理签密者 ID_p 和接收者 ID_b 的私钥，(y_o,y_p,y_b) 分别表示原始签密者 ID_o、代理签密者 ID_p 和接收者 ID_b 的公钥。

3. 密钥提取算法

KGC 计算 $\psi_i \leftarrow H_0(y_{\text{pub}}, y_i, \text{ID}_i)$，$r_i \leftarrow \psi_i^x$。KGC 输出部分密钥 r_i 给用户 ID_i（$i \in (o, p, b)$，$\text{ID}_i \in (\text{ID}_o, \text{ID}_p, \text{ID}_r)$）。如果

$$e(g, r_i) = e(y_{\text{pub}}, \psi_i \leftarrow H_0(y_{\text{pub}}, y_i, \text{ID}_i))$$

用户 ID_i 接受这个部分私钥 r_i；否则，要求 KGC 重发。根据 3.3.1 节的算法定义可知，(r_o, r_p, r_b) 分别表示原始签密者 ID_o、代理签密者 ID_p 和接收者 ID_b 的部分私钥。结合密钥生成算法和密钥提取算法可知，(r_i, x_i) 表示用户 ID_i 的完整私钥。

4. 代理授权算法

原始签密者 ID_o 生成一个授权证书 m_w（含有原始签密者 ID_o 和代理签密者 ID_p 各自的身份信息、原始签密者 ID_o 给予代理签密者 ID_p 的权力范围、二者的公钥信息等）。

原始签密者 ID_o 计算 $\varphi = H_3^{x_o}(m_w, y_o) \in G_2$，输出 (φ, m_w) 给代理签密者 ID_p。代理签密者 ID_p 根据收到的 (φ, m_w)，检查等式：

$$e(g, \varphi) = e(y_o, H_3(m_w, y_o))$$

是否成立？如果成立，代理签密者 ID_p 计算代理密钥：

$$x_{op} = \varphi \cdot \psi_p^{x_p} \in G_2$$

5. 代理签密算法

代理签密者 ID_p 针对消息 m 生成一个密文 $\sigma \leftarrow (m_w, r, c, s)$。代理签密算法的具体操作过程如下。代理签密者 ID_p 任意选取 $\mu \in Z_p^*$，设置 $r \leftarrow g^\mu \in G_1$，计算：

$$\rho = e(y_b y_{\text{pub}}, \psi_b \leftarrow H_0(y_{\text{pub}}, y_b, \text{ID}_b))^\mu$$

$$c = H_1(m_w, r, \rho) \oplus m$$

代理签密者 ID_p 计算 $\phi = H_2(m_w, m, r, y_p, y_b, \rho) \in G_2$，$s = x_{op} r_p \phi^\mu \in G_2$，输出 $\sigma \leftarrow (m_w, r, c, s)$ 给接收者 ID_b。

6. 解签密算法

接收者 ID_b 依据收到的密文 $\sigma \leftarrow (m_w, r, c, s)$，计算：

$$\rho = e(r, r_b \psi_b^{x_b})$$

$$m = H_1(m_w, r, \rho) \oplus c$$

接收者 ID_b 设置 $\phi = H_2(m_w, m, r, y_p, y_b, \rho) \in G_2$。如果

$$e(g,s) = e(r,\phi)e(y_o, H_3(m_w, y_o))e(y_{pub}y_p, \psi_p \leftarrow H_0(y_{pub}, y_p, \mathrm{ID}_p))$$

接收者 ID_b 接受恢复出的明文 m；否则，拒绝接受密文。

无证书代理签密 CL-PSC 的正确性验证过程为

$$\rho = e(y_{pub}y_p, \psi_b)^\mu$$
$$= e(y_{pub}, \psi_b)^\mu e(y_p, \psi_b)^\mu$$
$$= e(r, \psi_b)^x e(r, \psi_b)^{x_b}$$
$$= e(r, r_b \psi_b^{x_b})$$

$$e(g,s) = e(g, x_{op}r_p\phi^\mu)$$
$$= e(g, x_{op}r_p)e(g, \phi^\mu)$$
$$= e(g, \varphi\psi_p^{x_p}\psi_p^x)e(r,\phi)$$
$$= e(r,\phi)e(y_o, H_3(m_w, y_o))e(y_{pub}y_p, \psi_p)$$

3.5　安全性证明

3.5.1　CL-PSC 的保密性

定理 3-1　假如概率多项式时间的外部敌手 A_1 能以优势 ε 攻破 CL-PSC 的 IND-CCA2-Ⅰ 安全性，则存在挑战算法 C 能以 ε'（$\varepsilon' \geqslant \dfrac{\varepsilon}{el_1(l_p + l_{p'} + l_{ap} + l_r)}$，e 表示自然对数的底）的优势解决 Co-DBDH 问题，其中，$(l_1, l_p, l_{p'}, l_{ap}, l_r)$ 分别表示 A_1 询问 H_1 谕言机、私钥谕言机、部分私钥谕言机、代理密钥谕言机和公钥替换谕言机的次数。

证明　假设 $(g \in G_1, C_1 = g^a \in G_1, C_2 = g^b \in G_1, \mathcal{X} \in G_2, \omega \in G_3)$ 是挑战者 C 收到的 Co-DBDH 问题的一个随机实例，C 的目标是利用扮演子程序的外部敌手 A_1 的能力计算 $\omega = e(g, \mathcal{X})^{ab} \in G_3$，$a, b \in Z_p^*$ 对挑战者 C 是未知的。列表 list0, list1, list2, list3, list4, list5 记录 $H_i (i = 0,1,2,3)$ 谕言机、公钥谕言机、代理密钥谕言机每次询问的应答值，这些列表起初为空。C 随机选取一个整数 $\tau \in \{1, 2, \cdots, l_1\}$，$l_1$ 是询问 H_1 谕言机的次数，δ 是 $\mathrm{ID}_i = \mathrm{ID}_\tau$ 的概率，随机整数 τ 和挑战身份 ID_τ 对 A_1 是未知的。

在游戏开始的时候，C 调用初始化算法得到系统全局参数 γ（$y_{pub} \leftarrow g^a = C_1 \in G_1$），输出 γ 给 A_1。在阶段 1，A_1 向 C 提交如下多项式有界次适应性询问。

H_0 询问：A_1 发出任意身份 ID_i 的 H_0 询问。C 检查列表 list0 中是否存有匹配

元组。如果有，输出 H_i 给 A_1；否则，C 响应如下。

情形 1：如果是第 τ 次询问，C 设置 $\psi_i \leftarrow \mathcal{X} \in G_2$，存储 $(y_{\text{pub}}, y_i, \text{ID}_i, \psi_i, -)$ 到列表 list0 中，输出 ψ_i 给 A_1。

情形 2：如果不是第 τ 次询问，C 计算 $\psi_i \leftarrow g^\lambda \in G_2$（$\lambda \in Z_p^*$），存储 $(y_{\text{pub}}, y_i, \text{ID}_i, \psi_i, \lambda)$ 到列表 list0 中，输出 ψ_i 给 A_1。

H_1 询问：A_1 可在任何时候发出 H_1 询问。C 检查列表 list1 中是否有匹配元组。如果有，输出 v 给 A_1；否则，C 输出任意选取的 $v \leftarrow \{0,1\}^{n_2}$ 给 A_1，存储 (m_w, r, ρ, v) 到 list1 中。

H_2 询问：A_1 可在任何时候发出 H_2 询问。C 检查列表 list2 中是否有相关元组。如果有，输出 ϕ 给 A_1；否则，C 应答如下。

情形 1：如果是第 τ 次询问，C 设置 $\phi \leftarrow \mathcal{X} \in G_2$，存储 $(m_w, m, r, y_p, y_b, \rho, \phi)$ 到 list2 中，输出 ϕ 给 A_1。

情形 2：如果不是第 τ 次询问，C 计算 $\phi = \psi_p \leftarrow g^\lambda \in G_2$（$\lambda \in Z_p^*$），$C$ 存储 $(m_w, m, r, y_p, y_b, \rho, \phi)$ 到 list2 中，输出 ϕ 给 A_1。

H_3 询问：A_1 可在任何时候发出 H_3 询问。C 检查列表 list3 中是否有相关元组。如果有，输出 ξ 给 A_1；否则，C 输出任意选取的 $\xi \in G_2$ 给 A_1，存储 (m_w, y_o, ξ) 到 list3 中。

公钥询问：A_1 可在任何时候发出针对任意身份 ID_i 的公钥询问。如果在列表 list4 中存在公钥 y_i，C 输出 y_i 给 A_1；否则，C 输出计算得到的公钥 $y_i = g^{x_i}$（$x_i \in Z_p^*$）给 A_1，存储 $(\text{ID}_i, x_i, y_i, -)$ 到 list4 中。

部分私钥询问：A_1 发出任意身份 ID_i 的部分私钥询问。如果是第 τ 次询问，C 终止游戏；否则，C 调用 H_1 随机谕言机获取 λ，使用 $(\text{ID}_i, x_i, y_i, r_i \leftarrow g^\lambda)$ 更新 list4 中的 $(\text{ID}_i, x_i, y_i, -)$，输出部分私钥 r_i 给 A_1。外部对手 A_1 能通过 $e(g, r_i) = e(y_{\text{pub}}, \psi_i \leftarrow H_0(y_{\text{pub}}, y_i, \text{ID}_i))$ 检查 ID_i 的部分私钥 r_i 的有效性。

秘密值询问：A_1 发出任意身份 ID_i 的私钥询问。如果是第 τ 次询问，C 终止游戏；否则，C 输出查询 list4 得到的秘密值 x_i 给 A_1。

替换公钥：A_1 选取 y_i' 替换 ID_i 的公钥 y_i。如果是第 τ 次询问，C 终止游戏；否则，C 利用 $(\text{ID}_i, -, y_i', r_i)$ 替代列表 list4 中的 $(\text{ID}_i, x_i, y_i, r_i)$。

代理密钥询问：A_1 发出针对 $(\text{ID}_o, \text{ID}_p, m_w)$ 的代理密钥询问。如果 $\text{ID}_o = \text{ID}_\tau$，$C$ 终止游戏；否则，C 调用 H_0 谕言机和公钥谕言机，计算 $\varphi = \xi^{x_o} \in G_2$。如果

$$e(g, \varphi) = e(y_o, \xi \leftarrow H_3(m_w, y_o))$$

C 计算 $x_{ap} = \varphi \psi^{x_p}$，输出代理密钥 x_{ap} 给 A_1，存储 (φ, x_{ap}, m_w) 到 list5 中。

代理签密询问：A_1 询问针对 $(\text{ID}_b, \text{ID}_p, m_w, m)$ 的代理签密密文。如果 $\text{ID}_p \neq \text{ID}_\tau$，

C 输出运行代理签密算法得到的密文 $\sigma \leftarrow (m_w, r, c, s)$ 给 A_1；否则，C 选取一个随机数 $\mu \in Z_p^*$，设置 $\phi \leftarrow \mathcal{X} \in G_2$，计算：

$$r = g^\mu (y_{\text{pub}} y_p)^{-1}, \quad \rho = e(r, r_b \chi^{x_b})$$

$$c = m \oplus v \leftarrow H_1(m_w, r, \rho)$$

$$\phi = H_2(m_w, m, r, y_p, y_b, \rho) \in G_2$$

然后，C 分别记录 (m_w, r, ρ, v)，$(m_w, m, r, y_p, y_b, \rho, \phi)$ 到列表 list1 和 list2 中。最后，C 计算 $s = \xi^{x_o} \psi_p \phi^\mu$，输出密文 $\sigma \leftarrow (m_w, r, c, s)$ 给 A_1。外部敌手 A_1 针对密文 $\sigma \leftarrow (m_w, r, c, s)$ 有效性的验证过程如下：

$$e(r, \phi) e(y_o, \xi) e(y_{\text{pub}} y_p, \psi_p) = e(g, \xi^{x_o}) e(g, \psi_p \phi^\mu)$$

$$= e(g, \xi^{x_o} \psi_p \phi^\mu)$$

$$= e(g, s)$$

解签密询问：A_1 询问针对 $(\text{ID}_b, \text{ID}_p, m_w, \sigma \leftarrow (m_w, r, c, s))$ 的解签密结果。如果 $\text{ID}_b \neq \text{ID}_\tau$，$C$ 输出正常运行解签密算法得到的结果给 A_1；否则，C 在 list1 中搜索元组 (m_w, r, ρ, v)，使得询问 $(y_{\text{pub}}, r, \mathcal{X}, \omega)$ 时谕言机 $\mathcal{O}_{\text{Co-DBDH}}$ 输出 1。如果这样的情况发生，C 通过 A_1 或 list4 得到 x_b，计算：

$$\rho = \omega \cdot e(r, \chi^{x_b})$$

$$m = c \oplus v \leftarrow H_1(m_w, r, \rho)$$

C 继续计算 $\phi = H_2(m_w, m, r, y_p, y_b, \rho) \in G_2$。如果

$$e(g, s) = e(r, \phi) e(y_o, \xi) e(y_{\text{pub}} y_p, \psi_p \leftarrow H_0(y_{\text{pub}}, y_p, \text{ID}_p))$$

C 输出明文 m 给 A_1；否则，C 输出符号 $\perp$ 给 A_1。

在挑战阶段，A_1 向 C 询问等长消息 (m_1, m_2) 和挑战信息 $(m'_w, \text{ID}'_p, \text{ID}'_b)$ 的密文。挑战前，A_1 不能询问 ID'_b 的秘密值和部分私钥。如果 $\text{ID}'_b \neq \text{ID}_\tau$，$C$ 终止游戏；否则，C 选取任意的 $t \in \{0, 1\}$，$\omega \in G_3$，计算：

$$r' = C_2, \quad \rho' = e(r', \chi^{x'_b}) \omega$$

$$c' = m_t \oplus v' \leftarrow H_1(m'_w, r', \rho')$$

$$\phi' = H_2(m'_w, m_t, r', y'_p, y'_b, \rho') \in G_2$$

分别记录 (m'_w, r', ρ', v')，$(m'_w, m_t, r', y'_p, y'_b, \rho', \phi')$ 到列表 list1 和 list2 中。最后，C 计算 $s' = x'_{op} r'_p (C_2)^\lambda \in G_2$，输出挑战密文 $\sigma' \leftarrow (r', c', s', m'_w)$ 给 A_1。

在阶段 2，A_1 再次向 C 提交像阶段 1 那样的多项式有界次适应性询问。询问中，A_1 不能提取 ID_b' 的秘密值和部分私钥询问，A_1 亦不能提交 $\sigma' \leftarrow (r',c',s',m_w')$ 给解签密谕言机。最后，C 输出 Co-DBDH 问题实例的解答：

$$\omega = e(C_2, \mathcal{X})^b = e(y_{\text{pub}}, \mathcal{X})^b$$
$$= e(g, \mathcal{X})^{ab}$$

概率评价：在阶段 1 或阶段 2 的询问中，C 不终止游戏的概率为 $\delta^{l_p+l_{p'}+l_{ap}+l_r}$ [8]；挑战时不终止游戏的概率为 $(1-\delta)$，可得 C 不放弃游戏的概率为 $\delta^{l_p+l_{p'}+l_{ap}+l_r}(1-\delta)$，该式在 $\delta = 1 - 1/(1+l_p+l_{p'}+l_{ap}+l_r)$ 时达到最大值[8]，则 C 在游戏中不失败的概率至少为 $\dfrac{1}{e(l_p+l_{p'}+l_{ap}+l_r)}$。另外，$C$ 随机选取 $\omega \in G_3$ 的概率为 $\dfrac{1}{l_1}$。因此，C 利用外部敌手 A_1 解决 DBDH 问题的概率为

$$\varepsilon' \geq \frac{\varepsilon}{el_1(l_p+l_{p'}+l_{ap}+l_r)}$$

定理 3-2　假如概率多项式时间的内部敌手 A_2 能以有优势 ε 攻破 CL-PSC 的 IND-CCA2- I 安全性，则必定存在挑战算法 C 能以 ε'（$\varepsilon' \geq \dfrac{\varepsilon}{el_1(l_p+l_{ap})}$，e 表示自然对数的底）的优势解决 Co-DBDH 问题，其中，(l_1, l_p, l_{ap}) 分别表示针对 H_1 谕言机、私钥谕言机和代理密钥谕言机的询问次数。

证明　假设 $(g \in G_1, C_1 = g^a \in G_1, C_2 = g^b \in G_1, \mathcal{X} \in G_2, \omega \in G_3)$ 是挑战者 C 收到的 Co-DBDH 问题的一个随机实例，C 的目的在于利用内部敌手 A_2 的能力计算 $\omega = e(g, \mathcal{X})^{ab} \in G_3$，$a, b \in Z_p^*$ 对于 C 而言是未知的。A_2 在游戏中充当 C 的子程序。起初为空的列表 list0, list1, list2, list3, list4, list5 记录针对 $H_i(i=0,1,2,3)$ 谕言机、公钥谕言机、代理密钥谕言机的询问与应答值。C 选取任意整数 $\tau \in \{1,2,\cdots,l_1\}$，$l_1$ 表示询问 H_1 谕言机的次数，δ 表示 $\text{ID}_i = \text{ID}_\tau$ 的概率，ID_τ 表示挑战的目标身份，(ID_i, τ) 对于 A_2 而言是未知的。

在游戏开始的时候，C 调用初始化算法得到系统全局参数 γ（$y_{\text{pub}} \leftarrow g^x \in G_1$），输出 (x, γ) 给 A_2。然后，在阶段 1，A_2 向 C 提交如下的多项式有界次的适应性询问，$H_i(i=0,1,2,3)$ 谕言机的询问和定理 3-1 的阶段 1 完全相同，其余谕言机的询问请见下面的描述。

公钥询问：A_2 发出任意身份 ID_i 的公钥询问。如果在 list4 中存在公钥 y_i，C 输出 y_i 给 A_2；否则，C 的响应分如下两种情况。

情形 1：如果是第 τ 次询问，C 输出公钥 $y_i \leftarrow g^a = C_1 \in G_1$ 给 A_2，然后存储 $(ID_i, -, y_i, -)$ 到 list4 中。

情形 2：如果不是第 τ 次询问，C 任意选取 $x_i \in Z_p^*$，输出公钥 $y_i \leftarrow g^{x_i} \in G_1$（$x_i \in Z_p^*$）给 A_2，然后存储 $(ID_i, x_i, y_i, -)$ 到 list4 中。

私钥询问：A_2 发出任意身份 ID_i 的部分询问。如果是第 τ 次询问，则 C 终止游戏；否则，C 调用 H_0 谕言机获取 λ，输出部分私钥 $r_i \leftarrow y_{\text{pub}}^{\lambda}$ 给 A_2，然后利用 (ID_i, x_i, y_i, r_i) 更新 list4 中的 $(ID_i, x_i, y_i, -)$。内部敌手 A_2 通过 $e(g, r_i) = e(y_{\text{pub}}, \psi_i \leftarrow H_0(y_{\text{pub}}, y_i, ID_i))$ 验证部分私钥 r_i 的有效性。

代理密钥询问：A_2 询问针对 (ID_o, ID_p, m_w) 的代理密钥。如果 $ID_o = ID_\tau$，C 终止游戏；否则，C 通过调用 H_0 谕言机和公钥谕言机，计算 $\varphi = \xi^{x_o} \in G_2$。如果 $e(g, \varphi) = e(y_o, \xi \leftarrow H_3(m_w, y_o))$，$C$ 计算 $x_{ap} = \varphi \psi^{x_p}$，输出代理密钥 x_{ap} 给 A_2，然后存储 (φ, x_{ap}, m_w) 到 list5 中。

代理签密询问：A_2 询问针对 (ID_b, ID_p, m_w, m) 的代理签密密文。如果 $ID_p \neq ID_\tau$，C 输出运行代理签密算法得到的密文 $\sigma \leftarrow (m_w, r, c, s)$ 给内部敌手 A_2；否则，C 选取一个随机数 $\mu \in Z_p^*$，计算：

$$\phi = \mathcal{X} \in G_2, \quad r = g^{\mu}(y_{\text{pub}} y_p)^{-1}$$

$$\rho = e(r, r_b \chi^{x_b}), \quad c = m \oplus v \leftarrow H_1(m_w, r, \rho)$$

$$\phi = H_2(m_w, m, r, y_p, y_b, \rho) \in G_2$$

然后记录 (m_w, r, ρ, v) 到列表 list1 中，记录 $(m_w, m, r, y_p, y_b, \rho, \phi)$ 到列表 list2 中。最后，C 计算 $s = \xi^{x_o} \psi_p \phi^{\mu}$，输出密文 $\sigma \leftarrow (m_w, r, c, s)$ 给 A_2。内部敌手针对 A_2 密文 $\sigma \leftarrow (m_w, r, c, s)$ 合法性的验证过程如下：

$$e(r, \phi) e(y_o, \xi) e(y_{\text{pub}} y_p, \psi_p) = e(g, \xi^{x_o}) e(g, \psi_p \phi^{\mu})$$

$$= e(g, \xi^{x_o} \psi_p \phi^{\mu})$$

$$= e(g, s)$$

解签密询问：A_2 询问针对 $(ID_b, ID_p, m_w, \sigma \leftarrow (m_w, r, c, s))$ 的解签密结果。如果 $ID_b \neq ID_\tau$，C 输出正常运行解签密算法得到的结果给 A_1；否则，C 在 list1 中搜索元组 (m_w, r, ρ, v)，使得询问 $(y_b, r, \mathcal{X}, \omega)$ 时 $\mathcal{O}_{\text{Co-DBDH}}$ 输出 1。如果此情况发生，C 计算：

$$\rho = \omega \cdot e(r, \mathcal{X}^x), \quad m = c \oplus v \leftarrow H_1(m_w, r, \rho)$$

$$\phi = H_2(m_w, m, r, y_p, y_b, \rho) \in G_2$$

如果 $e(g, s) = e(r, \phi) e(y_o, \xi) e(y_{\text{pub}} y_p, \psi_p \leftarrow H_0(y_{\text{pub}}, y_p, ID_p))$，$C$ 输出明文 m 给 A_2；否则，输出符号 $\perp$ 给 A_2。

接下来，A_2 向 C 询问等长消息 (m_1, m_2) 和挑战信息 $(m'_w, \mathrm{ID}'_p, \mathrm{ID}'_b)$ 的密文。挑战前，A_1 不能询问 ID'_b 的秘密值。如果 $\mathrm{ID}'_b \neq \mathrm{ID}_\tau$，$C$ 在游戏中失败；否则，C 选取任意的 $t \in \{0,1\}$，$\omega \in G_3$，计算：

$$r' \leftarrow C_2 \in G_1, \quad \rho' = e(r', \mathcal{X}^x) \cdot \omega$$

$$c' = m_t \oplus v' \leftarrow H_1(m'_w, r', \rho')$$

$$\phi' = H_2(m'_w, m_t, r', y'_p, y'_b, \rho') \in G_2$$

记录 (m'_w, r', ρ', v') 到列表 list1 中，记录 $(m'_w, m_t, r', y'_p, y'_b, \rho', \phi')$ 到列表 list2 中。最后，C 计算 $s' = x'_{op} r'_p (C_2)^\lambda \in G_2$，输出挑战密文 $\sigma' \leftarrow (r', c', s', m'_w)$ 给 A_2。

在阶段 2，A_2 再次向 C 发出跟阶段 1 完全相同的多项式有界次适应性询问。询问过程中，A_2 不能提取 ID'_b 的秘密值，A_2 不能提交 $\sigma' \leftarrow (r', c', s', m'_w)$ 给解签密谕言机。最后，C 输出 Co-DBDH 问题实例的解答：

$$\omega = e(C_2, \mathcal{X})^b = e(y_b, \mathcal{X})^b$$
$$= e(g, \mathcal{X})^{ab}$$

概率评估：在阶段 1 或 2 的适应性询问中，C 不终止游戏的概率为 $\delta^{l_p + l_{ap}}$ [8]；挑战时不终止游戏的概率为 $(1 - \delta)$，可得 C 不失败的概率为 $\delta^{l_p + l_{ap}}(1 - \delta)$，该式在 $\delta = 1 - 1/(1 + l_p + l_{ap})$ 时达到最大值[8]，则有 C 不失败的概率至少为 $\dfrac{1}{\mathrm{e}(l_p + l_{ap})}$。另外，$C$ 随机地选取 $\omega \in G_3$ 的概率为 $\dfrac{1}{l_1}$。因此，C 解决 DBDH 问题的概率为

$$\varepsilon' \geqslant \frac{\varepsilon}{\mathrm{e} l_1 (l_p + l_{ap})}$$

3.5.2　CL-PSC 的不可伪造性

定理 3-3　如果概率多项式时间外部敌手 A_1 能以优势 ε 攻破 CL-PSC 的 UF-CMA-Ⅰ安全性，那么必定存在挑战算法使 C 能以 $\varepsilon' (\varepsilon' \geqslant \dfrac{\varepsilon}{\mathrm{e}(l_p + l_{p'} + l_{ap} + l_r)})$ 的优势解决 Co-CDH 问题，各种符号的含义与定理 3-1 相同，故略去。

证明　假如 C 收到 Co-CDH 问题的一个随机实例 $(g \in G_1, C_1 = g^a \in G_1, \mathcal{X} \in G_2)$。$C$ 的目标是利用扮演子程序的内部敌手 A_1 的能力计算 $\mathcal{X}^a \in G_2$，$a \in Z_p^*$ 对于挑战者 C 而言是未知的。

在游戏开始时，C 输出运行设置算法得到的系统全局参数 γ（$y_{\mathrm{pub}} \leftarrow g^a = C_1 \in G_1$）给 A_1。接下来，A_1 向 C 提交像定理 3-1 的阶段 1 那样的适应性询问，C 亦

像定理 3-1 的阶段 1 那样响应每种询问。

询问结束时，A_1 输出伪造密文 $(\sigma' \leftarrow (r',c',s',m'_w), \mathrm{ID}'_p, \mathrm{ID}'_b)$ 给 C。询问中，A_1 不能提取 ID'_p 的秘密值和部分私钥，A_1 也不能提交 $(\sigma' \leftarrow (r',c',s',m'_w), \mathrm{ID}'_p, \mathrm{ID}'_b)$ 给解签密谕言机。如果 $\mathrm{ID}'_p \neq \mathrm{ID}_\tau$，$C$ 终止游戏；否则，C 通过调用相关随机谕言机，输出 Co-CDH 问题实例的解答：

$$\mathcal{X}^a = \frac{s'}{\xi'^{x'_o} \mathcal{X}^{x'_p} \phi'^{\mu'}}$$

如果 C 在游戏中利用外部敌手 A_1 获得胜利，则下列等式必定成立：

$$
\begin{aligned}
e(g,s) &= e(r',\phi') e(y'_o, H_3(m'_w, y'_o)) e(y_{\mathrm{pub}} y'_p, \psi'_p) \\
&= e(g, \xi'^{x'_o}) e(g, \psi'^{x+a}_p) e\big(g, \phi'^{\mu'}\big) \\
&= e(g, \xi'^{x'_o} \mathcal{X}^{x+a} \phi'^{\mu'})
\end{aligned}
$$

概率评估：依据定理 3-1 可知，挑战者 C 赢得游戏的概率为 $\dfrac{1}{\mathrm{e}(l_p + l_{p'} + l_{ap} + l_r)}$。

则可得 C 获得 Co-CDH 问题实例解答的概率为 $\varepsilon' \geqslant \dfrac{\varepsilon}{\mathrm{e}(l_p + l_{p'} + l_{ap} + l_r)}$。

定理 3-4　如果概率多项式时间内部敌手 A_2 能以优势 ε 攻破 CL-PSC 的 UF-CMA-II 安全性，则必定存在挑战算法 C 能以 ε'（$\varepsilon' \geqslant \dfrac{\varepsilon}{\mathrm{e}(l_p + l_{ap})}$）的优势解决 co-CDH 问题。

证明　假如 C 收到 Co-CDH 问题的一个随机实例 $(g \in G_1, C_1 = g^a \in G_1, \mathcal{X} \in G_2)$。$C$ 的目标在于利用扮演子程序的内部敌手 A_2 的能力计算 $\mathcal{X}^a \in G_2$，注意 $a \in Z^*_p$ 对于挑战者 C 而言是未知的。

在游戏开始的时候，C 运行系统初始化算法得到的系统全局参数 γ（$y_{\mathrm{pub}} \leftarrow g^x = C_1 \in G_1$），输出 (x, γ) 给 A_2。接下来，A_2 向 C 提交像定理 3-2 的阶段 1 那样的多项式有界次的适应性询问给 C，C 亦像定理 3-2 的阶段 1 那样做出相应的回答。

在询问结束的时候，内部敌手 A_2 输出一个伪造密文 $(\sigma' \leftarrow (r',c',s',m'_w), \mathrm{ID}'_p, \mathrm{ID}'_b)$ 给挑战者 C。适应性询问的过程中，A_2 不能提取代理者签密者身份 ID'_p 的秘密值，A_2 亦不能针对伪造的密文 $(\sigma' \leftarrow (r',c',s',m'_w), \mathrm{ID}'_p, \mathrm{ID}'_b)$ 询问解签密谕言机。如果 $\mathrm{ID}'_p \neq \mathrm{ID}_\tau$，$C$ 失败并终止游戏；否则，C 通过调用相关谕言机，输出如下 Co-CDH 问题实例的解答：

$$\mathcal{X}^a = \frac{s'}{\xi'^{x'_o} \mathcal{X}^x \phi'^{\mu'}}$$

如果 C 在交互游戏中利用内部敌手 A_2 取得成功，则下列等式必定成立：

$$e(g,s) = e(r',\phi')e(y'_o, H_3(m'_w, y'_o))e(y_{\text{pub}}y'_p, \psi'_p)$$
$$= e(g, \xi'^{x'_o})e(g, \psi_p'^{a+x'_p})e(g, \phi'^{\mu'})$$
$$= e(g, \xi'^{x'_o} \mathcal{X}^{x+a} \phi'^{\mu'})$$

概率评估：依据定理 3-2 可知，挑战者 C 不放弃游戏的概率为 $\dfrac{1}{\mathrm{e}(l_p + l_{ap})}$，则

可得 C 解决 Co-CDH 问题时的概率为 $\varepsilon' \geqslant \dfrac{\varepsilon}{\mathrm{e}(l_p + l_{ap})}$。

3.6 性　能　评　价

本节依据计算复杂度和安全性，给出 CL-PSC 和类似密码算法[13,22,23]的比较。

表 3-1 给出每种密码算法在代理签密阶段和解签密阶段的计算复杂度，同时说明每种密码算法是否满足相关的安全属性。在表 3-1 中，t_H 表示运行一个单向哈希函数的时间复杂度，t_P 表示在乘法群上运行一个双线性对的时间复杂度，t_E 表示在乘法群上运行一个指数运算的时间复杂度，$1t_P \approx 1440 t_H$，$1t_E \approx 21 t_H$[25]。总体而言，CL-PSC 的时间开销相对较低，是个比较优秀的密码算法。

表 3-1　所比较密码算法的计算复杂度和安全性

密码算法	时间复杂度	安全性	
		保密性	不可伪造性
文献[13]中的密码算法	$7t_E + 9t_P + 4t_H$	是	是
文献[22]中的密码算法	$1t_E + 7t_P + 8t_H$	是	是
文献[23]中的密码算法	$5t_E + 7t_P + 4t_H$	是	是
CL-PSC	$4t_E + 6t_P + 4t_H$	是	是

3.7 本　章　小　结

对更复杂的业务流程，安全权限授权机制成为企业、组织的必备功能。在本章提出的无证书代理签密 CL-PSC 中，签密权委托给代理签密者，适合用于在线代理拍卖、移动代理、云计算和普适计算等多个领域。CL-PSC 满足适应性选择密文攻击下的不可区分性和适应性选择消息攻击下的不可伪造性。CL-PSC 简化了 TPKC 和解决了 IB-PKC 的密钥托管的问题，不需要安全的通道，可实现安全的数据传输。

参 考 文 献

[1] Chen M, Wang F. Resistance to misuse ciphertext of signcryption scheme[J]. Journal of Electronics & Information Technology, 2019, 41(4): 1010-1016.

[2] Wang C F, Liu C, Li Y H, et al. Two-way and anonymous heterogeneous signcryption scheme between PKI and IBC[J]. Journal on Communications, 2017, 38(10): 10-17.

[3] Li J M, Yu H F, Xie Y. ElGamal broadcasting multi-signcryption protocol with UC security[J]. Journal of Computer Research and Development, 2019, 56(5): 1101-1111.

[4] Liu J W, Zhang L H, Sun R. Mutual signcryption schemes under heterogeneous systems[J]. Journal of Electronics & Information Technology, 2016, 38(11): 2948-2953.

[5] Lu X H, Wen Q Y, Wang L C. A lattice-based heterogeneous signcryption[J]. Journal of University of Electronic Science and Technology of China, 2016, 45(3): 458-462.

[6] Wang C F, Li Y H, Zhang Y L, et al. Efficient heterogeneous signcryption scheme in the standard model[J]. Journal of Electronics & Information Technology, 2017, 39(4): 881-886.

[7] Li F G, Liu B, Hong J J, et al. An efficient signcryption for data access control in cloud computing[J]. Computing, 2017, 99(5): 1-15.

[8] Lu X H, Wen Q Y, Wang L C, et al. Non-trapped gate-based signcryption scheme[J]. Journal of Electronics and Information Technology, 2016, 38(9): 2287-2293.

[9] Yu H F, Yang B. Identity-based hybrid signcryption scheme using ECC[J]. Journal of Software, 2015, 26(12): 3174-3182.

[10] Mambo M, Usuda K, Okamoto E. Proxy signature for delegation signing operation[C]// Proceedings of the 3rd ACM Conference on Computer and Communication Security, New York: ACM Press, 1996: 48-57.

[11] Gamage C, Leiwo J, Zheng Y L. An efficient scheme for secure message transmission using proxy-signcryption[C]// Proceedings of the 22nd Australasim Computer Science Conference, Auckland: Springer-Verlag, 1999: 420-431.

[12] Ming Y, Feng J, Hu Q J. Secure identity-based proxy signcryption scheme in standard model[J]. Journal of Computer Applications, 2014, 34(10): 2834-2839.

[13] Zhou C X. Identity-based generalized proxy signcryption in the standard model[J]. Journal of Cryptologic Research, 2016, 3(3): 307-320.

[14] Yu H F, Wang Z C, Li J M, et al. Identity-based proxy signcryption protocol with universal composability[J]. Security and Communication Networks, 2018: 1-11.

[15] Barbosa M, Farshim P. Certificateless signcryption[C]// Proceedings of the 2008 ACM

Symposium on Information, Computer and Communications, New York, USA, 2008: 369-372.

[16] Liu Z H, Hu Y P, Zhang X S, et al. Certificateless signcryption scheme in the standard model[J]. Information Sciences, 2010, 180(3): 452-464.

[17] Weng J, Yao G X, Deng R H, et al. Cryptanalysis of a certificateless signcryption scheme in the standard model[J]. Information Sciences, 2001, 181(3): 661-667.

[18] Miao S Q, Zhang F T, Li S J, et al. On security of a certificateless signcryption scheme[J]. Information Sciences, 2013, 232: 475-481.

[19] Yu H F, Yang B. Provably secure certificateless hybrid signcryption[J]. Chinese Journal of Computer, 2015, 38(4): 804-813.

[20] Islam S, Li F G. Leakage-free and provably secure certificateless signcryption scheme using bilinear pairings[J]. The Computer Journal, 2015, 58(10): 2636-2648.

[21] Yu H F, Yang B. Low-computation certificateless hybrid signcryption scheme[J]. Frontier of Information Technology & Electronic Engineering, 2017, 18(7): 928-940.

[22] Yu G, Han W B. Certificateless signcryption scheme with proxy unsigncryption[J]. Chinese Journal of Computers, 2011, 34(7): 1291-1299.

[23] Ming Y, Wang Y. Proxy signcryption scheme in the standard model[J]. Security and Communication Networks, 2015, 8(8): 1431-1446.

[24] Yu H F, Wang Z C. Construction of certificateless proxy signcryption scheme from CMGs[J]. IEEE Access, 2019, 7(1): 141910-141919.

[25] Fan C I, Sun W Z, Huang S M. Provably secure randomized blind signature schemes based on bilinear pairing[J]. Computers and Mathematics with Application, 2010, 60(2): 285-293.

第4章 无证书环签密

4.1 引　言

环签名(ring signature，RS)中实际环签名者可选取一些成员组成一个环，在没有其他成员帮助的情况下匿名签署消息，任何验证者可以确信是由环中的某个成员进行了签名操作，但他无法确定实际签名者的具体身份[1-5]。融合 RS 技术和数字签密技术[6-14]可得到环签密(ring signcryption，RSC)[15-26]，环签密满足不可伪造性和不可区分性；环中的任何一个成员均可代表整个环采用自己的私钥和环中其他成员的公钥以完全匿名的方式对消息进行签密操作，不需要征得其他环成员的允许，验证者只知道签密者来自这个环，不知道真正的环签密者是谁。环签密技术中不存在群管理员，环中所有成员的地位是相同的，从而克服群签密中群管理员权限过大的缺点。环签密适合应用于匿名选举系统、电子现金系统、电子政务系统、多方安全计算等诸多领域。鉴于环签密的广泛应用和 CL-PKC 的优势，研究人员从未中断过高效安全的无证书环签密算法的研究工作。

本章采用联合判定双线性 Diffie-Hellman 问题和联合计算 Diffie-Hellman 问题，提出高效安全的无证书环签密(cerificateless ring signcryption，CL-RSC)[27]。CL-RSC 除满足无条件匿名性外，还满足适应性选择密文攻击下的不可区分性 IND-CCA2(即敌手不能区分两个不同消息的加密密文)和适应性选择消息攻击下的不可伪造性 UF-CMA[14]。对于 CL-RSC 的性能评估，先使用 Visual C 编译环境并调用 PBC 库计算出每种密码操作运行一次所花费的时间；然后给出 CL-RSC 和类似密码算法[13,22,23]的计算开销表并使用 MATLAB 软件工具做仿真实验；从仿真实验的结果图可看出，CL-RSC 算法具有较高的计算效率。

CL-RSC 克服了传统公钥基础设施(PKI)中的证书管理问题和基于身份的密码体制(IB-PKC)的密钥托管问题，每个用户的完整的私钥含有用户自己选取的秘密值和 KGC 计算出的部分私钥；即使恶意 KGC 泄露某用户的部分私钥，敌手亦无法获取完整的私钥去解密密文；而且代表整个环的实际签密者采用完全匿名的方式对消息进行签密操作，从而使得真实签密者的身份得到隐藏。无证书环签密 CL-RSC 的工作原理如图 4-1 所示。

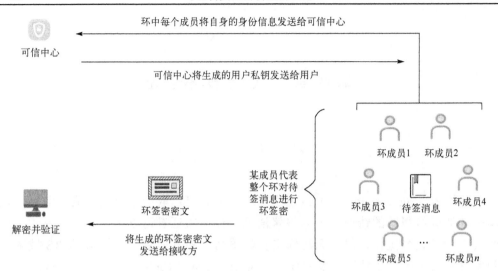

图 4-1　CL-RSC 的工作原理示意图

4.2　CL-RSC 的形式化定义

4.2.1　CL-RSC 的算法定义

无证书环签密是由五个概率多项式时间算法组成的。CL-RSC 的每个算法的具体定义请见下面的描述。

系统初始化算法：输入一个安全参数 1^k，输出主密钥 x 和系统全局参数 L。

密钥生成算法：输入 (L,ID_i)，输出用户 ID_i 的公私钥 (y_i,x_i)。请注意：$i\in\{1,2,\cdots,n,b\}$，$U=\{\mathrm{ID}_1,\mathrm{ID}_2,\cdots,\mathrm{ID}_i\}$，$\mathrm{ID}_i\in\{U,\mathrm{ID}_b\}$ 表示用户的身份，$U=\{\mathrm{ID}_1,\mathrm{ID}_2,\cdots,\mathrm{ID}_i\}$ 表示环中 n 个用户的身份集合，ID_b 表示接收者的身份；$w=\{y_1,y_2,\cdots,y_n\}$ 表示环中 n 个用户的公钥，y_b 表示接收者 ID_b 的公钥；x_i 表示环中用户 ID_i（$\mathrm{ID}_i\in U$）的私钥，x_b 表示接收者 ID_b 的私钥。

密钥提取算法：输入 (L,x,y_i,ID_i)，输出用户 ID_i 的部分私钥 d_i。请注意：$i\in\{1,2,\cdots,n,b\}$，$U=\{\mathrm{ID}_1,\mathrm{ID}_2,\cdots,\mathrm{ID}_i\}$，$\mathrm{ID}_i\in\{U,\mathrm{ID}_b\}$ 表示用户的身份，$U=\{\mathrm{ID}_1,\mathrm{ID}_2,\cdots,\mathrm{ID}_i\}$ 表示环中 n 个用户的身份集合，d_i 表示环中用户 ID_i，$i\in\{1,2,\cdots,n\}$ 的部分私钥，d_b 表示接收者 ID_b 的部分私钥。

环签密算法：输入 $(L,U,\mathrm{ID}_b,m,y_b,y_s,w,x_s,r_s)$，输出密文 $\sigma\leftarrow\{\mu,c,u_1,u_2,\cdots,u_n,s\}$。

解签密算法：输入 $(L,U,\mathrm{ID}_b,\sigma\leftarrow\{\mu,c,u_1,u_2,\cdots,u_n,s\},y_b,y_s,w,x_b,r_b)$，输出恢复出的明文 m 或者表示解签密失败的符号 $\perp$。

4.2.2　CL-RSC 的安全模型

无证书环签密 CL-RSC 应该满足 IND-CCA2 安全性和 UF-CMA 安全性。模型中，不允许身份相同的任何询问；外部敌手 A_1 不知道主密钥但可替换任意身份的公钥，内部敌手 A_2 知道主密钥但不能更换任意身份的公钥。

1. 保密性

CL-RSC 的保密性依赖 IND-CCA2- I（IND-CCA2- II）安全模型中的交互游戏 Game1（Game2）。

A_1 和挑战者 C 之间的交互游戏 Game1：在游戏开始的时候，C 运行初始化算法获取主密钥 x 和系统参数的集合 γ；C 保留 x，输出 γ 给 A_1。在阶段 1，A_1 进行多项式有界次的适应性询问。

请求公钥：A_1 询问任意身份 ID_i 的公钥。C 运行密钥生成算法得到公钥 y_i，输出 y_i 给 A_1。

部分私钥询问：A_1 询问任意身份 ID_i 的部分私钥。C 运行密钥提取算法得到部分私钥 d_i，C 输出 d_i 给 A_1。

私钥询问：A_1 询问任意身份 ID_i 的私钥，如果 ID_i 的公钥未替换过，C 输出私钥 x_i 给 A_1。

公钥替换：A_1 请求采用 y_i' 替换任意身份 ID_i 的公钥 y_i。

环签密询问：A_1 询问 (U, ID_b, m) 的签密密文，C 输出运行环签密算法得到的密文 $\sigma \leftarrow \{\mu, c, u_1, u_2, \cdots, u_n, s\}$。

解签密询问：A_1 询问 $(U, ID_b, \sigma \leftarrow \{\mu, c, u_1, u_2, \cdots, u_n, s\})$ 的解签密结果，C 运行解签密算法，输出明文 m 或符号 $\perp$ 给 A_1。

在挑战阶段，A_1 向 C 询问挑战信息 $(ID_b', ID_s' \in U', m_0, m_1)$ 的密文，(m_0, m_1) 表示等长的消息。在阶段 1 的询问过程中，A_1 不能提取 ID_b' 的秘密值和部分私钥，A_1 亦不能替换 ID_b' 的公钥。挑战时，C 选取任意的 $t \in \{0,1\}$，最终输出计算得到的针对消息 m_t 的挑战密文 $\sigma' \leftarrow \{\mu', c', u_1', u_2', \cdots, u_n', s'\}$ 给 A_1。

在阶段 2，A_1 继续发出像阶段 1 那样的多项式有界次的适应性询问。挑战之前，A_1 不能询问 ID_b' 的部分私钥和秘密值，A_1 亦不能替换 ID_b' 的公钥；挑战之后，A_1 不能针对 $\sigma' \leftarrow \{\mu', c', u_1', u_2', \cdots, u_n', s'\}$ 询问解签密谕言机。

最后，A_1 输出 $t \in \{0,1\}$ 的一个猜测 $t' \in \{0,1\}$。如果 $t = t'$，外部敌手 A_1 赢得 Game1。A_1 在 Game1 中的获胜优势可定义为

$$\text{Adv}^{\text{Game1}}(A_1, k) = \left| \Pr[t' = t] - 1/2 \right|$$

A_2 和挑战者 C 之间的交互游戏 Game2：在游戏开始的时候，C 运行系统初始化算法获取主密钥 x 和系统参数的集合 γ，输出 (x,γ) 给 A_2。在阶段 1，A_2 进行多项式有界次的适应性询问。

请求公钥：A_2 请求任意身份 ID_i 的公钥，C 运行密钥生成算法获取公钥 y_i，输出 y_i 给 A_2。

私钥询问：A_2 请求任意身份 ID_i 的私钥，C 输出完整的私钥 (x_i,y_i) 给 A_2。

环签密询问：A_2 询问 (U,ID_b,m) 的签密密文，C 输出运行环签密算法得到的密文 $\sigma \leftarrow \{\mu,c,u_1,u_2,\cdots,u_n,s\}$ 给 A_2。

解签密询问：A_2 询问 $(U,\text{ID}_b,\sigma \leftarrow \{\mu,c,u_1,u_2,\cdots,u_n,s\})$ 的解签密结果，C 运行解签密算法，输出明文 m 或符号 $\perp$ 给 A_2。

在挑战阶段，A_2 向 C 询问挑战信息 $(\text{ID}'_b,\text{ID}'_s \in U',m_0,m_1)$ 的密文，(m_0,m_1) 表示等长的消息。在阶段 1 的询问中，A_2 不能询问 ID'_b 的秘密值。C 选取任意的 $t \in \{0,1\}$，输出计算得到的针对消息 m_t 的挑战密文 $\sigma' \leftarrow \{\mu',c',u'_1,u'_2,\cdots,u'_n,s'\}$ 给 A_2。

在阶段 2，A_2 继续发出像阶段 1 那样的多项式有界次的适应性询问。挑战之前，A_2 不能询问 ID'_b 的秘密值；挑战之后，A_2 不能针对 $\sigma' \leftarrow \{\mu',c',u'_1,u'_2,\cdots,u'_n,s'\}$ 询问解签密谕言机。

最后，A_2 输出 $t \in \{0,1\}$ 的一个猜测 $t' \in \{0,1\}$。如果 $t=t'$，内部敌手 A_2 赢得 Game2。A_2 在 Game2 中的获胜优势可定义为

$$\text{Adv}^{\text{Game2}}(A_2,k) = \left| \Pr[t'=t] - 1/2 \right|$$

定义 4-1（保密性）如果任何概率多项式时间外部敌手 A_1（内部敌手 A_2）赢得游戏 Game1（Game2）的优势是可忽略的，说明无证书环签密 CL-RSC 具有 IND-CCA2 安全性。

2. 不可伪造性

CL-RSC 的不可伪造性依赖 UF-CMA-I（UF-CMA-II）安全模型中的交互游戏 Game3（Game4）。

A_1 和挑战者 C 之间的交互游戏 Game3：在游戏开始时，C 运行设置算法获取主密钥 x 和系统参数的集合 γ，C 保留 x，输出 γ 给 A_1。然后，A_1 发出像 Game1 中的阶段 1 那样的适应性询问。

在询问结束时，A_1 输出一个伪造密文 $(\sigma' \leftarrow \{\mu',c',u'_1,u'_2,\cdots,u'_n,s'\},\text{ID}'_b,\text{ID}'_s \in U')$ 给 C。询问中，A_1 不能询问 ID'_s 的部分私钥和秘密值，A_1 不能针对 $\sigma' \leftarrow \{\mu',c',u'_1,u'_2,\cdots,u'_n,s'\}$ 询问解签密谕言机。

如果解签密的结果有效，A_1 赢得游戏 Game3。A_1 的优势可定义为在游戏 Game3 中获得胜利的概率。

A_2 和挑战者 C 之间的交互游戏 Game4：在游戏开始时，C 运行初始化算法获取主控密钥 x 和系统参数的集合 γ，C 输出 (γ, x) 给 A_2。然后，A_2 提交像 Game2 中的阶段 1 那样的多项式有界次适应性询问。

在询问结束时，A_2 输出一个伪造密文 $(\sigma' \leftarrow \{\mu', c', u_1', u_2', \cdots, u_n', s'\}, \mathrm{ID}_b', \mathrm{ID}_s' \in U')$ 给挑战者 C。询问中，A_2 不能询问 ID_s' 的秘密值，A_2 也不能针对询问解签密谕言机。

如果解签密的结果不是符号 $\perp$，A_2 赢得游戏 Game4。A_2 的优势定义为在游戏 Game4 中获胜的概率。

定义 4-2（不可伪造性） 如果任何概率多项式时间外部敌手 A_1（内部敌手 A_2）赢得游戏 Game3（Game4）的优势是可忽略的，则说明无证书环签密 CL-RSC 是具有 UF-CMA 安全的。

4.3 CL-RSC 方案实例

1. 系统初始化算法

令 G_1, G_2, G_3 均为具有素数阶 p 的乘法循环群，g 是群 G_1 的生成元，$e: G_1 \times G_2 \to G_3$ 是一个双线性映射。KGC 选取密码学安全的哈希函数：

$$H_0: \{0,1\}^{n_2} \times G_1 \times G_1 \to G_2$$

$$H_1: \{0,1\}^{(n+1) \times n_2} \times G_1^{\,n} \times G_1 \times G_3 \to \{0,1\}^{n_1}$$

$$H_2: \{0,1\}^{n_1} \times \{0,1\}^{(n+1) \times n_2} \times G_1^{\,n} \times G_1 \times G_1 \times G_3 \to Z_q^*$$

哈希函数中 n_1 表示消息的长度，n_2 表示身份的长度。然后，KGC 选取系统的主控私钥 $x \in Z_p^*$，计算得到系统的公钥 $y_{\text{pub}} = g^x \in G_1$。最后，KGC 保密主控私钥 x，公布系统的全局参数：

$$\gamma = \{G_1, G_2, G_3, p, g, y_{\text{pub}}, n_1, n_2, H_0, H_1, H_2\}$$

2. 密钥生成算法

给定用户身份 ID_i（$i \in \{1, 2, \cdots, n, b\}$），用户 ID_i 随机选取一个秘密值 $x_i \in Z_p^*$，计算自己的公钥 $y_i = g^{x_i} \in G_1$。

根据 4.2.1 节的算法定义可知，$i \in \{1, 2, \cdots, n, b\}$，$U = \{\mathrm{ID}_1, \mathrm{ID}_2, \cdots, \mathrm{ID}_i\}$，$\mathrm{ID}_i \in \{U, \mathrm{ID}_b\}$，$w = \{y_1, y_2, \cdots, y_n\}$。$\mathrm{ID}_s \in U$ 表示环签密者的身份，$\mathrm{ID}_b \in \{U, \mathrm{ID}_b\}$ 表示接收者的身份，$y_b \in \{w, y_b\}$ 表示接收者 ID_b 的公钥，$y_s \in w \leftarrow \{y_1, y_2, \cdots, y_n\}$ 表示环签密者 ID_s 的公钥；x_b 表示接收者 ID_b 的秘密值，x_s 表示环签密者 ID_s 的私钥。

3. 密钥提取算法

给定用户的身份 ID_i（$i \in \{1, 2, \cdots, n, b\}$），KGC 计算：

$$Q_i = H_0(\mathrm{ID}_i, y_{\mathrm{pub}}, u_i) \in G_2, \quad d_i = Q_i^x \in G_2$$

KGC 输出部分密钥 d_i 给用户 ID_i。如果

$$e(g, d_i) = e(y_{\mathrm{pub}}, Q_i \leftarrow H_0(\mathrm{ID}_i, y_{\mathrm{pub}}, u_i))$$

用户 ID_i 接受部分私钥 d_i；否则，要求 KGC 重发。KGC 输出部分密钥 d_i 给用户 ID_i。

结合密钥生成算法和密钥提取算法可知，d_b 表示接收者 ID_b 的部分私钥，d_s 表示环签密者 $\mathrm{ID}_s \in U$ 的部分私钥，(d_i, x_i) 表示用户 $\mathrm{ID}_i \in \{U, \mathrm{ID}_b\}$ 的完整私钥。

4. 环签密算法

给定 $(L, U, \mathrm{ID}_b, m, y_b, y_s, w, x_s, r_s)$，环签密者 $\mathrm{ID}_s \in U$ 取任意的 $v \in Z_p^*$，设置 $\mu = g^v \in G_1$，计算：

$$\rho = e(y_b y_{\mathrm{pub}}, Q_b)^v \in G_3$$

$$c = H_1(\mathrm{ID}_b, U, w, y_b, \rho) \oplus m$$

对于 $i \in \{1, 2, \cdots, n\} \bigcup \{i \neq s\}$，环签密者 ID_s 选取任意的 $u_i \in G_1$，计算：

$$h_i = H_2(\mathrm{ID}_b, U, m, w, \rho, y_b, u_i)$$

对于 $i = s$，环签密者 ID_s 计算：

$$u_s = \frac{y_s^v}{\prod_{i=1, i \neq s}^n u_i y_i^{h_i}}$$

环签密者 ID_s 计算 $h_s = H_2(\mathrm{ID}_b, U, m, w, \rho, y_b, u_s)$，$s = d_s Q_s^{x_s(v+h_s)}$，最后输出密文 $\sigma \leftarrow \{\mu, c, u_1, u_2, \cdots, u_n, s\}$ 给接收者 ID_b。

5. 解签密算法

给定 $(L, U, \mathrm{ID}_b, \sigma \leftarrow \{\mu, c, u_1, u_2, \cdots, u_n, s\}, y_s, y_b, w, x_b, r_b)$，接收者 ID_b 计算：

$$\rho = e(\mu, d_b Q_b)^{x_b} \in G_3, \quad m = H_1(\mathrm{ID}_b, U, w, y_b, \rho) \oplus c$$

对于 $i \in \{1, 2, \cdots, n\}$，接收者 ID_r 计算 $h_i = H_2(\mathrm{ID}_b, U, m, w, \rho, y_b, u_i)$。如果

$$e(g, s) = e\left(y_{\mathrm{pub}} \prod_{i=1}^n u_i y_i^{h_i}, Q_s\right)$$

接收者 ID_r 接受恢复出的明文 m；否则，拒绝接受密文。

无证书环签密 CL-RSC 的正确性验证过程如下。

$$\rho = e(y_b y_{\text{pub}}, Q_b)^v$$
$$= e(g^{x+x_b}, Q_b)$$
$$= e(\mu, d_b Q_b)^{x_b}$$

$$e(g,s) = e(g, d_s Q_s^{x_s(v+h_s)})$$
$$= e(y_s^v y_s^{h_s} y_{\text{pub}}, Q_s)$$
$$= e\left(u_s y_s^{h_s} y_{\text{pub}} \prod_{i=1, i \neq s}^{n} u_i y_i^{h_i}, Q_s \right)$$
$$= e\left(y_{\text{pub}} \prod_{i=1}^{n} u_i y_i^{h_i}, Q_s \right)$$

4.4　安全性证明

4.4.1　CL-RSC 的保密性

定理 4-1　假如概率多项式时间敌手 A_1 能以优势 ε 攻破 CL-RSC 的 IND-CCA2-Ⅰ安全性，则必定存在挑战算法 C 能以 ε' ($\varepsilon' \geqslant \dfrac{\varepsilon}{e l_1(l_p + l_s + l_r)}$，e 为自然对数的底)的优势解决 Co-DBDH 问题，其中，l_1, l_p, l_s, l_r 分别为 A_1 询问 H_1 谕言机、部分私钥谕言机、私钥谕言机和公钥替换谕言机的次数。

证明　令挑战者 C 收到 Co-DBDH 问题的随机实例 $(g, g^a, g^b, \mathcal{X}, \psi)$。$C$ 的目标在于利用扮演子程序的外部敌手 A_1 计算 $\psi = e(g, \mathcal{X})^{ab} \in G_3$，$a,b \in Z_p^*$ 对于 C 是未知的。(list0, list1, list2, list3) 记录 H_i ($i = 0,1,2$) 谕言机和公钥谕言机的询问与应答值，这些列表起初是空的。C 从 $\{1,2,\cdots,l_0\}$ 任意选取一个整数 τ，l_0 表示询问 H_0 谕言机的次数，ID_τ 表示挑战的身份，δ 表示 $\text{ID}_i = \text{ID}_\tau$ 的概率，(τ, ID_τ) 对于 A_1 是未知的。

在游戏开始的时候，C 运行初始化算法得到系统全局参数 γ ($y_{\text{pub}} \leftarrow g^a \in G_1$)，输出 γ 给 A_1。在阶段 1，A_1 向 C 发出一系列多项式有界次的适应性询问。

公钥询问：A_1 询问针对 ID_i 的公钥。如果在列表 list3 中存在 ID_i 的公钥 y_i，C 输出 y_i 给 A_1；否则，C 选取任意的 $x_i \in Z_p^*$，输出计算得到的 ID_i 的公钥 $y_i = g^{x_i} \in G_1$，然后存储 $(\text{ID}_i, x_i, y_i, -)$ 到 list3 中。

H_0 询问：A_1 发出针对 ID_i 的 H_0 询问。C 检查列表 list0 中是否存在匹配元组。

如果存在，C 输出 H_i 给 A_1；否则，C 响应如下。

情形 1：如果 $ID_i = ID_\tau$，C 设置 $Q_i \leftarrow \mathcal{X} \in G_2$，输出 Q_i 给 A_1，存储 $(y_{pub}, u_i, ID_i, Q_i \leftarrow \mathcal{X}, -)$ 到 list0 中

情形 2：如果 $ID_i \neq ID_\tau$，C 任意选取 $\lambda \in Z_p^*$，计算 $Q_i \leftarrow g^\lambda \in G_2$，输出 Q_i 给 A_1，存储 $(y_{pub}, u_i, ID_i, Q_i, \lambda)$ 到 list0 中。

H_1 询问：A_1 在任何时候都可询问 H_1 谕言机。C 检查列表 list1 中是否有匹配的元组。如果有，C 输出 f 给 A_1；否则，C 输出任意选取的 $f \leftarrow \{0,1\}^{n_2}$ 给 A_1，存储 $(ID_b, U, w, y_b, \rho, f)$ 到 list1 中。

H_2 询问：A_1 在任何时候都可询问 H_2 谕言机。C 检查列表 list2 中是否存在匹配元组。如果存在，C 输出 h_i 给 A_1；否则，C 输出任意选取的 $h_i \in G_2$ 给 A_1，存储 $(ID_b, U, w, y_b, u_i, \rho, h_i)$ 到 list2 中。

部分私钥询问：A_1 询问 ID_i 的部分私钥。如果是第 τ 次询问，C 终止游戏；否则，C 调用 H_0 随机谕言机获取 $\lambda \in Z_p^*$，输出部分私钥 $d_i \leftarrow y_{pub}^\lambda$ 给 A_1，然后利用 (ID_i, x_i, y_i, d_i) 更新 list3 中的 $(ID_i, x_i, y_i, -)$。外部敌手 A_1 能通过下列等式检查部分私钥 d_i 的有效性：

$$e(g, d_i) = e(y_{pub}, Q_i \leftarrow H_0(y_{pub}, u_i, ID_i))$$

私钥询问：A_1 询问 ID_i 的私钥。如果是第 τ 次询问，C 终止游戏；否则，C 输出从 list3 得到的私钥 $x_i \in Z_p^*$ 给 A_1。

替换公钥：A_1 选取 y_i' 代替 ID_i 的公钥 y_i。如果是第 τ 次询问，C 终止游戏；否则，C 使用 $(ID_i, -, y_i', d_i)$ 替换 list3 中的 (ID_i, x_i, y_i, d_i)。

环签密询问：A_1 询问针对 (U, ID_b, m) 的一个环签密密文，$ID_s \in U$。如果 $ID_s \neq ID_\tau$，C 输出运行环签密算法得到的密文 $\sigma \leftarrow \{\mu, c, u_1, u_2, \cdots, u_n, s\}$ 给 A_1。否则，C 选取任意的 $v \in Z_p^*$，设置 $\mu = g^v \in G_1$，计算：

$$\rho = e(\mu, d_b Q_b^{x_b}) \in G_3$$

$$c = f \leftarrow H_1(ID_b, U, w, y_b, \rho) \oplus m$$

C 存储 $(ID_b, U, w, y_b, \rho, f)$ 到列表 list1 中。对于 $i \in \{1, 2, \cdots, n\} \bigcup \{i \neq s\}$，$C$ 选取任意的 $u_i \in G_1$，计算：

$$h_i = H_2(ID_b, U, m, w, \rho, y_b, u_i)$$

C 存储 $(ID_b, U, w, y_b, u_i, \rho, h_i)$ 到列表 list2 中。对于 $i = s$，C 计算：

$$u_s = \frac{y_s^v y_{pub}^{-1}}{\prod_{i=1, i \neq s}^n u_i y_i^{h_i}}$$

C 计算 $h_s = H_2(\mathrm{ID}_b, U, m, w, \rho, y_b, u_s)$，存储 $(\mathrm{ID}_b, U, w, y_b, u_s, \rho, h_s)$ 到列表 list2 中。C 接着计算 $s = Q_s^{x_s(v+h_s)}$，输出密文 $\sigma \leftarrow \{\mu, c, u_1, u_2, \cdots, u_n, s\}$ 给 A_1。

A_1 检查密文 $\sigma \leftarrow \{\mu, c, u_1, u_2, \cdots, u_n, s\}$ 的合法性的验证过程如下。

$$e\left(y_{\mathrm{pub}} \prod_{i=1}^{n} u_i y_i^{h_i}, Q_s\right) = e\left(u_s y_s^{h_s} y_{\mathrm{pub}} \prod_{i=1, i\neq s}^{n} u_i y_i^{h_i}, Q_s\right)$$
$$= e(y_s^{v} y_s^{h_s}, Q_s)$$
$$= e(g, Q_s^{x_s})^{v+h_s}$$
$$= e(g, s)$$

解签密询问：A_1 发出针对 $(U, \mathrm{ID}_b, \sigma \leftarrow \{\mu, c, u_1, u_2, \cdots, u_n, s\})$ 的解签密询问。如果 $\mathrm{ID}_b \neq \mathrm{ID}_\tau$，$C$ 输出实际运行的解签密算法得到的结果给 A_1。否则，C 在列表 list2 中搜索元组 $(\mathrm{ID}_b, U, w, y_b, \rho, f)$，使得外部敌手 A_1 询问 $(y_{\mathrm{pub}}, r, \mathcal{X}, \psi)$ 时谕言机 $\mathcal{O}_{\mathrm{Co\text{-}DBDH}}$ 输出 1。如果这样的情况发生，C 通过 A_1 或 list2 得到 ID_b 的秘密值 x_b，计算：

$$\rho = e(\mu, Q_b^{x_b}) \cdot \psi \in G_3$$
$$m = f \leftarrow H_1(\mathrm{ID}_b, U, w, y_b, \rho) \oplus c$$

对于 $i \in \{1, 2, \cdots, n\}$，$C$ 计算 $h_i = H_2(\mathrm{ID}_b, U, m, w, \rho, y_b, u_i)$。如果

$$e(g, s) = e\left(y_{\mathrm{pub}} \prod_{i=1}^{n} u_i y_i^{h_i}, Q_s\right)$$

输出明文 m 给 A_1；否则，输出符号 $\perp$ 给 A_1。

在挑战阶段，A_1 向 C 询问针对挑战身份 $(\mathrm{ID}_b', \mathrm{ID}_s' \in U')$ 和等长消息 (m_0, m_1) 的密文。挑战前，A_1 不能询问 ID_b' 的秘密值和部分私钥。如果 $\mathrm{ID}_b' \neq \mathrm{ID}_\tau$，$C$ 终止游戏；否则，C 选取任意的 $t \in \{0,1\}$，$\psi \in G_3$，设置 $\mu = g^b \in G_1$，计算：

$$\rho' = e(\mu', \mathcal{X}^{x_b'}) \cdot \psi \in G_3$$
$$c' = f' \leftarrow H_1(\mathrm{ID}_b', U', w', y_b', \rho') \oplus m_t$$

C 存储 $(\mathrm{ID}_b', U', w', y_b', \rho', f')$ 到列表 list1 中。对于 $i \in \{1, 2, \cdots, n\} \bigcup \{i \neq s\}$，$C$ 选取任意的 $u_i \in G_1$，计算：

$$h_i' = H_2(\mathrm{ID}_b', U', m_t, w', \rho', y_b', u_i')$$

存储 $(\mathrm{ID}_b', U', w', y_b', u_i', \rho', h_i')$ 到列表 list2 中。对于 $i = s$，C 计算：

$$u_s' = \frac{y_s'^{x_s'}}{\prod_{i=1, i\neq s}^{n} u_i' y_i'^{h_i'}}$$

$$h'_s = H_2(\text{ID}'_b, U', m_t, w', \rho', y'_b, u'_s)$$

存储 $(\text{ID}'_b, U', m_t, w', \rho', y'_b, u'_s, h'_s)$ 到 list2 中。最后，C 计算 $s' = y_{\text{pub}}{}^\lambda (g^{h'_s}\mu')^{\lambda x'_i}$，输出密文 $\sigma' \leftarrow \{\mu', c', u'_1, u'_2, \cdots, u'_n, s'\}$ 给 A_1。

在阶段 2，A_1 重复向 C 发出像阶段 1 那样的多项式有界次适应性询问。询问中，A_1 不能提取 ID'_b 的秘密值和部分私钥，A_1 不能针对 $\sigma' \leftarrow \{\mu', c', u'_1, u'_2, \cdots, u'_n, s'\}$ 询问解签密谕言机。如果 $t = t'$，C 输出 Co-DBDH 问题实例的解答：

$$\psi = e(\mu', \mathcal{X})^a = e(g, \mathcal{X})^{ab}$$

概率分析：在阶段 1 或阶段 2 的询问过程中，C 不终止 Game1 的概率为 $\delta^{l_p + l_s + l_r}$ [14]；挑战时不终止 Game1 的概率为 $(1-\delta)$，可得 C 不放弃游戏的概率为 $\delta^{l_p + l_s + l_r}(1-\delta)$，该式在 $\beta = 1 - 1/(1 + l_p + l_s + l_r)$ 时达到最大值，则 C 在 Game1 中不失败的概率至少为 $\dfrac{1}{e(l_p + l_s + l_r)}$。另外，$C$ 随机均匀地选取 $\psi \in G_3$ 的概率为 $\dfrac{1}{l_1}$。因此，C 利用外部对手 A_1 解决 DBDH 问题的概率为

$$\varepsilon' \geqslant \frac{\varepsilon}{e l_1 (l_p + l_s + l_r)}$$

定理 4-2　如果概率多项式时间敌手 A_2 能以优势 ε 攻破 CL-RSC 的 IND-CCA2-II 安全性，则必存在挑战算法 C 能以优势 ε' $\left(\varepsilon' \geqslant \dfrac{\varepsilon}{e l_1 l_s}\right.$，e 为自然对数的底$\left.\right)$ 解决 Co-DBDH 问题，其中，l_1, l_s 分别表示 A_2 询问 H_1 谕言机和私钥谕言机的次数。

证明　令 C 收到 Co-DBDH 问题的随机实例 $(g, g^a, g^b, \mathcal{X}, \psi)$。$C$ 的目标在于利用扮演子程序的内部敌手 A_2 计算 $\psi = e(g, \mathcal{X})^{ab} \in G_3$，$a, b \in Z_p^*$ 对于挑战者 C 是未知的。(list0, list1, list2, list3) 记录 $H_i (i = 0, 1, 2)$ 谕言机和公钥谕言机的询问与应答值，这些列表起初是空的。C 任意选取 $\tau \in \{1, 2, \cdots, l_0\}$，$l_0$ 表示询问 H_0 谕言机的次数，δ 表示 $\text{ID}_i = \text{ID}_\tau$ 的概率，ID_τ 表示挑战的身份，(ID_τ, τ) 对于 A_2 是未知的。

在游戏开始的时候，C 运行初始化算法得到系统全局参数 $\gamma (y_{\text{pub}} \leftarrow g^x \in G_1)$，输出 (x, γ) 给 A_2。在阶段 1，A_2 向 C 发出一系列多项式有界次的适应性询问。所有针对哈希谕言机的询问跟定理 4-1 的阶段 1 完全相同，其余谕言机询问请见下面的描述。

公钥询问：A_2 询问针对 ID_i 的公钥。如果在 list3 中存在 ID_i 的公钥 y_i，C 输出 y_i 给 A_2；否则，C 的响应分两种情况。

情形 1：如果是第 τ 次询问，C 输出公钥 $y_i \leftarrow g^a \in G_1$ 给 A_2，存储 $(\text{ID}_i, -, y_i, -)$ 到 list3 中。

情形 2：如果不是第 τ 次询问，C 任意选取 $x_i \in Z_p^*$，输出公钥 $y_i \leftarrow g^{x_i} \in G_1$，然后存储 $(\text{ID}_i, x_i, y_i, -)$ 到 list3 中。

私钥询问：A_2 询问针对 ID_i 的私钥。如果是第 τ 次询问，C 终止游戏；否则，C 调用 H_0 谕言机得到 $\lambda \in Z_p^*$，调用公钥谕言机得到 $x_i \in Z_p^*$，输出完整的私钥 $(x_i, d_i \leftarrow y_{\mathrm{pub}}{}^\lambda)$ 给 A_2；然后采用 $(\mathrm{ID}_i, x_i, y_i, d_i)$ 更新 list3 中的 $(\mathrm{ID}_i, x_i, y_i, -)$。内部敌手 A_2 能通过如下等式验证部分私钥 d_i 的有效性：

$$e(g, d_i) = e(y_{\mathrm{pub}}, Q_i \leftarrow H_0(y_{\mathrm{pub}}, u_i, \mathrm{ID}_i))$$

环签密询问：A_2 询问针对 (U, ID_b, m) 的一个环签密密文，$\mathrm{ID}_s \in U$。如果 $\mathrm{ID}_s \neq \mathrm{ID}_\tau$，$C$ 输出调用环签密算法得到的密文 $\sigma \leftarrow \{\mu, c, u_1, u_2, \cdots, u_n, s\}$ 给 A_2。否则，C 选取任意的 $v \in Z_p^*$，设置 $\mu = g^v \in G_1$，计算：

$$\rho = e(\mu, d_b Q_b^{x_b}) \in G_3$$

$$c = f \leftarrow H_1(\mathrm{ID}_b, U, w, y_b, \rho) \oplus m$$

存储 $(\mathrm{ID}_b, U, w, y_b, \rho, f)$ 到列表 list1 中。对于 $i \in \{1, 2, \cdots, n\} \bigcup \{i \neq s\}$，$C$ 选取任意的 $u_i \in G_1$，计算：

$$h_i = H_2(\mathrm{ID}_b, U, m, w, \rho, y_b, u_i)$$

存储 $(\mathrm{ID}_b, U, w, y_b, u_i, \rho, h_i)$ 到列表 list2 中。对于 $i = s$，C 计算：

$$u_s = \frac{y_s^{-h_s} g^{v+h_s}}{\prod_{i=1, i \neq s}^{n} u_i y_i^{h_i}}$$

$$h_s = H_2(\mathrm{ID}_b, U, m, w, \rho, y_b, u_s)$$

存储 $(\mathrm{ID}_b, U, w, y_b, u_s, \rho, h_s)$ 到列表 list2 中。最后，C 计算 $s = d_s Q_s^{v+h_s}$，输出密文 $\sigma \leftarrow \{\mu, c, u_1, u_2, \cdots, u_n, s\}$ 给 A_2。

A_2 检查密文 $\sigma \leftarrow \{\mu, c, u_1, u_2, \cdots, u_n, s\}$ 的有效性的验证过程如下。

$$e\left(y_{\mathrm{pub}} \prod_{i=1}^{n} u_i y_i^{h_i}, Q_s\right) = e\left(u_s y_s^{h_s} y_{\mathrm{pub}} \prod_{i=1, i \neq s}^{n} u_i y_i^{h_i}, Q_s\right)$$

$$= e(y_s^v y_s^{h_s}, Q_s)$$

$$= e(g, Q_s^{x_s})^{v+h_s}$$

$$= e(g, s)$$

解签密询问：A_2 发出针对 $(U, \mathrm{ID}_b, \sigma \leftarrow \{\mu, c, u_1, u_2, \cdots, u_n, s\})$ 的解签密询问。如果 $\mathrm{ID}_b \neq \mathrm{ID}_\tau$，$C$ 输出调用解签密算法得到的结果给 A_2。否则，C 在列表 list2 中搜索元组 $(\mathrm{ID}_b, U, w, y_b, \rho, f)$，使得 A_2 询问 $(y_b, r, \mathcal{X}, \psi)$ 时 $\mathcal{O}_{\mathrm{Co\text{-}DBDH}}$ 输出 1。如果此情况发生，C 计算：

$$\rho = e(\mu, Q_b^x) \cdot \psi \in G_3$$

$$m = f \leftarrow H_1(\mathrm{ID}_b, U, w, y_b, \rho) \oplus c$$

对于 $i \in \{1,2,\cdots,n\}$，C 计算 $h_i = H_2(\mathrm{ID}_b, U, m, w, \rho, y_b, u_i)$。如果

$$e(g,s) = e\left(y_{\mathrm{pub}}\prod_{i=1}^{n}u_i y_i^{h_i}, Q_s\right)$$

输出 m 给 A_2；否则，输出 $\perp$ 给 A_2。

在挑战阶段，A_2 向 C 输出挑战身份 $(\mathrm{ID}_b', \mathrm{ID}_s' \in U')$ 和等长消息 (m_0, m_1)。挑战前，A_2 不能询问 ID_b' 的秘密值。如果 $\mathrm{ID}_b' \neq \mathrm{ID}_\tau$，$C$ 终止游戏；否则，C 选取任意的 $t \in \{0,1\}$，$\psi \in G_3$，设置 $\mu = g^b \in G_1$，计算：

$$\rho' = e(\mu', \mathcal{X}^x) \cdot \psi \in G_3$$

$$c' = f' \leftarrow H_1(\mathrm{ID}_b', U', w', y_b', \rho') \oplus m_t$$

存储 $(\mathrm{ID}_b', U', w', y_b', \rho', f')$ 到列表 list1 中。对于 $i \in \{1,2,\cdots,n\} \bigcup \{i \neq s\}$，$C$ 选取任意的 $u_i \in G_1$，计算：

$$h_i' = H_2(\mathrm{ID}_b', U', m_t, w', \rho', y_b', u_i')$$

存储 $(\mathrm{ID}_b', U', w', y_b', u_i', \rho', h_i')$ 到列表 list2 中。对于 $i = s$，C 计算：

$$u_s' = \frac{y_s'^{x_s'}}{\displaystyle\prod_{i=1,i\neq s}^{n} u_i' y_i'^{h_i'}}$$

$$h_s' = H_2(\mathrm{ID}_b', U', m_t, w', \rho', y_b', u_s')$$

存储 $(\mathrm{ID}_b', U', m_t, w', \rho', y_b', u_s', h_s')$ 到列表 list2 中。C 接着计算 $s' = d_s'(g^{h_s'}\mu)^{\lambda x_s'}$，输出密文 $\sigma' \leftarrow \{\mu', c', u_1', u_2', \cdots, u_n', s'\}$ 给 A_2。

在阶段 2，A_2 重复向 C 发出像阶段 1 那样的多项式有界次适应性询问。询问中，A_2 不能提取 ID_b' 的秘密值，A_1 不能针对 $\sigma' \leftarrow \{\mu', c', u_1', u_2', \cdots, u_n', s'\}$ 询问解签密谕言机。如果 $t = t'$，C 输出 Co-DBDH 问题实例的解答：

$$\psi = e(y_b', \mathcal{X})^a = e(g, \mathcal{X})^{ab}$$

概率分析：在阶段 1 或阶段 2 的询问过程中，C 不终止 Game2 的概率为 δ^{l_s} [14]；挑战时不终止 Game2 的概率为 $1-\delta$，则 C 不放弃 Game2 的概率为 $\delta^{l_s}(1-\delta)$，该式在 $\delta = 1 - 1/(1+l_s)$ 时达到最大值，可得 C 在 Game2 中获胜的概率至少为 $\dfrac{1}{el_s}$。C 均匀随机选取 ψ 的概率为 $\dfrac{1}{l_1}$。因此，C 利用内部对手 A_2 解决 Co-DBDH 问题的概率至少为 $\varepsilon' \geqslant \dfrac{\varepsilon}{el_1 l_s}$。

4.4.2　CL-RSC 的不可伪造性

定理 4-3　假如概率多项式时间敌手 A_1 能以优势 ε 攻破 CL-RSC 的 UF-CMA-Ⅰ 安全性，那么必定存在挑战算法 C 能以 ε'（$\varepsilon' \geqslant \dfrac{\varepsilon}{\mathrm{e}(l_p + l_s + l_r)}$）的优势解决 Co-CDH 问题。

证明　令 C 收到 Co-DBDH 问题的随机实例 $(g, g^a, \mathcal{X})$。C 的目标在于利用扮演子程序的敌手 A_1 计算 $\mathcal{X}^a \in G_2$，$a, b \in Z_p^*$ 对于挑战者 C 是未知的。

在游戏开始的时候，C 运行初始化算法得到系统全局参数 γ（$y_{\mathrm{pub}} \leftarrow g^a \in G_1$），输出 γ 给 A_1。接下来，A_1 向 C 提交一系列多项式有界次的适应性询问，发出的询问跟定理 4-1 的阶段 1 完全相同，C 亦像定理 4-1 的阶段 1 那样做出应答。

在上面适应性询问结束的时候，外部敌手 A_1 输出伪造密文 $(\sigma' \leftarrow \{\mu', c', u_1', u_2', \cdots, u_n', s'\}, \mathrm{ID}_b', \mathrm{ID}_s' \in U')$ 给 C。询问过程中，A_1 不能提取 ID_s' 的秘密值和部分私钥，A_1 不能提交 $(\sigma' \leftarrow \{\mu', c', u_1', u_2', \cdots, u_n', s'\}, \mathrm{ID}_b', \mathrm{ID}_s' \in U')$ 给解签密谕言机。如果 $\mathrm{ID}_s' \neq \mathrm{ID}_\tau$，$C$ 宣告失败并终止游戏；否则，C 通过调用哈希谕言机和公钥谕言机，输出 Co-CDH 问题实例的解答：

$$\mathcal{X}^a = \frac{s'}{\mathcal{X}^{x_s'(v + h_s')}}$$

如果 C 在游戏中利用外部敌手 A_1 的能力获得胜利，则下列等式肯定成立：

$$\begin{aligned}
e(g, s') &= e(g, d_s' Q_s^{x_s'(v + h_s')}) \\
&= e(g, Q_s^a Q_s^{x_s'(v + h_s')}) \\
&= e(g, \mathcal{X}^a \mathcal{X}^{x_s'(v + h_s')})
\end{aligned}$$

概率分析：依据定理 4-1 可得，C 在 Game1 中获得胜利的概率为 $\dfrac{1}{\mathrm{e}(l_p + l_s + l_r)}$。

因而，C 解决 Co-CDH 问题时的概率 ε' 至少为 $\dfrac{\varepsilon}{\mathrm{e}(l_p + l_s + l_r)}$。

定理 4-4　假如概率多项式时间敌手 A_2 能以优势 ε 攻破 CL-RSC 的 UF-CMA-Ⅱ 安全性，则必定存在挑战算法 C 能以 ε'（$\varepsilon' \geqslant \dfrac{\varepsilon}{\mathrm{e}l_s}$）的优势解决 Co-CDH 问题。

证明　令 C 收到 Co-DBDH 问题的随机实例 $(g, g^a, \mathcal{X})$。C 的目标在于利用扮演子程序的敌手 A_2 计算 $\mathcal{X}^a \in G_2$，$a, b \in Z_p^*$ 对于挑战者 C 是未知的。

在游戏开始的时候，C 运行初始化算法得到系统全局参数 γ（$y_{\mathrm{pub}} \leftarrow g^x \in G_1$），输出 (γ, x) 给 A_1。接下来，A_2 向 C 提交跟定理 4-2 的阶段 1 完全相同的多项式有

界次适应性询问，C 亦像定理 4-2 的阶段 1 那样做出应答。

在上面适应性询问结束的时候，内部敌手 A_2 输出伪造密文 $(\sigma' \leftarrow \{\mu', c', u'_1, u'_2, \cdots, u'_n, s'\}, \mathrm{ID}'_b, \mathrm{ID}'_s \in U')$ 给 C。询问过程中，A_2 不能询问 ID'_s 的秘密值，A_1 亦不能提交 $(\sigma' \leftarrow \{\mu', c', u'_1, u'_2, \cdots, u'_n, s'\}, \mathrm{ID}'_b, \mathrm{ID}'_s \in U')$ 给解签密谕言机。如果 $\mathrm{ID}'_s \neq \mathrm{ID}_\tau$，$C$ 宣告失败并终止游戏；否则，C 通过调用哈希谕言机和公钥谕言机，输出 Co-CDH 问题实例的解答：

$$\mathcal{X}^a = \left(\frac{s'}{\mathcal{X}^x} \right)^{\frac{1}{h'_s + v}}$$

如果 C 在游戏中利用内部敌手 A_2 的能力取得成功，则下列等式肯定成立：

$$
\begin{aligned}
e(g, s') &= e(g, d'_s Q_s^{a(v+h'_s)}) \\
&= e(g, Q_s^{\ x} Q_s^{\ a(v+h'_s)}) \\
&= e(g, \mathcal{X}^x \mathcal{X}^{a(v+h'_s)})
\end{aligned}
$$

概率分析：根据定理 4-2 可得，C 在 Game2 中获得胜利的概率为 $\dfrac{1}{el_s}$。因而，挑战者 C 解决 Co-CDH 问题的概率 ε' 至少为 $\dfrac{\varepsilon}{el_s}$。

4.5　性　能　评　价

CL-RSC 和类似密码算法[22,23,26]的性能比较依据环签密和解签密的计算复杂度。在密码算法的比较分析中，采用的各种密码操作时间[28]如表 4-1 所示，计算时间的单位为毫秒。表 4-2 给出 CL-RSC 和类似密码算法[22,23,26]在环签密阶段和解签密阶段的计算开销。

由图 4-2～图 4-4 可知，环成员个数从 10 增加到 100 的时候，CL-RSC 的运行时间变化程度低于类似密码算法[22,23,26]。总体而言，CL-RSC 在计算效率上具有明显的优势，在密码学的实际应用中是个不错的选择。

表 4-1　比较中用到的各种密码操作时间

符号	计算复杂度
t_P	运行一个双线性对操作的时间复杂度，$1t_P \approx 32.713\text{ms}$
t_M	运行一个标量乘操作的时间复杂度，$1t_M \approx 13.405\text{ms}$
t_E	运行一个指数操作的时间复杂度，$1t_E \approx 2.249\text{ms}$

表 4-2　几个对比密码算法的计算开销

	密码算法[22]	密码算法[23]	密码算法[26]	CL-RSC
环签密阶段	$(n+2)t_P+(2n+1)t_M$	$nt_E+3nt_P+(n+4)t_M$	$t_E+t_P+(2n+3)t_M$	$(n+3)t_E+t_P$
解签密阶段	$(2n+3)t_P+nt_M$	$nt_E+(2n+1)t_P+t_M$	$3t_P+(n+1)t_M$	$(n+1)t_E+3t_P$

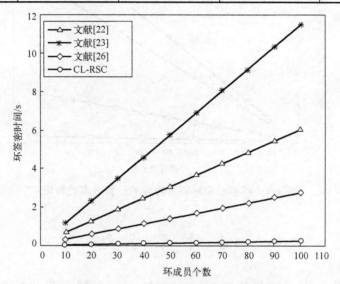

图 4-2　环签密阶段的计算效率比较图

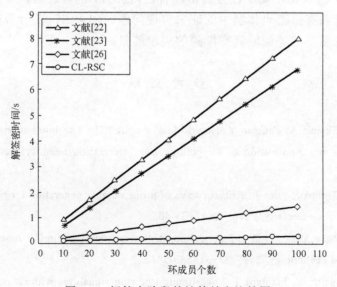

图 4-3　解签密阶段的计算效率比较图

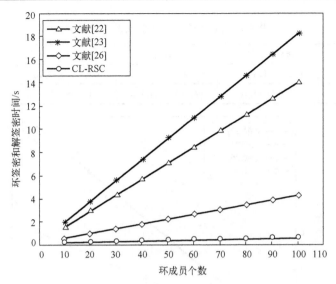

图 4-4　环签密和解签密阶段的计算效率比较图

4.6　本章小结

在本章提出的无证书环签密 CL-RSC 中，内部敌手和外部对手在破坏 IND-CCA2 和 UF-CMA 安全性方面都没有任何优势，同时还解决了传统密码体制中的密钥托管和身份密码体制中的证书管理问题。CL-RSC 的计算效率较高，在匿名通信和隐私保护等领域具有广阔的应用前景。

参 考 文 献

[1]　Rivest R, Shamir A, Tauman Y. How to leak a secret[C]// The International Conference on the Theory and Application of Cryptology and Information Security, LNCS 2248, 2001: 552-565.

[2]　Salazar J, Tornos J, Piles J. Efficient ways of prime number generation for ring signatures[J]. IET Information Security, 2016, 10(1): 33-36.

[3]　Qin M J, Zhao Y L, Ma Z J. Practical constant-size ring signature[J]. Journal of Computer Science and Technology, 2018, 33(3): 533-541.

[4]　Gritti C, Susilo W, Plantard T. Logarithmic size ring signatures without random oracles[J]. IET Information Security, 2016, 10(1): 1-7.

[5]　Chen S Y, Zeng P, Choo K K R, et al. Efficient ring signature and group signature schemes

based on q-ary identification protocols[J]. The Computer Journal, 2018, 61(4): 545-560.

[6]　Wang C F, Liu C, Li Y H, et al. Two-way and anonymous heterogeneous signcryption scheme between PKI and IBC[J]. Journal on Communications, 2017, 38(10): 10-17.

[7]　Li J M, Yu H F, Xie Y. ElGamal broadcasting multi-signcryption protocol with UC security[J]. Journal of Computer Research and Development, 2019, 56(5): 1101-1111.

[8]　Liu J W, Zhang L H, Sun R. Mutual signcryption schemes under heterogeneous systems[J]. Journal of Electronics & Information Technology, 2016, 38(11): 2948-2953.

[9]　Guo Z Z, Li M C, Fan X X. Attribute-based ring signcryption scheme[J]. Security and Communication Networks, 2013, 6(6): 790-796.

[10]　Wang C F, Li Y H, Zhang Y L, et al. Efficient heterogeneous signcryption scheme in the standard model[J]. Journal of Electronics & Information Technology, 2017, 39(4): 881-886.

[11]　Li F G, Liu B, Hong J J. An efficient signcryption for data access control in cloud computing[J]. Computing, 2017, 99(5): 1-15.

[12]　Ahene E, Qin Z C, Adusei A K, et al. Efficient signcryption with proxy re-encryption and its application in smart grid[J]. IEEE Internet of Things Journal, 2019, 6(6): 9722-9737.

[13]　Ahene E, Dai J F, Feng H, et al. A certificateless signcryption with proxy re-encryption for practical access control in cloud-based reliable smart grid[J]. Telecommunication Systems, 2019, 70(4): 491-510.

[14]　Yu H F, Yang B. Low-computation certificateless hybrid signcryption scheme[J]. Frontier of Information Technology & Electronic Engineering, 2017, 18(7): 928-940.

[15]　Yu H F, Wang S B. Certificateless threshold signcryption scheme with secret sharing mechanism[J]. Knowledge-Based Systems, 2021, 221: 1-7.

[16]　Huang X Y, Susilo W, Mu Y, et al. Identity-based ring signcryption schemes: Cryptographic primitives for preserving privacy and authenticity in the ubiquitous world[C]// Proceedings of the 19th International Conference on Advanced Information Networking and Applications, 2005: 649-654.

[17]　Zhu Z C, Zhang Y Q, Wang F J. An efficient and provable secure identity-based ring signcryption scheme[J]. Computer Standard and Interfaces, 2009, 31(6): 1092-1097.

[18]　Selvi S S D, Vivek S S, Rangan C P. On the security of identity based ring signcryption schemes[C]// Proceedings of ISC, 2009: 310-325.

[19]　Xiong H, Geng J, Qin Z, et al. Cryptanalysis of attribute-based ring signcryption scheme[J]. International Journal of Network Security, 2015, 17(2): 224-228.

[20]　Zhou C X, Cui Z M, Gao G Y. Efficient identity-based generalized ring signcryption scheme[J]. KSII Transactions on Internet and Information Systems, 2016, 10(12):

6116-6134.

[21] Feng T, Liu N. A sensitive information protection scheme in named data networking using attribute-based ring signcryption[C]// Proceedings of IEEE Second International Conference on Data Science in Cyberspace, 2017: 187-194.

[22] Deng L, Li S, Yu Y. Identity-based threshold ring signcryption from pairing[J]. International Journal of Electronic Security and Digital Forensics, 2014, 6(2): 333-342.

[23] Wang L L, Zhang G Y, Ma C G. A secure ring signcryption scheme for private and anonymous communication[C]// Proceedings of IFIP International Conference on Network and Parallel Computing Workshops, 2007: 107-111.

[24] Zhu L J, Zhang F J, Miao S Q. A provably secure parallel certificateless ring signcryption scheme[C]// Proceedings of the International Conference on Multimedia Information Networking and Security, 2010: 423-427.

[25] Shen H, Chen J H, He D B, et al. Insecurity of a pairing-free certificateless ring signcryption scheme[J]. Wireless Personal Communications, 2017, 96(4): 5635-5641.

[26] Sharma G, Bala S, Verma A. Pairing-free certificateless ring signcryption (PF-CLRSC) scheme for wireless sensor networks[J]. Wireless Personal Communications, 2015, 84(2): 1469-1485.

[27] Yu H F, Liu J Z, Wang Z C, et al. Certificateless ring signcryption for multi-source network coding[J]. Computer Standards and Interfaces, 2022, 81: 1-8.

[28] Uzunkol O, Kiraz M S. Still wrong use of pairings in cryptography[J]. Applied Mathematics and Computation, 2018, 333: 467-479.

第 5 章　乘法群上的无证书盲签密

5.1　引　　言

公钥签密技术可实现同时保密性和不可伪造性[1-8]，签密者使用自己的私钥和接收方的公钥计算得到消息的密文，接收者可从得到的密文中恢复出明文，比起传统方式而言节省了计算开销和通信成本。

盲签名[9-15]在实际工作中是不可或缺的。盲签名允许消息拥有者对签名消息进行盲化，盲签名者对盲化的消息进行签名操作，消息在消息拥有者和签名者之间传输，签名者不知道消息的真实内容。在电子合同、电子投票、电子支付、电子拍卖等实际应用场景中，盲签名是非常有用的构建模块。融合签密和盲签名可得到盲签密[16-20]。盲签密的计算开销和通信成本比传统方法低，适合应用于电子选举系统、电子支付系统、智能卡等实际场景。无证书密码系统 CL-PKC 消除了 IB-PKC 中的密钥托管的问题和 TPKC 中的证书管理问题，原因在于用户完整私钥含有 KGC 生成的部分私钥和用户选取的秘密值。

本章提出新颖的乘法群上的无证书盲签密（certificateless blind signcryption based on multiplication cyclic groups，MCG-CLBSC），盲签密者只对消息拥有者盲化过的消息进行签密操作，不知道消息的真实内容。MCG-CLBSC 满足 IND-CCA2 安全性和 UF-CMA 安全性。MCG-CLBSC 克服了证书管理和密钥托管的问题，计算效率高，未来在无处不在的安全领域有着广阔的应用前景。MCG-CLBSC 的工作流程如图 5-1 所示。

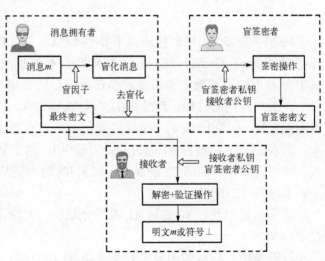

图 5-1　乘法群上无证书盲签密 MCG-CLBSC 的工作流程

5.2　MCG-CLBSC 的形式化定义

5.2.1　MCG-CLBSC 的算法定义

乘法群上的无证书盲签密由系统设置、密钥提取、密钥生成、盲签密和解签密五个概率多项式时间算法组成。每个算法的具体定义如下所述。

系统设置算法(Setup)：输入安全参数 1^n，输出主控密钥 ω 和系统的全局参数 ξ。

密钥提取算法(Extract)：输入 (ξ, ID_i)，输出盲签密者 ID_A 的公私钥 (Y_A, x_A)、接收者 ID_B 的公私钥 (Y_B, x_B)。请注意：ID_i 表示用户的身份，$\mathrm{ID}_i \in \{\mathrm{ID}_A, \mathrm{ID}_B\}$，$i = A, B$，$\mathrm{ID}_A$ 是盲签密者的身份，ID_B 是接收者身份，下同。

密钥生成算法(KeyGen)：输入 $(\xi, \mathrm{ID}_i, Y_i)$，输出盲签密者 ID_A 的部分私钥 d_A、接收者 ID_B 的部分私钥 d_B。

盲签密算法(BSigncrypt)：输入 $(\xi, m, Y_A, x_A, d_A, Y_B)$，输出密文 $\sigma \leftarrow (\varphi, c, s)$。

解签密算法(Unsigncrypt)：输入 $(\xi, \sigma \leftarrow (\varphi, c, s), Y_A, x_B, d_B, Y_B)$，输出 m 或 $\perp$。

5.2.2　MCG-CLBSC 的安全模型

乘法群上的无证书盲签密 MCG-CLBSC 必须满足 IND-CCA2 安全性和 UF-CMA 安全性。模型的询问中，不允许存在身份相同的任何询问。

1. 保密性

MCG-CLBSC 的保密性依赖于 IND-CCA2-Ⅰ 和 IND-CCA2-Ⅱ 安全模型中的交互游戏：Game1, Game2。现在叙述外部敌手 A_1 和挑战者 Γ 之间的交互游戏 Game1，其中，A_1 不知道系统主密钥能替换任意身份的公钥。

在游戏开始的时候，Γ 得到 $(\omega, \xi) \leftarrow \mathrm{Setup}(1^n)$，输出系统全局参数 ξ 给 A_1，保留主控密钥 ω。在阶段 1，A_1 向 C 发出多项式有界次的适应性询问。

请求公钥：A_1 询问 ID_i 的公钥，Γ 输出 ID_i 的公钥 $Y_i \leftarrow \mathrm{KeyGen}(\xi, \mathrm{ID}_i)$ 给 A_1。

私钥询问：A_1 询问 ID_i 的私钥，如果 ID_i 的公钥从未替换过，Γ 输出 ID_i 的私钥 $x_i \leftarrow \mathrm{KeyGen}(\xi, \mathrm{ID}_i)$ 给 A_1。

部分私钥询问：A_1 询问 ID_i 的部分私钥，Γ 输出 ID_i 的部分私钥 $d_i \leftarrow \mathrm{Extract}(\xi, \mathrm{ID}_i)$ 给 A_1。

公钥替换：A_1 有能力替换任意身份 ID_i 的公钥。

盲签密询问：A_1 询问针对信息 $(\mathrm{ID}_A, \mathrm{ID}_B, m)$ 的盲签密密文。$\varGamma$ 输出密文 $\sigma \leftarrow$ $\mathrm{BSigncrypt}(\xi, m, Y_A, x_A, d_A, Y_B)$ 给 A_1。

解签密询问：A_1 询问针对信息 $(\mathrm{ID}_A, \mathrm{ID}_B, \sigma \leftarrow (\varphi, c, s))$ 的一个解签密结果。$\varGamma$ 输出 m 或 $\perp \leftarrow \mathrm{Unsigncrypt}(\xi, \sigma, Y_A, x_B, d_B, Y_B)$ 给 A_1。

在挑战阶段，A_1 向 C 询问等长消息 (m_0, m_1) 和挑战身份 $(\mathrm{ID}_A^*, \mathrm{ID}_B^*)$ 的密文。询问中，A_1 不能提取 ID_B^* 的秘密值和部分私钥，A_1 不能替换 ID_B^* 的公钥。$\varGamma$ 选取一个随机数 $t \in \{0,1\}$，输出针对消息 m_t 的挑战密文 $\sigma^* \leftarrow \mathrm{BSigncrypt}(\xi, m_t, Y_A^*, x_A^*, d_A^*, Y_B^*)$ 给 A_1。

在阶段 2，A_1 继续向 C 发出像阶段 1 一样的多项式有界次适应性询问。挑战询问前，A_1 不能提取 ID_B^* 的部分私钥和秘密值，A_1 也不能替换 ID_B^* 的公钥。挑战询问后，A_1 不能提交 $\sigma^* \leftarrow (\varphi^*, c^*, s^*)$ 给解签密谕言机。

最后，外部敌手 A_1 输出 t 的一个猜测 t'。如果 $t' = t$，A_1 赢得 Game1。A_1 在 Game1 中取得成功的优势定义为

$$\mathrm{Adv}^{\mathrm{Game1}}(A_1, n) = \left| \Pr[t' = t] - \frac{1}{2} \right|$$

现在叙述内部敌手 A_2 和挑战者 $\varGamma$ 之间的交互游戏 Game2，其中，A_2 知道系统主密钥不能更换任意身份的公钥。

在游戏开始的时候，$\varGamma$ 输出 $(\omega, \xi) \leftarrow \mathrm{Setup}(1^n)$ 给 A_2。在阶段 1，A_2 向 C 发出多项式有界次适应性询问。

请求公钥：A_2 询问 ID_i 的公钥，$\varGamma$ 输出 ID_i 的公钥 $Y_i \leftarrow \mathrm{KeyGen}(\xi, \mathrm{ID}_i)$ 给 A_2。

私钥询问：A_2 询问 ID_i 的私钥，$\varGamma$ 输出 ID_i 的私钥 $x_i \leftarrow \mathrm{KeyGen}(\xi, \mathrm{ID}_i)$ 给 A_2。

部分私钥询问：A_2 询问 ID_i 的部分私钥，$\varGamma$ 输出 ID_i 的部分私钥 $d_i \leftarrow \mathrm{Extract}(\xi, \mathrm{ID}_i)$ 给 A_2。

盲签密询问：A_2 询问 $(\mathrm{ID}_A, \mathrm{ID}_B, m)$ 的密文，$\varGamma$ 输出密文 $\sigma \leftarrow \mathrm{BSigncrypt}(\xi, m, Y_A, x_A, d_A, Y_B)$ 给 A_2。

解签密询问：A_2 发出针对 $(\mathrm{ID}_A, \mathrm{ID}_B, \sigma \leftarrow (\varphi, c, s))$ 的解签密询问，$\varGamma$ 输出 m 或 $\perp \leftarrow \mathrm{Unsigncrypt}(\xi, \sigma, Y_A, x_B, d_B, Y_B)$ 给 A_2。

在挑战阶段，A_2 向 C 询问等长消息 (m_0, m_1) 和挑战身份 $(\mathrm{ID}_A^*, \mathrm{ID}_B^*)$ 的密文。询问中，A_2 不能提取 ID_B^* 的秘密值。$\varGamma$ 任意选取 $t \in \{0,1\}$，输出针对消息 m_t 的挑战密文 $\sigma^* \leftarrow \mathrm{BSigncrypt}(\xi, m_t, Y_A^*, x_A^*, d_A^*, Y_B^*)$ 给 A_2。

在阶段 2，A_2 继续向 C 发出跟阶段 1 相同的多项式有界次适应性询问。挑战询问前，A_2 不能提取 ID_B^* 的秘密值。挑战询问后，A_2 不能针对挑战密文 $\sigma^* \leftarrow (\varphi^*, c^*, s^*)$ 询问解签密谕言机。

最后，内部敌手 A_2 输出 t 的一个猜测 t'。如果 $t' = t$，A_2 赢得 Game2。A_2 在 Game2 中取得成功的优势定义为

$$\mathrm{Adv}^{\mathrm{Game2}}(A_1, n) = \left| \Pr[t' = t] - \frac{1}{2} \right|$$

定义 5-1（保密性）　如果没有任何概率多项式时间敌手 $A_1(A_2)$ 赢得游戏 Game1（Game2），说明乘法群上的无证书盲签密 MCG-CLBSC 具有适应性选择密文攻击下的不可区分性（IND-CCA2）。

2. 不可伪造性

MCG-CLBSC 的不可伪造性依赖于 UF-CMA-Ⅰ和 UF-CMA-Ⅱ安全模型中的实验游戏：Game3，Game4。

外部敌手 A_1 和挑战者 C 之间的游戏 Game3 开始时，$\varGamma$ 得到 $(\omega, \xi) \leftarrow \mathrm{Setup}(1^n)$，输出系统全局参数 ξ 给 A_1，保留主控密钥 ω。然后，A_1 向 $\varGamma$ 发出跟 Game1 阶段 1 完全相同的适应性询问。

在训练结束时，外部敌手 A_1 输出针对身份 $(\mathrm{ID}_A^*, \mathrm{ID}_B^*)$ 的伪造密文 $\sigma^* \leftarrow (\varphi^*, c^*, s^*)$ 给挑战者 $\varGamma$。限制条件：A_1 不能询问 ID_A^* 的秘密值和部分私钥，$\sigma^* \leftarrow (\varphi^*, c^*, s^*)$ 不应该是任何盲签密谕言机的应答。

如果解签密获得成功，则说明外部对手 A_1 赢得 Game3。A_1 的获胜优势定义为赢得 Game3 的概率。

内部敌手 A_2 和挑战者 C 之间的游戏 Game4 开始时，$\varGamma$ 输出 $(\omega, \xi) \leftarrow \mathrm{Setup}(1^n)$ 给 A_2。然后，A_2 向 C 提交跟 Game2 阶段 1 完全相同的适应性询问。

在训练结束时，内部敌手 A_2 输出针对身份 $\{\mathrm{ID}_A^*, \mathrm{ID}_B^*\}$ 的伪造密文 $\sigma^* \leftarrow (\varphi^*, c^*, s^*)$ 给挑战者 $\varGamma$。限制条件：A_2 不能询问 ID_A^* 的秘密值，$\sigma^* \leftarrow (\varphi^*, c^*, s^*)$ 不应该是任何盲签密谕言机的应答。

如果解签密取得成功，则说明内部敌手 A_2 赢得 Game4。A_2 的获胜优势定义为赢得 Game4 的概率。

定义 5-2（不可伪造性）　如果没有任何概率多项式时间敌手 $A_1(A_2)$ 赢得游戏 Game3（Game4），说明乘法群上无证书盲签密 MCG-CLBSC 具有适应性选择消息攻击下的不可伪造性（UF-CMA）。

5.3　MCG-CLBSC 方案实例

1. 系统初始化算法

给定一个安全参数 1^n，KGC 选取一个 n 比特的大素数 p，循环乘法群 G_1, G_2 的

阶都是 p，g 是循环群 G_1 的一个生成元，$e : G_1 \times G_1 \to G_2$ 是一个双线性映射。KGC 选取三个密码学安全的哈希函数：

$$H_1 : \{0,1\}^* \times G_1 \to G_1, \quad H_2 : \{0,1\}^l \times G_1 \to Z_p^*$$

$$H_3 : G_2 \times G_1 \to \{0,1\}^l$$

哈希函数中 l 表示任意身份的长度，KGC 从 Z_p^* 中随机选取系统主密钥 ω，计算系统的公钥 $Y_{\mathrm{pub}} = g^w \in G_1$。最后，KGC 保密系统主密钥 ω，发布系统的全局参数：

$$\xi = \{p, G_1, G_2, g, Y_{\mathrm{pub}}, l, H_1, H_2, H_3\}$$

2. 密钥提取算法

用户 $\mathrm{ID}_i (i \in \{A,B\})$ 随机选取一个秘密值 $x_i \in Z_p^*$ 作为自己的私钥，然后计算自己的公钥 $Y_i = g^{x_i} \in G_1$。

根据 5.2.1 节的算法定义可知，ID_A 表示盲签密者的身份，ID_B 表示接收者的身份；(Y_A, x_A) 表示盲签密者 ID_A 的公私钥对，(Y_B, x_B) 表示接收者 ID_B 的公私钥对。

3. 密钥生成算法

给定 $(\xi, \omega, \mathrm{ID}_i)$，KGC 计算 $\phi_i = H_1(\mathrm{ID}_i, Y_i)$，$d_i = \phi_i^\omega$。然后，KGC 输出部分私钥 d_i 给用户 ID_i。用户 ID_i 能通过等式 $e(g, d_i) = e(Y_{\mathrm{pub}}, \phi_i \leftarrow H_1(\mathrm{ID}_i, Y_i))$ 验证部分私钥 d_i 的合法性。

根据 5.2.1 节的算法定义可知，$\mathrm{ID}_i \in \{\mathrm{ID}_A, \mathrm{ID}_B\}, i \in \{A,B\}$，$d_i$ 表示用户 ID_i ($i \in \{A, B\}$，$\mathrm{ID}_i \in \{\mathrm{ID}_A, \mathrm{ID}_B\}$) 的部分私钥，$d_A$ 表示盲签密者 ID_A 的部分私钥，d_B 表示接收者 ID_B 的部分私钥。

4. 盲签密算法

(1) 盲签密者 ID_A 选取随机数 $k \in Z_p^*$，计算 $R = g^k$，发送 R 给消息拥有者 M。

(2) 消息拥有者 M 任意选取 $v \in Z_p^*$，计算 $\varphi = R^v$，$h = H_2(m, \varphi)$，$\mu = vh$，发送 μ 给盲签密者 ID_A。

(3) 盲签密者 ID_A 计算 $\beta = e(Y_B Y_{\mathrm{pub}}, \phi_B)^k$，$\alpha = (d_A \phi_A^{x_A})^\mu$，发送 (β, α) 给消息拥有者 M。

(4) 消息拥有者 M 计算 $\rho = \beta^v$，$c = H_3(\rho, \varphi) \oplus m$，$s = \alpha^{v^{-1}}$，然后输出一个密文 $\sigma \leftarrow (\varphi, c, s)$ 给接收者 ID_B。

5. 解签密算法

接收者 ID_B 根据得到的密文 $\sigma \leftarrow (\varphi, c, s)$，计算 $\rho = e(\varphi, d_B \phi_B^{x_B})$，$m = H_3(\rho, \varphi) \oplus c$，$h = H_2(m, \varphi)$。如果

$$e(\varphi, s) = e(Y_{\text{pub}} Y_A, \phi_A^h)$$

接收者 ID_B 接受密文；否则，拒受密文。

乘法群上的无证书盲签密 MCG-CLBSC 的正确性验证过程如下。

$$\begin{aligned}
\rho &= \beta^v \\
&= e(\varphi, d_B \phi_B^{x_B})^{kv} \\
&= e(g, d_B \phi_B^{x_B})^{kv} \\
&= e(\varphi, d_B \phi_B^{x_B})
\end{aligned}$$

$$\begin{aligned}
e(g, s) &= e(g, \alpha^{v^{-1}}) \\
&= e(g, (d_A \phi_A^{x_A})^{\mu})^{v^{-1}} \\
&= e(Y_{\text{pub}} Y_A, \phi_A^h)
\end{aligned}$$

5.4　安全性证明

5.4.1　MCG-CLBSC 的保密性

定理 5-1　假如外部敌手 A_1 能以概率 ε 攻破 MCG-CLBSC 的 IND-CCA2- I 安全性，那么就存在一个挑战算法 Γ 能以 $\varepsilon'(\varepsilon' \geqslant \varepsilon / \text{el}_2(l_p + l_s + l_r))$ 的优势解决 DBDH 问题，其中，e 表示自然对数的底，l_2 表示针对 H_2 哈希谕言机的询问次数，l_s 表示针对私钥的询问次数，l_p 表示针对部分私钥的询问次数，l_r 表示替换公钥的次数。

证明　Γ 收到 DBDH 问题的一个随机实例 $(g, g^a, g^b, g^c, \delta \in G_2)$，其目的在于计算 $\delta = e(g, g)^{abc} \in G_2$，$a, b, c \in Z_p^*$ 对于挑战者 Γ 是未知的。A_1 在交互游戏 Game1（请见定义 5-1）中扮演 Γ 的一个子程序。Γ 任意选取一个整数 $\tau \in \{1, 2, \cdots, l_1\}$，确定目标身份 ID_τ，ID_τ 对于 A_1 而言是未知的，l_1 表示针对 H_1 哈希谕言机的询问次数，γ 表示 $\text{ID}_i = \text{ID}_\tau$ 的概率。刚开始为空的列表 (list1, list2, list3, list4) 记录各种随机谕言机的询问–应答值。

游戏开始时，Γ 调用初始化算法得到系统参数 $\xi(Y_{\text{pub}} = g^a \in G_1)$，输出 ξ 给 A_1。在阶段 1，A_1 向 C 提交一系列多项式有界次适应性询问。

公钥询问：A_1 询问 ID_i 的公钥 Y_i。如果列表 list4 中存在 ID_i 的公钥，Γ 返回 Y_i 给 A_1；否则，Γ 选取任意的 $x_i \in Z_p^*$，输出公钥 $Y_i \leftarrow g^{x_i} \in G_1$ 给 A_1，记录 $(\text{ID}_i, Y_i, x_i, -)$ 到 list4 中。

H_1 询问：A_1 针对任意选取的身份 ID_i 发出 H_1 询问。Γ 检查列表 list1 中是否有

匹配元组 $(\text{ID}_i, Y_i, \phi_i, \lambda)$。如果有，$\Gamma$ 输出 ϕ_i 给 A_1。否则，Γ 反应如下：如果 $\text{ID}_i = \text{ID}_\tau$，$\Gamma$ 输出 $\phi_i \leftarrow g^b$ 给 A_1，记录 $(\text{ID}_i, Y_i, \phi_i \leftarrow g^b, -)$ 到 list1 中；否则，Γ 选取任意的 $\lambda \in Z_p^*$，输出 $\phi_i \leftarrow g^\lambda$ 给 A_1，记录 $(\text{ID}_i, Y_i, \phi_i \leftarrow g^\lambda, \lambda)$ 到 list1 中。

H_2 询问：A_1 发出 H_2 询问。Γ 检查列表 list2 中是否有匹配的元组 (m, φ, h)。如果有，输出 h 给 A_1；否则，Γ 输出随机选取的 $h \in \{0,1\}^l$ 给 A_1，然后记录 (m, φ, h) 到 list2 中。

H_3 询问：A_1 发出 H_3 询问。Γ 检查列表 list3 中是否存在匹配的元组 (K, φ, ρ)。如果有，Γ 输出 H 给 A_1；否则，Γ 输出任意选取的 $K \in \{0,1\}^l$ 给 A_1，记录 (K, φ, ρ) 到 list3 中。

部分私钥询问：A_1 询问 ID_i 的部分私钥 d_i。如果 $\text{ID}_i = \text{ID}_\tau$，$\Gamma$ 终止游戏；否则，Γ 调用 H_1 谕言机获取 ϕ_i，输出 $d_i \leftarrow Y_{\text{pub}}^\lambda$ 给 A_1，用 (I_i, Y_i, x_i, d_i) 元组更新 list4 中的 $(I_i, Y_i, x_i, -)$。外部对手 A_1 通过等式 $e(g, d_i) = e(Y_{\text{pub}}, \phi_i)$ 验证部分私钥 d_i 的有效性。

私钥询问：A_1 询问 ID_i 的私钥 x_i。如果 $\text{ID}_i = \text{ID}_\tau$，$\Gamma$ 终止游戏；否则，Γ 输出来自 list4 的私钥 x_i。

替换公钥：A_1 试图替换 ID_i 的公钥 Y_i。如果 $\text{ID}_i = \text{ID}_\tau$，$\Gamma$ 终止游戏；否则，Γ 用 (I_i, Y_i, x_i, d_i) 替换 list4 中的 $(I_i, Y_i', -, d_i)$。

盲签密询问：A_1 询问针对 $(m, \text{ID}_A, \text{ID}_B)$ 的密文。如果 $\text{ID}_A = \text{ID}_\tau$，$\Gamma$ 输出运行盲签密算法得到的密文 $\sigma \leftarrow (\varphi, c, s)$ 给 A_1；否则，Γ 任意选取 $k, v \in Z_p^*$，设置：

$$R = g^k \in G_1, \quad \rho = R^v \in G_1$$

$$h = H_2(m, \varphi), \quad \mu = vh$$

记录 (m, φ, h) 到列表 list2 中。Γ 继续计算：

$$\beta = e(R, d_B \phi_B^{x_B}), \quad \alpha = (\phi_A \phi_A^{x_A})^\mu$$

$$\rho = \beta^v, \quad c = H_3(\rho, \varphi) \oplus m$$

记录 (ρ, φ, K) 到列表 list3 中。最后，Γ 计算 $s = Y_{\text{pub}} g^{-1} \alpha^{v^{-1}}$，输出 $\sigma \leftarrow (\varphi, c, s)$ 给 A_1。

外部敌手 A_1 针对密文 $\sigma \leftarrow (\varphi, c, s)$ 有效性的验证过程如下。

$$
\begin{aligned}
e(Y_{\text{pub}} Y_A, \phi_A^h) &= e(Y_{\text{pub}}, \phi_A^h) e(Y_A, \phi_A^h) \\
&= e(g, Y_{\text{pub}} g^{-1} \phi_A^{\mu v^{-1}}) e(g, \phi_A^{x_A \mu v^{-1}}) \\
&= e(g, Y_{\text{pub}} g^{-1} (\phi_A \phi_A^{x_A})^{\mu v^{-1}}) \\
&= e(g, Y_{\text{pub}} g^{-1} \alpha^{v^{-1}}) \\
&= e(g, s)
\end{aligned}
$$

解签密询问：A_1 询问针对 $(\sigma \leftarrow (\varphi, c, s), \text{ID}_A, \text{ID}_B)$ 的解签密结果。如果 $\text{ID}_B =$

ID_τ，Γ输出正常运行解签密算法得到的结果给 A_1。否则，Γ 在 list2 中搜索针对 δ 不同值的元组 (K, φ, ρ) 使得询问 $(\varphi, Y_{pub}, \phi_B, \delta)$ 时谕言机 $\mathcal{O}_{DBDH}$ 输出 1。如果发生这种情况，Γ 通过外部对手 A_1 或列表 list4 得到 x_B，计算：

$$\rho = e(\varphi, \phi_B^{x_B}) \cdot \delta, \quad \phi_B \in list1$$

Γ 继续计算 $m = K \leftarrow H_3(\rho, \varphi) \oplus c$，$h = H_2(m, \varphi)$。如果 $(\varphi, s) = e(Y_{pub} Y_A, \phi_A^h)$，$\Gamma$ 输出明文 m 给 A_1；否则，Γ 输出符号 $\perp$ 给 A_1。

在挑战阶段，A_1 向 C 发出针对消息 $(m_0, m_1) \in \{0,1\}^l$ 和挑战身份 (ID_A^*, ID_B^*) 的询问。挑战前，A_1 不能提取 ID_B^* 的部分私钥和秘密值。如果 $ID_B^* \neq ID_\tau$，Γ 终止询问；否则，Γ 选取任意的 $\delta \in G_2, v^* \in Z_p^*, t \in \{0,1\}$，接着计算：

$$R^* = g^{cv^{*-1}}, \quad \varphi^* = (R^*)^{v^*}$$

$$h^* = H_2(m_t, \varphi^*), \quad \mu^* = v^* h^*$$

记录元组 (m_t, φ^*, h^*) 到列表 list2 中。Γ 继续计算：

$$\rho^* = e(\varphi^*, \phi_B^*)^{x_B^*} \cdot \delta, \quad \alpha^* = (d_A^* \phi_A^{*x_A})^{\mu^*}$$

$$K_t = H_3(\rho^*, \varphi^*), \quad c^* = m_t \oplus K_t, \quad s^* = (\alpha^*)^{v^{*-1}}$$

记录 (ρ^*, φ^*, K_t) 到列表 list3 中，输出挑战密文 $\sigma^* \leftarrow (\varphi^*, c^*, s^*)$ 给 A_1。

在阶段 2，A_1 再次向 C 发出像阶段 1 那样的适应性询问，Γ 用相同的方式做出回答。在阶段 2 的询问中，A_1 不能提取询问 ID_B^* 的部分私钥和秘密值，A_1 不能提交挑战密文 $\sigma^* \leftarrow (\varphi^*, c^*, s^*)$ 给解签密谕言机。

如果 A_1 能破坏 MCG-CLBSC 的 IND-CCA2- I 安全性，A_1 应该用 $(\varphi^*, Y_{pub}^*, \phi_B^*, \delta)$ 作为输入询问 H_3 谕言机。如果 A_1 已向 H_3 谕言机询问过 l_3 次，list3 中必然存储 l_3 个元组，list3 中的 l_3 个元组中的其中一个 δ 应该是 DBDH 问题实例的解答。C 输出随机均匀选取的 $\delta \in G_2$ 作为 DBDH 问题实例的解答：

$$\delta = e(\varphi^*, d_B^*)^\omega = e(g, g)^{abc}$$

概率评估：在阶段 1 或阶段 2 挑战者不终止游戏的概率为 $\gamma^{l_p + l_s + l_r}$；挑战阶段不终止游戏的概率是 $(1-\gamma)$，则挑战者不终止游戏的概率为 $\gamma^{l_p + l_s + l_r}(1-\gamma)$，该式在 $\gamma = 1 - 1/(1 + l_p + l_s + l_r)$ 达到最大值，可得挑战者不终止游戏的概率至少为 $1/(e(l_p + l_s + l_r))$。挑战者均匀选取 K 的概率为 $1/l_2$。因而，挑战者解决 DBDH 问题时的概率 ε' 至少为 $\varepsilon / e(l_2(l_p + l_s + l_r))$。

定理 5-2　假如内部敌手 A_2 能以概率 ε 攻破 MCG-CLBSC 的 IND-CCA2- II 安全性，那么就存在一个算法 Γ 能以 $\varepsilon'(\varepsilon' \geq \varepsilon / el_2 l_s)$ 的优势解决 DBDH 问题，其中，

e 表示自然对数的底，l_2 表示针对 H_2 哈希谕言机的询问次数，l_s 表示针对私钥的询问次数。

证明　Γ 收到 DBDH 问题的一个随机实例 $(g, g_a, g_b, g_c, \delta \in G_2)$，其目的是计算 $\delta = e(g,g)^{abc} \in G_2$ 的值，a,b,c 对于 Γ 是未知的。A_2 在交互式游戏 Game2（请见定义 5-1）中作为 Γ 的一个子程序。Γ 确定目标身份 ID_τ，$\tau \in \{1, 2, \cdots, l_1\}$ 且 ID_τ 对于 A_1 而言是未知的，l_1 表示针对 H_1 哈希预言机的询问次数，γ 表示 $\mathrm{ID}_i = \mathrm{ID}_\tau$ 的概率。起初为空的列表 (list1, list2, list3, list4) 记录各种随机谕言机的询问-应答值。

游戏开始时，Γ 调用设置算法得到系统参数 $\xi(Y_{\mathrm{pub}} = g^\omega \in G_1)$，输出 (ξ, ω) 给 A_2。在阶段 1，A_2 向 C 发出多项式有界次的适应性询问，因为哈希谕言机询问跟定理 5-1 的阶段 1 完全相同，故略去。其余谕言机询问如下所述。

公钥询问：A_2 询问 ID_i 的公钥 Y_i。如果 $\mathrm{ID}_i = \mathrm{ID}_\tau$，$\Gamma$ 选取任意的 $x_i \in Z_p^*$，输出 ID_i 的公钥 $Y_i \leftarrow g^{x_i} \in G_1$ 给 A_1，记录 $(\mathrm{ID}_i, Y_i, x_i, -)$ 到 list4 中；否则，Γ 输出公钥 $Y_i \leftarrow g^a \in G_1$ 给 A_2，记录 $(\mathrm{ID}_i, Y_i, -, -)$ 到 list4 中。

部分私钥询问：A_2 询问 ID_i 的部分私钥 d_i。Γ 调用 H_1 谕言机获取 ϕ_i，输出 $d_i \leftarrow \phi_i^\omega$ 给 A_2，使用 $(\mathrm{ID}_i, Y_i, x_i, d_i)$ 或 $(\mathrm{ID}_i, Y_i, -, d_i)$ 更新 list4 中的 $(\mathrm{ID}_i, Y_i, x_i, -)$ 或 $(\mathrm{ID}_i, Y_i, -, -)$。内部敌手 A_2 通过 $e(g, d_i) = e(Y_{\mathrm{pub}}, \phi_i)$ 验证部分私钥 d_i 的有效性。

私钥询问：A_2 询问 ID_i 的私钥 x_i。如果 $\mathrm{ID}_i = \mathrm{ID}_\tau$，$\Gamma$ 终止游戏；否则，Γ 输出来自 list4 的私钥 x_i 给 A_2。

盲签密询问：A_2 询问针对 $(m, \mathrm{ID}_A, \mathrm{ID}_B)$ 的密文。如果 $\mathrm{ID}_A = \mathrm{ID}_\tau$，$\Gamma$ 输出运行盲签密算法得到的密文 $\sigma \leftarrow (\varphi, c, s)$ 给 A_1；否则，Γ 选取 $k, v \in_R Z_p^*$，

$$R = g^k, \quad \varphi = R^v, \quad h = H_2(m, \varphi), \quad \mu = vh$$

记录 $(m, \varphi, h \leftarrow H_2(m, \varphi))$ 到列表 list2 中。Γ 继续计算：

$$\beta = e(R, d_B \phi_B^{x_B}), \quad \alpha = (\phi_A^\omega \phi_A)^\mu$$

$$\rho = \beta^v, \quad c = K \oplus m, \quad s = Y_A g^{-1} \alpha^{v^{-1}}$$

记录 (ρ, φ, K) 到列表 list3 中，输出 $\sigma \leftarrow (\varphi, c, s)$ 给 A_2。

内部敌手 A_2 针对密文 $\sigma \leftarrow (\varphi, c, s)$ 有效性的验证过程如下。

$$
\begin{aligned}
e(Y_{\mathrm{pub}} Y_A, \phi_A^h) &= e(Y_{\mathrm{pub}}, \phi_A^h) e(Y_A, \phi_A^h) \\
&= e(g, \phi_A^{\omega \mu v^{-1}}) e(g, Y_A g^{-1} \phi_A^{\mu v^{-1}}) \\
&= e(g, Y_A g^{-1} (\phi_A \phi_A^\omega)^{\mu v^{-1}}) \\
&= e(g, Y_A g^{-1} \alpha^{v^{-1}}) \\
&= e(g, s)
\end{aligned}
$$

解签密询问：A_2 询问针对 $(\sigma, \mathrm{ID}_A, \mathrm{ID}_B)$ 的解签密结果。如果 $\mathrm{ID}_B = \mathrm{ID}_\tau$，$\Gamma$ 输出正常运行解签密算法得到的结果给 A_2。否则，Γ 在 list2 中搜索针对 δ 不同值的元组 (K, φ, ρ)，使得询问 $(\varphi, Y_B, \phi_B, \delta)$ 时谕言机 $\mathcal{O}_{\mathrm{DBDH}}$ 输出 1。如果发生这种情况，Γ 计算：

$$\rho = e(\varphi, \phi_B)^\omega \cdot \delta \quad (\phi_B \in \text{list1})$$

$$m = K \oplus c, \quad h = H_2(m, \varphi)$$

如果 $e(\varphi, s) = e(Y_{\mathrm{pub}} Y_A, \phi_A^h)$，$\Gamma$ 输出明文 m 给 A_2；否则，输出符号 $\perp$ 给 A_2。

在挑战阶段，A_2 输出选取的消息 $(m_0, m_1) \in \{0,1\}^l$ 和挑战身份 $(\mathrm{ID}_A^*, \mathrm{ID}_B^*)$ 给 Γ。在阶段 1 的询问中，A_2 不能询问 ID_B^* 的秘密值。如果 $\mathrm{ID}_B^* \neq \mathrm{ID}_\tau$，$\Gamma$ 终止询问；否则，Γ 选取任意的 $\delta^* \in G_2, v^* \in Z_p^*, t \in \{0,1\}$，计算：

$$R^* = g^{cv^{*-1}}, \quad \varphi^* = (R^*)^{v^*}$$

$$h^* = H_2(m_t, \varphi^*), \quad \mu^* = v^* h^*$$

记录 (m_t, φ^*, h^*) 到列表 list2 中。Γ 接着计算：

$$\rho^* = e(\varphi^*, \phi_B^*)^\omega \cdot \delta, \quad \alpha^* = (d_A^* \phi_A^{*x_A'})^{\mu^*}$$

$$K_t = H_3(\rho^*, \varphi^*), \quad c^* = K_t \oplus m_t, \quad s^* = (\alpha^*)^{v^{*-1}}$$

记录 (ρ^*, φ^*, K_t) 到列表 list2 和 list3 中，输出挑战密文 $\sigma^* \leftarrow (\varphi^*, c^*, s^*)$ 给 A_2。

在阶段 2，A_2 再次向 C 发出像阶段 1 那样的适应性询问。询问中，A_2 不能提取 ID_B^* 的秘密值，A_2 也不能提交 $\sigma^* \leftarrow (\varphi^*, c^*, s^*)$ 给解签密谕言机。

如果 A_2 能破坏 MCG-CLBSC 的 IND-CCA2-Ⅱ 安全性，A_2 应该用 $(\varphi^*, Y_B^*, \phi_B^*, \delta^*)$ 作为输入询问 H_3 谕言机。如果 A_2 向 H_3 谕言机询问过 l_3 次，在 list3 中必存有 l_3 个元组，l_3 个元组中的其中一个 δ 应该是 DBDH 问题实例的解答。C 随机均匀选取 $\delta \in G_2$，然后输出之作为 DBDH 问题实例的解答：

$$\delta = e(\varphi^*, \phi_B^*)^{x_B^r} = e(g, g)^{abc}$$

概率评估：在阶段 1 或阶段 2 挑战者不终止游戏的概率为 γ^{l_r}；挑战时不终止游戏的概率为 $1 - \gamma$，则挑战者不终止游戏的概率为 $\gamma^{l_r}(1 - \gamma)$，该式在 $\gamma = 1 - 1/(1 + l_s)$ 达到最大值，则挑战者不终止游戏的概率至少为 $1/\mathrm{e}l_s$ [1]。挑战者均匀选取 K 的概率为 $1/l_2$。因而，挑战者解决 DBDH 问题时的概率至少为 $\varepsilon / \mathrm{e}l_2 l_s$。

5.4.2　MCG-CLBSC 的不可伪造性

定理 5-3　假如外部敌手 A_1 能以概率 ε 攻破 MCG-CLBSC 的 UF-CMA-Ⅰ 安全性，则存在一个算法 Γ 能以概率 $\varepsilon'(\varepsilon' \geq \varepsilon / \mathrm{e}(l_p + l_s + l_r))$ 解决 CDH 问题。

证明　假如Γ收到 CDH 问题的一个随机实例$(g, g^a, g^b) \in G_1$。Γ尝试利用外部对手A_1的能力计算出$g^{ab} \in G_1$，a, b对Γ是未知的。A_1在 Game3（请见定义 5-2）中扮演挑战者Γ的子程序。

在游戏开始时，Γ调用初始化算法得到系统的全局参数$\xi(Y_{\mathrm{pub}} = g^a \in G_1)$，然后输出$\xi$给$A_1$。接下来，$A_1$向$\Gamma$发出多项式有界次适应性询问。各种谕言机询问跟定理 5-1 的阶段 1 完全相同，这里不再赘述。

在询问结束时，外部伪造者A_1输出一个伪造密文$(\mathrm{ID}_A^*, \mathrm{ID}_B^*, \sigma^* \leftarrow (\varphi^*, c^*, s^*))$给挑战者$\Gamma$，$\mathrm{ID}_A^*$表示盲签密者身份，$\mathrm{ID}_B^*$表示接收者身份。询问中，$A_1$不能提取$\mathrm{ID}_A^*$的完整私钥，$\sigma^* \leftarrow (\varphi^*, c^*, s^*)$不应该是任何盲签密谕言机的应答。如果$\mathrm{ID}_A^* \neq \mathrm{ID}_\tau$，$\Gamma$终止游戏。否则，$\Gamma$通过调用相关的随机谕言机，输出 CDH 问题实例的解答：

$$g^{ab} = \frac{(s^*)^{-h^*}}{(\phi_A^*)^{x_A^*}} \in G_1$$

如果挑战者Γ在 Game3 中不失败，则说明下列等式肯定成立：

$$\begin{aligned}
e(g, s^*) &= e(g, (\alpha^*)^{v^{*-1}}) \\
&= e(g, (d_A^* \phi_A^{*x_A^*})^{\mu^*})^{v^{*-1}} \\
&= e(g, g^{ab} \phi_A^{*x_A^*})^{h^*}
\end{aligned}$$

概率评估：依据定理 5-1 的概率分析方法，挑战者Γ不终止游戏的概率至少为$1/\mathrm{e}(l_p + l_s + l_r)$，所以挑战者解决 CDH 问题时的概率至少为$\varepsilon/\mathrm{e}(l_p + l_s + l_r)$。

定理 5-4　假如内部敌手A_2能以概率ε攻破 MCG-CLBSC 的 UF-CMA-II 安全性，则必然存在一个算法Γ能以ε'的概率$(\varepsilon' \geqslant \varepsilon / \mathrm{e}l_s)$解决 CDH 问题。

证明　Γ收到 CDH 问题的一个随机实例$(g, g^a, g^b) \in G_1$，目的在于计算$g^{ab} \in G_1$，a, b对于Γ是未知的。A_2在 Game4（请见定义 5-2）中扮演挑战者Γ的子程序。

在游戏开始时，Γ调用设置算法得到系统参数$\xi(Y_{\mathrm{pub}} = g^\omega \in G_1)$，然后输出$(\omega, \xi)$给$A_2$。接下来，$A_2$向$\Gamma$发出多项式有界次适应性询问。各种谕言机询问跟定理 5-2 的阶段 1 完全相同，这里不再赘述。

在询问结束时，内部伪造者A_2输出一个伪造密文$(\mathrm{ID}_A^*, \mathrm{ID}_B^*, \sigma^* \leftarrow (\varphi^*, c^*, s^*))$给挑战者$\Gamma$，$\mathrm{ID}_A^*$表示盲签密者身份，$\mathrm{ID}_B^*$表示接收者身份。询问中，$A_2$不能提取$\mathrm{ID}_A^*$的秘密值，$\sigma^* \leftarrow (\varphi^*, c^*, s^*)$不是任何解签密谕言机的应答。如果$\mathrm{ID}_A^* \neq \mathrm{ID}_\tau$，$\Gamma$终止游戏。否则，$\Gamma$通过调用相应的随机谕言机，输出 CDH 问题实例的解答：

$$g^{ab} = \frac{(s^*)^{-h^*}}{(\phi_A^*)^\omega} \in G_1$$

如果挑战者Γ在 Game4 中不失败，说明下面的等式肯定成立：

$$e(g,s^*) = e(g,(\alpha^*)^{v^{*-1}})$$
$$= e(g,(d_A^*\phi_A^{*x_A^*})^{\mu^*})^{v^{*-1}})$$
$$= e(g,g^{ab}\phi_A^{*\omega^*})^{h^*}$$

概率评估：依据定理 5-2 的概率评估方法，挑战者不终止游戏的概率至少为 $1/el_s$，所以挑战者 Γ 解决 CDH 问题时的概率至少为 ε/el_s。

5.5　性能评价

本节依据时间复杂度对 MCG-CLBSC 和文献[17,21]中的密码算法进行计算性能比较。表 5-1 描述了时间复杂度的符号含义和通过实验得到的各种密码操作运行一次所花费的计算开销。计算密码操作时间的实际运行环境为谷歌 Android 4.4.2 操作系统，三星 Galaxy S5 四核 2.45G 处理器，2G 内存。

表 5-1　计算复杂度符号和以毫秒计的每种密码操作时间

每种密码操作的时间复杂度	操作时间/ms
运行一次双线性对操作的时间复杂度：T_p	23.6
运行一次标量乘操作的时间复杂度：T_m	0.06
运行一次指数操作的时间复杂度：T_e	2.66

表 5-2 描述了采用表 5-1 的每种时间复杂度计算出密码算法的总计算时间，其中，T_e 表示指数操作，T_p 表示双线性对操作，T_m 表示标量乘法操作，"√"表示满足相关的安全属性。从表 5-2 可看出，MCG-CLBSC 的整体计算时间是 121ms，文献[17,21]的整体计算时间分别是 155.26ms、202.52ms。总体而言，MCG-CLBSC 的计算效率较高。

表 5-2　几个密码算法的计算总时间和安全性的比较

密码算法	总计算时间	总计算时间/ms	安全性	
			保密性	不可伪造性
文献[17]的密码算法	$6T_p+6T_m+5T_e$	155.26ms	√	√
文献[21]的密码算法	$8T_p+7T_m+5T_e$	202.52ms	√	√
MCG-CLBSC	$4T_p+10T_e$	121ms	√	√

5.6　本章小结

盲签密可隐藏敏感数据内容和保护信息隐私，在电子选举、电子拍卖、电子遗嘱、电子现金等领域有着非常广泛的应用价值。无证书公钥密码体制下如何在保证签名盲性的同时提高安全性和运行速度是需要解决的问题。在这种情况下，本章提出乘法群上的无证书盲签密。在 DBDH 和 CDH 问题的困难假设下 MCG-CLBSC 可保证机密性和不可伪造性。MCG-CLBSC 在计算复杂度方面有相对好的优势，在上述信息安全应用领域中会得到越来越多的关注。

参 考 文 献

[1] Yu H F, Wang S B. Certificateless threshold signcryption scheme with secret sharing mechanism[J]. Knowledge-Based Systems, 2021, 221: 1-7.

[2] Liu J W, Zhang L H, Sun R. Mutual signcryption schemes under heterogeneous systems[J]. Journal of Electronics & Information Technology, 2016, 38(11): 2948-2953.

[3] Yu H F, Bai L, Wang N, et al. Certificateless signcryption scheme from lattice[J]. IEEE Systems Journal, 2021, 15(2): 2687-2695.

[4] Zhu C Y, Chen Q, Xu K. New ID-based (t,n) threshold signcryption scheme[J]. Computer Systems & Applications, 2011, 20(4): 55-58.

[5] Li F G, Liu B, Hong J J. An efficient signcryption for data access control in cloud computing[J]. Computing, 2017, 99(5): 1-15.

[6] Yu H F, Yang B. Low-computation certificateless hybrid signcryption scheme[J]. Frontier of Information Technology & Electronic Engineering, 2017, 18(7): 928-940.

[7] Yu H F, Wang Z C, Li J M, et al. Identity-based proxy signcryption protocol with universal composability[J]. Security and Communication Networks, 2018: 1-11.

[8] Ahene E, Qin Z C, Adusei A K, et al. Efficient signcryption with proxy re-encryption and its application in smart grid[J]. IEEE Internet of Things Journal, 2019, 6(6): 9722-9737.

[9] Zeng L, Li X D. A strong certificate free blind signature scheme based on elliptic curve[J]. Cyberspace Security, 2018, 9(5): 41-44.

[10] Tang Y L, Zhou J, Liu K, et al. Lattice-based identity-based blind signature scheme in standard model[J]. Journal of Frontiers of Computer Science and Technology, 2017, 11(12): 1965- 1971.

[11] Chen L, Gu C X, Shang M J. Efficient blind signature scheme of anti-quantum attacks[J]. Netinfo Security, 2017, (10): 36-41.

[12] Shi W M, Zhang J B, Zhou Y H, et al. A new quantum blind signature with unlinkability[J]. Quantum Information Process, 2015, 14(8): 3019-3030.

[13] Wang F H, Hu Y P, Wang C X. Lattice-based blind signature schemes[J]. Geomatics and

Information Science of Wuhan University, 2010, 35(5): 550-553.

[14] Fan L. A blind signature protocol with exchangeable signature sequence[J]. International Journal of Theoretical Physics, 2018, 57(12): 3850-3858.

[15] Yu H F, Fu S. Post-quantum blind signature scheme based on multivariate cryptosystem[J]. Journal of Software, 2021, 32(9): 2935-2944.

[16] Yu X Y, He D K. A new efficient blind signcryption[J]. Wuhan University Journal of Natural Sciences, 2008, 13(6): 662-664.

[17] Li J M, Yu H F, Zhao C. Self-certified blind signcryption protocol with UC security[J]. Journal of Frontiers of Computer Science and Technology, 2017, 11(6): 932-940.

[18] Ullah R, Nizamuddin A I, Amin N. Blind signcryption scheme based on elliptic curve[C]// IEEE Conference on Information Assurance and Cyber Security (CIACS), Rawalpindi, Pakistan, 2014: 51-54.

[19] Yu H F, Bai L. Post-quantum blind signcryption scheme from lattice[J]. Frontier of Information Technology & Electronic Engineering, 2021, 22(6): 891-901.

[20] Su P C, Tsai C H. New proxy blind signcryption scheme for secure multiple digital messages transmission based on elliptic curve cryptography[J]. KSII Transactions on Internet and Information Systems, 2017, 11(11): 5537-5555.

[21] Yu H F, Wang C F. Blind signcryption scheme using self-certified public keys[J]. Application Research of Computers, 2010, 26(9): 3508-3511.

第 6 章　无证书椭圆曲线盲签密

6.1　引　　言

信息通信技术使人们日常生活更加方便了,特别是互联网的发展给电子合同、电子投票、电子支付或电子拍卖等实际应用提供了必要的构件,这使得数据交换更加有效。盲签名[1]允许消息拥有者对签名消息进行盲化,盲签名者对盲化消息进行签名操作,显然签名消息是在消息拥有者和签名者之间传输的,签名者不知道消息的真实内容。后来,结合盲签名[1-7]和公钥加密的技术理论可得到盲签密[8-14],计算和通信效率比传统先盲签名后加密方法更高。

椭圆曲线密码系统 ECC[15]可用较小的密钥提供更高的安全性,定义在 256 比特长的加法群上的椭圆曲线密钥和 3072 比特长的 RSA 密钥一样安全[16]。ECC 在存储空间、带宽或处理能力受到限制的环境中特别有用。目前没有任何无证书公钥体制(CL-PKC)下的椭圆曲线盲签密。CL-PKC 中实体的私钥含有自己选取的秘密值和 KGC 计算出的部分私钥,没有证书管理和密钥托管的问题。现有的大多数无证书盲签密都是采用双线性对设计的,双线性对操作的计算成本比 ECC 标量乘法的计算成本高。如何采用 ECC 和 CL-PKC 的优点设计高效安全的椭圆曲线盲签密是值得研究的重要问题。

本章采用椭圆曲线离散对数(elliptic curve discrete logarithm,ECDL)问题和椭圆曲线计算 Diffie-Hellman(elliptic curve computation Diffie-Hellman, ECCDH)问题,提出无证书椭圆曲线盲签密[17](certificateless elliptic curve blind signcryption, CL-ECBSC)。本章在随机谕言模型中证明 CL-ECBSC 满足自适应选择密文攻击下的不可区分性和自适应选择消息攻击下的不可伪造性。性能分析说明,CL-ECBSC 的计算和通信效率较高,在资源受限环境下使用非常具有吸引力。

6.2　基　本　知　识

1. 椭圆曲线密码

令 F 是大素数 p 模的有限域,在有限域 F 上定义一条非奇异椭圆曲线 E,其表达式如下：

$$y^2 = x^3 + ax + b \bmod p \tag{6-1}$$

式（6-1）中，a,b 都是小于素数 p 非负整数并且满足 $4a^3 + 27b^2 \bmod p \neq 0$。令 O 是椭圆曲线 E 的无穷远点，G 是有限域 F 上椭圆曲线 E 的基点，n 是点 G 的素阶，满足 $nG = O$。椭圆曲线点 $E(a,b)$ 和无穷远点 O 形成一个 p 阶循环加法群 G_p，即有

$$G_p = (x,y) : x,y \in F, (x,y) \in E(a,b) \bigcup O$$

满足式（6-1）的点 $S = (x,y)$ 即为椭圆曲线点，则点 $R = (x,-y)$ 表示点 $S = (x,y)$ 的负数，即 $S = -R$。$\mathcal{H} = (x_1,y_1)$，$\mathcal{I} = (x_1,y_1)$ 表示满足式（6-1）的两个不同椭圆曲线点。则椭圆曲线 E 上的两个点的加法定义为：两个点之间的连接直线在椭圆曲线 E 上有个交点，该交点的负数是加法的结果。椭圆曲线点的加法的表示形式如下：

$$\mathcal{H} + \mathcal{I} = \mathcal{R}, \quad (x_1,y_1) + (x_2,y_2) = (x_3,y_3)$$

在 $\lambda = \dfrac{y_2 - y_1}{x_2 - x_1}$ 的情况下，(x_3,y_3) 的值可通过下列方程组计算得到：

$$\begin{cases} x_3 = \lambda - x_1 - x_2 \\ y_3 = \lambda(x_1 - x_3) - y_1 \end{cases}$$

椭圆曲线上相同点的加法定义：从这个点出发的直线与椭圆曲线 E 相交有一个切点，这个切点的负数看作是相同点相加的结果。在 $\lambda = \dfrac{3x_1^2 - a}{y_1}$ 的情况下，(x_3,y_3) 的值可通过下列方程组计算得到：

$$\begin{cases} x_3 = \lambda - 2x_1 \\ y_3 = \lambda(x_1 - x_3) - y_1 \end{cases}$$

定义 6-1（ECDL 问题）　给定椭圆曲线 E 上的两个点 R、X，其中，$R = bX(b < n)$，ECDL 问题是指确定 b 的值在计算上是不可行的。任何概率多项式时间算法 A 解决 ECDL 问题的优势 $\mathrm{Adv}^{\mathrm{ECDL}}(A,k)$ 是可忽略的：

$$\mathrm{Adv}^{\mathrm{ECDL}}(A,k) = \Pr[A(R,X,R = bX) = b \mid b < n]$$

定义 6-2（ECCDH 问题）　对于任意的 $a,b<n$，给定椭圆曲线 E 上的两个点 R、X，其中，$X = aG(a < n)$，$R = bG(b < n)$，ECCDH 问题是指找出另一个点确定 $Y = abG(a,b < n)$ 在计算上是不可行的。任何概率多项式时间算法 A 解决 ECCDH 问题的优势 $\mathrm{Adv}^{\mathrm{ECCDH}}(A,k)$ 是可忽略的：

$$\text{Adv}^{\text{ECCDH}}(A,k) = \Pr[A(G, X = aG, R = bG) = Y \mid a,b < n]$$

定义 6-3（ECDDH 问题）　对于任意的 $a,b,c < n$，给定椭圆曲线 E 上的三个点 (aG, bG, cG)，椭圆曲线判定 Diffie-Hellman（elliptic curve decision Diffie-Hellman，ECDDH）问题指的是判定等式 $c = ab \bmod n$ 是否成立。如果成立，谕言机 $\mathcal{O}_{\text{ECDDH}}$ 输出 1；否则，$\mathcal{O}_{\text{ECDDH}}$ 输出 0。任何概率多项式时间算法 A 解决 ECDDH 问题的优势 $\text{Adv}^{\text{ECDDH}}(A,k)$ 是可忽略的：

$$\text{Adv}^{\text{ECDDH}}(A,k) = \left| \Pr \begin{bmatrix} A(G, aG, bG, abG) = 1 \mid a,b < n \\ -\Pr[A(G, aG, bG, cG) = 1 \end{bmatrix} \mid a,b,c < n \right|$$

2. 几种密码体制的密钥比较

RSA/DSA 和 ECC[12] 的密钥对比情况如表 1-1 所示。

6.3　CL-ECBSC 的形式化定义

6.3.1　CL-ECBSC 的算法定义

无证书椭圆曲线盲签密由五个概率多项式时间算法组成。每个算法的具体定义请见下面所述。

系统设置算法：输入一个安全参数 1^k，输出系统的主控密钥 x 和系统全局参数 γ。

密钥提取算法：输入系统全局参数 γ 和用户身份 $\text{ID}_i (i \in \{a,b\})$，输出用户 ID_i 的公私钥 (Y_i, X_i)。请注意：$\text{ID}_i \in \{\text{ID}_a, \text{ID}_b\}$，$(\text{ID}_a, \text{ID}_b)$ 分别表示盲签密者和接收者的身份；(Y_a, X_a) 表示盲签密者 ID_a 的公私钥，(Y_b, X_b) 表示接收者 ID_b 的公私钥。

密钥生成算法：输入系统全局参数 γ 和用户身份 $\text{ID}_i (i \in \{a,b\})$，输出用户 ID_i 的部分公私钥 (U_i, S_i)。请注意：$\text{ID}_i \in \{\text{ID}_a, \text{ID}_b\}$，$(\text{ID}_a, \text{ID}_b)$ 分别表示盲签密者和接收者的身份；(U_a, S_a) 表示盲签密者 ID_a 的部分公私钥，(U_b, S_b) 表示接收者 ID_b 的部分公私钥。

盲签密算法：输入 $(\gamma, \text{ID}_a, \text{ID}_b, m, X_a, S_a, Y_a, Y_b, U_a, U_b)$，输出密文 $\sigma \leftarrow (r, c, s)$ 给接收者 ID_b。

解签密算法：输入 $(\gamma, \text{ID}_a, \text{ID}_b, \sigma \leftarrow (r,c,s), X_b, S_b, Y_a, Y_b, U_a, U_b)$，如果验证等式成立，输出明文 m；否则，输出符号 $\perp$。

6.3.2　CL-ECBSC 的安全模型

无证书椭圆曲线盲签密 CL-ECBSC 应该满足 IND-CCA2 安全性和 UF-CMA 安全性。形式化安全模型中，A_1 不知道系统的主密钥，可替换任意身份的公钥；A_2 知道系统的主密钥，不能更换任意身份的公钥。模型的询问中，不允许盲签密者和接收者身份相同的任何询问。

1. 保密性

无证书椭圆曲线盲签密 CL-ECBSC 的保密性依赖于 IND-CCA2 安全模型的两个交互游戏：Game1，Game2。

现在叙述外部敌手 A_1 和挑战者 C 间的交互游戏 Game1。在游戏开始时，C 运行设置算法获取主密钥和系统参数集合 γ，然后 C 保留 x，发送 γ 给 A_1。在阶段 1，A_1 发出一系列多项式有界次适应性询问。

请求公钥：A_1 询问 ID_i 的公钥，C 运行密钥提取算法和生成算法获取 ID_i 的公钥 (Y_i, U_i)，然后输出 (Y_i, U_i) 给 A_1。

私钥询问：A_1 询问 ID_i 的私钥，如果 ID_i 的公钥从来没有替换过，C 输出 ID_i 的私钥 X_i 给 A_1。

部分私钥询问：A_1 询问 ID_i 的部分私钥，C 输出 ID_i 的部分私钥 S_i 给 A_1。

公钥替换：A_1 能替换任意身份 ID_i 的公钥。

盲签密询问：A_1 询问针对三元组 (ID_a, ID_b, m) 的密文，C 运行盲签密算法输出密文 $\sigma \leftarrow (r, c, s)$ 给 A_1。

解签密询问：A_1 询问针对三元组 $(ID_a, ID_b, \sigma \leftarrow (r, c, s))$ 的解签密结果，C 运行解签密算法输出明文 m 或符号 $\perp$ 给 A_1。

在挑战阶段，A_1 发出针对等长消息 (m_0, m_1) 与身份 (ID_a^*, ID_b^*) 的挑战询问。在阶段 1，A_1 不能提取 ID_b^* 的秘密值和部分私钥；A_1 亦不能替换 ID_b^* 的公钥。C 选取一个随机数 $\theta \leftarrow \{0,1\}$，输出计算得到的消息 m_θ 的挑战密文 $\sigma^* \leftarrow (r^*, c^*, s^*)$ 给 A_1。

在阶段 2，A_1 继续向 C 发出像阶段 1 那样的多项式有界次适应性询问。挑战询问前，A_1 不能提取 ID_b^* 的部分私钥和秘密值，A_1 亦不能替换 ID_b^* 的公钥；挑战询问后，A_1 不能发出针对 $\sigma^* \leftarrow (r^*, c^*, s^*)$ 的解签密询问。

最后，外部对手 A_1 输出 θ 的一个猜测 θ'。如果 $\theta = \theta'$，说明 A_1 赢得 Game1。A_1 赢得 Game1 的优势定义如下：

$$\text{Adv}^{\text{Game1}}(A_1, k) = \left| \Pr[\theta = \theta'] - 1/2 \right|$$

现在描述内部敌手 A_2 和挑战者 C 间的交互游戏 Game2。游戏开始时，C 运行初始化算法获取主密钥和系统参数集合 γ，返回 x 和 γ 给 A_2。在阶段 1，A_2 发出多项式有界次适应性询问。

请求公钥：A_2 询问 ID_i 的公钥，C 输出 ID_i 的公钥 (Y_i, U_i) 给 A_2。

私钥询问：A_2 询问 ID_i 的私钥，C 输出 ID_i 的私钥 (X_i, S_i) 给 A_2。

盲签密询问：A_2 询问针对三元组 (ID_a, ID_b, m) 的盲签密密文，C 运行盲签密算法，输出密文 $\sigma \leftarrow (r, c, s)$ 给 A_2。

解签密询问：A_2 询问针对三元组 $(ID_a, ID_b, \sigma \leftarrow (r, c, s))$ 的解签密结果，C 运行解签密算法，输出明文 m 或符号 $\perp$ 给 A_2。

在挑战阶段，A_2 发出针对等长消息 (m_0, m_1) 与身份 (ID_a^*, ID_b^*) 的挑战询问。在阶段 1，A_2 不能提取 ID_b^* 的秘密值。C 选取一个随机数 $\theta \leftarrow \{0,1\}$，输出计算得到的消息 m_θ 的挑战密文 $\sigma^* \leftarrow (r^*, c^*, s^*)$ 给 A_2。

在阶段 2，A_2 继续向 C 发出多项式有界次适应性询问。挑战阶段前，A_2 不能询问 ID_b^* 的秘密值；挑战阶段后，A_2 不能发出针对挑战密文 $\sigma^* \leftarrow (r^*, c^*, s^*)$ 的解签密询问。

最后，外部对手 A_2 输出 θ 的一个猜测 θ'。如果 $\theta = \theta'$，说明 A_1 赢得 Game1。A_1 赢得 Game1 的优势定义如下：

$$\text{Adv}^{\text{Game2}}(A_2, k) = \left| \Pr[\theta = \theta'] - 1/2 \right|$$

定义 6-4（保密性）　如果没有任何概率多项式时间敌手 $A_1(A_2)$ 赢得 Game1（Game2），则说明 CL-ECBSC 具有 IND-CCA2 安全性。

2. 不可伪造性

无证书椭圆曲线盲签密 CL-ECBSC 的不可伪造性依赖于 UF-CMA 安全模型中的两个实验游戏：Game3, Game4。

A_1 和挑战者 C 之间的交互游戏 Game3：游戏开始时，C 运行初始化算法获取主密钥和系统全局参数的集合 γ，C 保留 x，输出 γ 给 A_1。然后，A_1 提交跟 Game1 的阶段 1 完全相同的适应性询问。

询问结束时，A_1 输出针对身份 (ID_a^*, ID_b^*) 的伪造密文 $\sigma^* \leftarrow (r^*, c^*, s^*)$ 给 C。限制条件：A_1 不能询问 ID_a^* 的秘密值和部分私钥，$\sigma^* \leftarrow (r^*, c^*, s^*)$ 不是任何盲签密谕言机的应答。

如果解签密的结果不是符号 $\perp$，则说明外部对手 A_1 在游戏 Game3 中获得成功。A_1 的优势为赢得 Game3 的概率。

A_2 和挑战者 C 之间的交互游戏 Game4：游戏开始时，C 运行初始化算法获取主密钥和系统全局参数 γ，C 输出 (x, γ) 给 A_2。然后，A_2 提交跟 Game2 的阶段 1 完全相同的适应性询问。

询问结束时，A_2 输出针对 $(\mathrm{ID}_a^*, \mathrm{ID}_b^*)$ 的伪造密文 $\sigma^* \leftarrow (r^*, c^*, s^*)$ 给 C。限制条件：A_1 不能询问 ID_a^* 的秘密值，$\sigma^* \leftarrow (r^*, c^*, s^*)$ 不是任何盲签密谕言机的应答。

如果解签密的结果不是符号 $\perp$，则说明内部敌手 A_2 在游戏 Game4 中获得成功。A_2 的优势为赢得 Game4 的概率。

定义 6-5（不可伪造性）　如果没有任何概率多项式时间敌手 $A_1(A_2)$ 赢得 Game3(Game4)，则说明 CL-ECBSC 具有 UF-CMA 安全性。

6.4　CL-ECBSC 方案实例

1. 系统初始化算法

KGC 选取一个 k 比特的大素数 p，在有限域 F_p 上定义椭圆曲线 E；然后，KGC 选取素数阶 n 的椭圆曲线 E 的基点 G，G 亦是具有素数阶 p 的循环加法群 G_p 的生成元[17]。KGC 选取安全的哈希函数：

$$h_1 : \{0,1\}^t \times G_p \to Z_p^*$$

$$h_2 : \{0,1\}^l \times G_p \to Z_p^*, \quad h_3 : \ G_p \times G_p \to \{0,1\}^l$$

哈希函数中 t 表示任意身份长度，l 表示对称密钥长度；x 是 KGC 从 Z_n^* 中随机选取的主密钥，$Y_{\mathrm{pub}} = xG$ 是系统的公钥。最后，KGC 保密 x，发布系统的全局参数：

$$\gamma = \{p, F_p, E, G_p, G, Y_{\mathrm{pub}}, l, h_1, h_2, h_3\}$$

2. 密钥提取算法

用户 ID_i $(i \in \{a, b\})$ 选取一个秘密值 $X_i \in [1, n]$ 作为私钥，然后计算 $Y_i = X_i G$ 作为公钥。

根据 6.3.1 节的算法定义可知，$\mathrm{ID}_i \in \{\mathrm{ID}_a, \mathrm{ID}_b\}, i \in \{a, b\}$，$\mathrm{ID}_a$ 表示盲签密者的身份，ID_b 表示接收者的身份；(Y_a, X_a) 表示盲签密者 ID_a 的公私钥，(Y_b, X_b) 表示接收者 ID_b 的公私钥。

3. 密钥生成算法

KGC 选取 $v_i \in [1, n]$，计算用户 ID_i 的部分公钥 $U_i = v_i G$ 和部分私钥 $S_i = v_i + h_1(\mathrm{ID}_i, Y_i) x \bmod n$。然后，KGC 计算 $R_i = S_i G + v_i Y_i$，输出 (S_i, R_i, U_i) 给用户 ID_i。用户 ID_i 通过两个等式验证部分私钥和部分公钥的有效性：

$$S_i G = U_i + h_1(\text{ID}_i, Y_i)y_{\text{pub}}, \quad R_i = S_i G + X_i U_i$$

根据 6.3.1 节的算法定义可知，$i \in \{a, b\}, \text{ID}_i \in \{\text{ID}_a, \text{ID}_b\}$，$\text{ID}_a$ 表示盲签密者的身份，ID_b 表示接收者的身份；盲签密者 ID_a 的部分公私钥是 (U_a, S_a)、接收者 ID_b 的部分公私钥是 (U_b, S_b)。

4. 盲签密算法

(1) 盲签密者 ID_a 选取任意的 $f \in [1, n]$，计算 $\beta = fG$，发送 β 给消息拥有者 M。

(2) 消息拥有者 M 选取任意的 $\omega \in [1, n]$，计算 $r = \omega\beta$，$\mu = \omega h_2(m, r)$，发送 μ 给盲签密者 ID_a。

(3) 盲签密者 ID_a 计算 $V = f(U_b + h_1(\text{ID}_b, Y_b)Y_{\text{pub}} + Y_b)$，$W = \mu^{-1}(X_a, S_a) + f$，发送 (V, W) 给消息拥有者 M。

(4) 消息拥有者 M 计算 $J = \omega V$，$c = m \oplus h_3(J, r)$，$s = \omega W$，输出密文 $\sigma \leftarrow (r, c, s)$ 给接收者 ID_b。

5. 解签密算法

接收者 ID_b 根据收到的密文 $\sigma \leftarrow (r, c, s)$ 计算：

$$J = r(X_b + S_b), m = c \oplus h_3(J, r)$$

如果 $sG = h_2^{-1}(m, r)(U_a + h_1(\text{ID}_a, Y_a)y_{\text{pub}} + Y_a) + r$，接收者 ID_b 接受明文 m；否则，拒受密文。

无证书椭圆曲线盲签密 CL-ECBSC 的正确性验证过程如下。

$$
\begin{aligned}
J &= \omega V \\
&= \omega f(U_b + h_1(I_b, Y_b)y_{\text{pub}} + Y_b) \\
&= \omega f(X_b + S_b)G = r(X_b + S_b)
\end{aligned}
$$

$$
\begin{aligned}
sG &= \omega WG \\
&= \omega\mu^{-1}(X_b + S_b)G + \omega fG \\
&= h_2^{-1}(m, r)(U_a + h_1(I_a, Y_a)y_{\text{pub}} + Y_a) + r
\end{aligned}
$$

6.5　安全性证明

6.5.1　CL-ECBSC 的保密性

定理 6-1　假如外部敌手 A_1 能以概率 ε 攻破 CL-ECBSC 的 IND-CCA2- I 安全性，那么就存在挑战算法 C 能以 $\varepsilon' \geqslant \varepsilon / el_3(l_p + l_{p'} + l_r)$ 的优势解决 ECCDH 问题，

其中，e 表示自然对数的底，$l_{p'}$ 表示询问部分私钥的次数，l_p 表示询问私钥的次数，l_r 表示公钥替换的次数。

证明　假如 C 收到 ECCDH 问题的一个随机实例 $(G, aG, bG) \in G_p$。C 试图利用外部敌手 A_1 的能力确定 $abG \in G_p$ 的值，$a, b \in [1, n]$ 对于 C 是未知的。在游戏中，A_1 充当挑战者 C 的子程序。C 任意选取一个整数 $\tau \in \{1, 2, \cdots, l_1\}$，确定挑战者的身份 ID_τ，τ 和 ID_τ 对于 A_1 而言是未知的，δ 表示 $\mathrm{ID}_i = \mathrm{ID}_\tau$ 的概率。

游戏开始时，C 调用初始化算法得到系统的全局参数 $\gamma (y_{\mathrm{pub}} = aG)$，然后输出 γ 给 A_1。在阶段 1，A_1 向 C 提交一系列多项式有界次的适应性询问。

公钥询问：A_1 询问任意身份 ID_i 的公钥 (U_i, Y_i)。如果 $\mathrm{ID}_i = \mathrm{ID}_\tau$，$C$ 任意选取 $X_i \in [1, n)$，$\beta_i \in Z_p^*$，计算 $Y_i = X_i G$，$U_i = aG - \beta_i aG$，输出 ID_i 的公钥 (U_i, Y_i) 给 A_1，添加 $(\mathrm{ID}_i, X_i, -, -, U_i, Y_i)$ 到开始为空的列表 list4 中；否则，C 选取任意的 $v_i \in [1, n)$，$\beta_i \in Z_p^*$，计算 $Y_i = X_i G$，$U_i = v_i G - \beta_i aG$，输出 ID_i 的公钥 (U_i, Y_i) 给 A_1，添加 $(\mathrm{ID}_i, X_i, v_i, -, U_i, Y_i)$ 到列表 list4 中。

h_1 询问：A_1 发出针对 $(\mathrm{ID}_i, Y_i, \beta_i)$ 的 h_1 询问。C 检查开始为空的列表 list1 中是否存在匹配元组。如果存在，C 输出 β_i 给 A_1；否则，C 输出任意选取的 $\beta_i \in Z_p^*$ 给 A_1，添加 $(\mathrm{ID}_i, Y_i, \beta_i)$ 到列表 list1 中。

h_2 询问：A_1 发出针对 $(m, r, \mathcal{Y})$ 的 h_2 询问。C 检查开始为空的 list2 中是否存在匹配的元组。如果存在，C 输出 $\mathcal{Y}$ 给 A_1；否则，C 输出任意选取的 $\mathcal{Y} \in Z_p^*$ 给 A_1，添加 $(m, r, \mathcal{Y})$ 到列表 list2 中。

h_3 询问：A_1 发出 h_3 询问。C 检查开始为空的列表 list3 中是否有匹配的元组。如果有，输出 H 给 A_1；否则，C 输出任意选取的 $H \in \{0, 1\}^l$ 给 A_1，添加 (J, r, H) 到列表 list3 中。

私钥询问：A_1 询问任意身份 ID_i 的私钥 X_i。如果 $\mathrm{ID}_i = \mathrm{ID}_\tau$，$C$ 终止游戏；否则，C 输出调用公钥谕言机得到的私钥 X_i 给 A_1。

部分私钥询问：A_1 询问任意身份 ID_i 的部分私钥 S_i。如果 $\mathrm{ID}_i = \mathrm{ID}_\tau$，$C$ 停止游戏；否则，C 调用谕言机获取 $v_i \in [1, n)$，设置 $S_i = v_i$，$R_i = S_i G - v_i Y_i$，输出 $(\mathrm{ID}_i, X_i, v_i, S_i, U_i, Y_i)$ 给 A_1，添加 (S_i, R_i) 到 list4 中。外部对手 A_1 针对部分公钥 U_i 和部分私钥 S_i 真实性的验证等式如下：

$$S_i G = U_i + h_1(\mathrm{ID}_i, Y_i) y_{\mathrm{pub}}, \quad R_i = S_i G + X_i U_i$$

替换公钥：A_1 在适当范围内随机选取 (U_i', Y_i')，替换身份 ID_i 的完整公钥 (U_i, Y_i)。如果 $\mathrm{ID}_i = \mathrm{ID}_\tau$，$C$ 终止询问；否则，C 利用 $(\mathrm{ID}_i, -, -, -, U_i', Y_i')$ 替换列表 list4 中的 $(\mathrm{ID}_i, X_i, v_i, S_i, U_i, Y_i)$。

盲签密询问：A_1 询问针对 $(m, \mathrm{ID}_a, \mathrm{ID}_b)$ 的密文。如果 $\mathrm{ID}_a = \mathrm{ID}_\tau$，$C$ 正常运行盲

签密算法返回密文 $\sigma \leftarrow (r,c,s)$ 给 A_1；否则，C 选取任意的 $f,\omega \in [1,n)$，计算：

$$\beta = f \cdot (U_a + U_a y_{\text{pub}} + Y_a), \quad r = \omega \beta$$

$$\mathcal{Y} = h_2(m,r), \quad \mu = \omega \mathcal{Y}, \quad V = (S_a + X_b)\beta$$

$$W = f^{-1}\mu^{-1}, \quad J = \omega V, \quad c = m \oplus h_3(J,r)$$

添加 $(m,r,\mathcal{Y})$ 到列表 list2 中，添加 $(J,r,H \leftarrow h_3(J,r))$ 到列表 list3 中，然后得到满足 $sG = \omega(W+1)\beta$ 的部分密文 s，输出 $\sigma \leftarrow (r,c,s)$ 给 A_1。

外部对手 A_1 针对密文 $\sigma \leftarrow (r,c,s)$ 有效性的验证过程如下。

$$sG = \omega(W+1)\beta$$
$$= \omega f^{-1}\mu^{-1} f(U_a + h_1(I_a,Y_a)y_{\text{pub}} + Y_a) + \omega\beta$$
$$= \mathcal{Y}^{-1}(U_a + \lambda_a y_{\text{pub}} + Y_a) + r$$

解签密询问：A_1 询问针对 $(\sigma \leftarrow (r,c,s), \text{ID}_a, \text{ID}_b)$ 的解签密结果。如果 $\text{ID}_b = \text{ID}_\tau$，$C$ 正常运行解签密算法，返回运行结果 m 或 $\perp$ 给 A_1；否则，C 在列表 list3 中搜索针对 X 不同值的元组 (J,r,H)，使得询问 $(r,S_bG,\mathcal{X})$ 的时候谕言机 $\mathcal{O}_{\text{ECCDH}}$ 返回 1。如果这样的情况发生，C 通过 A_1 或 list4 得到 X_b，然后计算：

$$\psi = Xbr, \quad J = \mathcal{X} + \psi$$

$$c = m \oplus H, \quad \mathcal{Y} = h_2(m,r)$$

如果 $sG = \mathcal{Y}^{-1} \cdot (U_a, + \lambda_a Y_{\text{pub}} + Y_a) + r$，$C$ 输出明文 m 给 A_1；否则，C 输出符号 $\perp$ 给 A_1。

在挑战阶段，A_1 选取等长消息 (m_0,m_1) 和身份 $(\text{ID}_a^*, \text{ID}_b^*)$ 发出挑战询问。挑战询问前，A_1 不能提取 ID_b^* 的秘密值和部分私钥。如果 $\text{ID}_b^* \neq \text{ID}_\tau$，$C$ 终止询问；否则，C 选取任意的 $\omega^*, \mathcal{X}^* \in [1,n), \theta \in \{0,1\}$，计算：

$$\beta^* = \omega^{*-1}bG, \quad r^* = \omega^*\beta^* = bG$$

$$\mathcal{Y}^* = h_2(m_\theta,r^*), \quad \mu^* = \omega^*\mathcal{Y}^*$$

$$W^* = \mu^{*-1}(S_b^* + X_b^*)\mu^{-1}, \quad J^* = \mathcal{X}^* + X_b^* r^*$$

添加 $(m_\theta,r^*,\mathcal{Y}^*)$ 到 list2 中。C 继续计算 $c^* = m_\theta \oplus H^*$，添加 $(J^*,r^*,H^* \leftarrow h_3(J^*,r^*))$ 到 list3 中，得到满足 $s^*G = \omega^*W^*G + r^*$ 的部分密文 s^*。最后，C 输出一个挑战密文 $\sigma^* \leftarrow (r^*,c^*,s^*)$ 给 A_1。

在阶段 2，A_1 再次以自适应方式提交像阶段 1 那样的多项式有界次询问，C 使用相同的方式做出响应。询问中，A_1 不能提取 ID_b^* 的部分私钥和秘密值，A_1 亦不能提交 $\sigma^* \leftarrow (r^*,c^*,s^*)$ 给解签密谕言机。

如果 A_1 能破坏 CL-ECBSC 的 IND-CCA2- Ⅰ 安全性，说明 A_1 用 $(r^*, S_b^*G, \mathcal{X}^*)$ 作为输入询问过 h_3 谕言机。如果 A_1 向 h_3 谕言机询问过 l_3 次，C 从 l_3 个元组中的随机选取 $\mathcal{X}^*$，然后输出之作为 ECCDH 问题实例的解答：

$$
\begin{aligned}
\mathcal{X}^* = S_b^*G &= b(U_b^* + \lambda_b^* \cdot aG) \\
&= b((1 - \lambda_b^*)aG + \lambda_b^* \cdot aG) \\
&= abG
\end{aligned}
$$

概率评估：在阶段 1 或阶段 2，挑战者 C 不终止游戏的概率为 $\delta^{(l_p + l_{p'} + l_r)}$；挑战阶段，$C$ 不终止游戏的概率为 $(1 - \delta)$，可得 C 不终止游戏执行的概率是 $\delta^{(l_p + l_{p'} + l_r)}$ $(1 - \delta)$，该式在 $\delta = 1 - 1/(1 + l_p + l_{p'} + l_r)$ 达到最大值。参照文献[17]可得：C 不终止游戏的概率至少为 $1/\mathrm{e}(l_p + l_{p'} + l_r)$，$C$ 随机均匀获得 $\mathcal{X}^*$ 的概率为 $1/l_3$，因此，C 解决 ECCDH 问题的概率至少为 $\varepsilon/\mathrm{e}l_3(l_p + l_{p'} + l_r)$。

定理 6-2 假如内部敌手 A_2 能以概率 ε 攻破 CL-ECBSC 的 IND-CCA2- Ⅱ 安全性，那么就存在挑战算法 C 能以 $\varepsilon' \geqslant \varepsilon/\mathrm{e}l_3l_p$ 的概率解决问题，其中，e 表示然对数的底，l_3 表示针对 H_3 哈希谕言机的询问次数，l_p 表示针对私钥的询问次数。

证明 令 C 收到 ECCDH 问题的一个随机实例 $(G, aG, bG) \in G_p$。C 试图确定 $abG \in G_p$ 的值，$a, b \in [1, n]$ 对于 C 是未知的。在游戏中，A_2 充当挑战者 C 的一个子程序。C 任意选取一个整数 $\tau \in \{1, 2, \cdots, l_1\}$，确定挑战的身份 ID_τ，τ、ID_τ 对于 A_2 而言是未知的，δ 表示 $\mathrm{ID}_i = \mathrm{ID}_\tau$ 发生的概率。

在游戏开始时，C 调用初始化算法得到系统的全局参数 $\gamma(y_{\mathrm{pub}} = xG)$，输出 γ 给 A_2。在阶段 1，A_2 向 C 提交多项式有界次的适应性询问。除下面询问，其余谕言机询问均与定理 6-1 的阶段 1 完全相同。

公钥询问：A_2 询问任意选取身份 ID_i 的公钥，C 的响应如下。

情形 1：如果是第 τ 询问，C 设置 $Y_i = aG$，随机选取 $v_i \in [1, n]$，计算 $U_i = v_iG$。然后，C 返回 ID_i 的完整公钥 (U_i, Y_i) 给 A_2，添加 $(\mathrm{ID}_i, v_i, -, -, U_i, Y_i)$ 到最初为空的列表 list4 中。

情形 2：如果不是第 τ 询问，C 选取随机数 $v_i, X_i \in [1, n]$，计算 $U_i = v_iG$，$Y_i = X_iG$，返回 ID_i 的完整公钥 (U_i, Y_i) 给 A_2，添加 $(\mathrm{ID}_i, X_i, v_i, -, U_i, Y_i)$ 到 list4 中。

私钥询问：A_2 询问任意选取身份 ID_i 的私钥，C 的应答如下。

情形 1：如果是第 τ 询问，C 终止游戏并宣告失败。

情形 2：如果不是第 τ 询问，C 调用公钥谕言机得到 $v_i \in [1, n]$，计算 $S_i = v_i + \lambda_i x \bmod n$，$R_i = S_iG + v_iX_i$，输出 ID_i 的完整私钥 (S_i, X_i) 给 A_2，使用 $(\mathrm{ID}_i, X_i, v_i, S_i, U_i, Y_i)$ 更新 list4 中的 $(\mathrm{ID}_i, X_i, v_i, -, U_i, Y_i)$。内部敌手 A_2 针对部分公钥 U_i 和部分私钥 S_i 真实性的验证等式如下：

$$S_i G = U_i + h_1(\mathrm{ID}_i, Y_i) y_{\mathrm{pub}}, \quad R_i = S_i G + X_i U_i$$

盲签密询问：A_2 询问针对 $(m, \mathrm{ID}_a, \mathrm{ID}_b)$ 的密文。如果 $\mathrm{ID}_a \neq \mathrm{ID}_\tau$，$C$ 调用实际盲签密算法输出密文 $\sigma \leftarrow (r, c, s)$ 给 A_2。否则，C 选取任意的 $f, \omega \in [1, n)$，计算：

$$\beta = f \cdot (U_a + U_a y_{\mathrm{pub}} + Y_a), \quad r = \omega \beta$$

$$\mathcal{Y} = h_2(m, r), \quad \mu = \omega \mathcal{Y}, \quad V = (S_a + X_b) \beta$$

$$W = f^{-1} \mu^{-1}, \quad J = \omega V, \quad c = m \oplus h_3(J, r)$$

添加 $(m, r, \mathcal{Y})$ 到列表 list2 中，添加 $(J, r, H \leftarrow h_3(J, r))$ 到列表 list3 中，然后得到满足 $sG = \omega W \beta$ 的部分密文 s，最后，C 输出 $\sigma \leftarrow (r, c, s)$ 给 A_2。

内部敌手 A_2 针对密文 $\sigma \leftarrow (r, c, s)$ 有效性的验证过程如下。

$$sG = \omega(W + 1) \beta$$

$$= \omega f^{-1} \mu^{-1} f (U_a + h_1(I_a, Y_a) y_{\mathrm{pub}} + Y_a) + \omega \beta$$

$$= \mathcal{Y}^{-1}(U_a + \lambda_a y_{\mathrm{pub}} + Y_a) + r$$

解签密询问：A_2 询问针对 $(\sigma \leftarrow (r, c, s), \mathrm{ID}_a, \mathrm{ID}_b)$ 的解签密结果。如果 $\mathrm{ID}_b \neq \mathrm{ID}_\tau$，$C$ 输出调用解签密算法得到的结果 m 或 $\bot$ 给 A_2。否则，C 针对 ψ 的不同值查询列表 list3 寻找元组 (J, r, H)，使得 A_2 询问 $(r, (r, X_b G, \mathcal{X}), \psi)$ 时 $\mathcal{O}_{\mathrm{ECDDH}}$ 输出 1。如果这种情形发生，C 计算：

$$\psi = Xbr, \quad J = \mathcal{X} + \psi$$

$$c = m \oplus H, \quad \mathcal{Y} = h_2(m, r)$$

如果 $sG = \mathcal{Y}^{-1} \cdot (U_a + \lambda_a Y_{\mathrm{pub}} + Y_a) + r$，$C$ 输出明文 m 给 A_2；否则，输出符号 $\bot$ 给 A_2。

在挑战阶段，A_2 选取等长消息 (m_0, m_1) 和身份 $(\mathrm{ID}_a^*, \mathrm{ID}_b^*)$ 向 C 发出挑战询问。挑战询问前，A_2 不能询问 ID_b^* 的秘密值。如果 $\mathrm{ID}_b^* \neq \mathrm{ID}_\tau$，$C$ 终止游戏并宣告失败。否则，C 选取任意的 $\omega^*, \mathcal{X}^* \in [1, n), \theta \in \{0, 1\}$，计算：

$$\beta^* = \omega^{*^{-1}} bG, \quad r^* = \omega^* \beta^* = bG, \quad \mathcal{Y}^* = h_2(m_\theta, r^*)$$

$$\mu^* = \omega^* \mathcal{Y}^*, \quad W^* = \mu^{*^{-1}} (S_b^* + X_b^*) \mu^{-1}$$

$$J^* = X^* + X_b^* r^*, \quad c^* = m_\theta \oplus H^*$$

添加 $(m_\theta, r^*, \mathcal{Y}^*)$ 到列表 list2 中，添加 $(J^*, r^*, H^* \leftarrow h_3(J^*, r^*))$ 到列表 list3 中。C 得到满足 $s^* G = \omega^* W^* G + r^*$ 的部分密文 s^*，输出挑战密文 $\sigma^* \leftarrow (r^*, c^*, s^*)$ 给 A_2。

在阶段 2，A_2 再次向 C 发出像阶段 1 那样的多项式有界次适应性询问。询问中，A_2 不能提取 ID_b^* 的秘密值，A_2 不能发出针对 $\sigma^* \leftarrow (r^*, c^*, s^*)$ 的解签密询问。如果 A_2 有能力破坏 CL-ECBSC 的 IND-CCA2-I 安全性，说明 A_2 使用 $(r^*, S_b^* G, \mathcal{X}^*)$ 作为输入询问过 h_3 谕言机。假如 A_2 向 h_3 谕言机询问过 l_3 次。C 从 l_3 个元组中均匀随机选取 $\mathcal{X}^*$，输出此值作为 ECCDH 问题实例的解答：

$$\mathcal{X}^* = X_b^* G = abG$$

概率评估：C 在阶段 1 或阶段 2 不终止游戏的概率为 δ^{l_p}，挑战时不终止游戏的概率为 $(1-\delta)$，则 C 不终止游戏执行的概率为 $\delta^{l_p}(1-\delta)$，该式在 $\delta = 1 - 1/(1 + l_p)$ 达到最大值。参照文献[17]可得：C 不终止游戏的概率至少为 $1/e\, l_p$，C 均匀选取 $\mathcal{Y}^*$ 的概率为 $1/l_3$，因此，C 解决 ECCDH 问题的概率至少为 $\varepsilon/e\, l_3 l_p$。

6.5.2　CL-ECBSC 的不可伪造性

定理 6-3　假如外部敌手 A_1 能以概率 ε 攻破 CL-ECBSC 的 UF-CMA-I 安全性，那么就存在一个挑战算法 C 能以 $\varepsilon' \geq \varepsilon/e(l_p + l_{p'} + l_r)$ 的概率解决 ECDL 问题。

证明　令 C 收到一个 ECDL 问题的随机实例 $(G, aG) \in G_p$。C 试图确定 $a \in [1, n)$ 的值，$a \in [1, n)$ 对于 C 是未知的。在游戏中 A_1 扮演挑战者 C 的子程序。

游戏开始时，C 调用初始化算法得到系统的全局参数 $\gamma(y_{\mathrm{pub}} = xG)$，输出 γ 给 A_1。接着，外部敌手 A_1 向 C 发出跟定理 6-1 的阶段 1 完全相同的多项式有界次适应性询问，这里不再赘述。

询问结束时，外部敌手 A_1 伪造密文 $(\mathrm{ID}_a^*, \mathrm{ID}_b^*, \sigma^* \leftarrow (r^*, c^*, s^*))$ 给 C。询问中，A_1 不能提取 ID_a^* 的秘密值和部分私钥，$\sigma^* \leftarrow (r^*, c^*, s^*)$ 不应该是任何盲签密谕言机的应答。如果 $\mathrm{ID}_a^* \neq \mathrm{ID}_\tau$，$C$ 终止游戏并宣告失败。否则，C 通过调用相应谕言机输出另一密文 $(\mathrm{ID}_a^{**}, \mathrm{ID}_b^{**}, \sigma^{**} \leftarrow (r^{**}, c^{**}, s^{**}))$。$C$ 使用分叉引理得到 ECDL 问题实例的解答：

$$\begin{cases} r^* = s^* G - (\mathcal{Y}^*)^{-1}(v_a^* + X_a^* + \lambda_a^* \cdot a)G \\ r^* = s^{**} G - (\mathcal{Y}^{**})^{-1}(v_a^{**} + X_a^{**} + \lambda_a^{**} \cdot a)G \end{cases}$$

$$\downarrow$$

$$a = \frac{s^* - s^{**} + (\mathcal{Y}^{**})^{-1}(v_a^{**} + X_a^{**}) - (\mathcal{Y}^*)^{-1}(v_a^* + X_a^*)}{(\mathcal{Y}^*)^{-1}\lambda_a^* - (\mathcal{Y}^{**})^{-1}\lambda_a^{**}}$$

概率评估：依据定理 6-1 可得，C 不终止游戏的概率至少为 $1/e(l_p + l_{p'} + l_r)$，那么 C 在解决 ECDL 问题时的概率至少为 $\varepsilon/e(l_p + l_{p'} + l_r)$。

定理 6-4　假如内部敌手 A_2 能以概率 ε 攻破 CL-ECBSC 的 sUF-CMA-II 安全性，则存在一个挑战算法 C 能以 ε' 的概率解决问题，其中，$\varepsilon' \geq \varepsilon/e\, l_p$。

证明　令 C 收到一个 ECDL 问题的随机实例 $(G, aG) \in G_1$。C 试图确定 $a \in [1, n)$ 的值，$a \in [1, n)$ 对于 C 是未知的。在游戏中 A_2 扮演挑战者 C 的子程序。

游戏开始时，C 调用系统初始化算法得到系统参数 $\gamma(y=xG)$，输出 (γ,x) 给 A_1。接下来，内部敌手 A_2 向挑战者 C 发出跟定理 6-2 的阶段 1 完全相同的多项式有界次适应性询问，这里不再赘述。

在询问结束的时候，A_2 输出一个伪造密文 $(\text{ID}_a^*, \text{ID}_b^*, \sigma^* \leftarrow (r^*, c^*, s^*))$ 给 C。在询问的过程中，A_2 不能提取 ID_a^* 的秘密值，$\sigma^* \leftarrow (r^*, c^*, s^*)$ 不能是任何解签密谕言机的应答。如果 $\text{ID}_a^* \neq \text{ID}_\tau$，$C$ 终止游戏并宣告失败。否则，C 通过调用相应谕言机输出另一个密文 $(\text{ID}_a^{**}, \text{ID}_b^{**}, \sigma^{**} \leftarrow (r^{**}, c^{**}, s^{**}))$。$C$ 使用分叉引理得到 ECDL 问题实例的解答：

$$\begin{cases} r^* = s^*G - (y^*)^{-1}(a + X_a^* + \lambda_a^* \cdot x)G \\ r^* = s^{**}G - (y^{**})^{-1}(a + X_a^{**} + \lambda_a^{**} \cdot x)G \end{cases}$$

$$\downarrow$$

$$a = \frac{s^* - s^{**} + (y^{**})^{-1}(X_a^{**} - \lambda_a^{**}x) - (y^*)^{-1}(X_a^* + \lambda_a^*x)}{(y^*)^{-1} - (y^{**})^{-1}}$$

概率评估：依据定理 6-2 可知，C 不终止游戏的概率至少为 $1/\mathrm{e}\,l_p$，那么 C 在游戏中解决 ECDL 问题的概率至少为 $\varepsilon/\mathrm{e}\,l_p$。

6.6　性　能　评　价

在本节中主要比较 CL-ECBSC 和现有文献[9,10]中的密码算法的计算代价和安全属性。在表 6-1 中，H 表示哈希操作的次数，Exp 表示指数操作的次数，Pair 表示双线性对操作的次数，Mul 表示标量乘法操作的次数。其中，√ 表示满足相关安全属性。

从表 6-1 可看出，几个密码算法均满足保密性和不可伪造性。令 t_H 表示运行一次哈希操作的时间开销[17]，Pair≈$1440t_H$，Exp≈$21t_H$，Mul≈$29t_H$。可得 CL-ECBSC 的时间成本是 $208t_H$，文献[9]中的密码算法的时间成本是 $5942t_H$，文献[10]中的密码算法的时间成本是 $5976t_H$，显然 CL-ECBSC 的计算效率更高。

表 6-1　计算效率和安全性比较

密码算法	计算效率				安全性	
	Mul	Exp	H	Pair	保密性	不可伪造性
文献[9]中的密码算法	4	3	3	4	√	√
文献[10]中的密码算法	3	6	3	4	√	√
CL-ECBSC	7	0	5	0	√	√

6.7　本　章　小　结

无证书椭圆曲线盲签密中，消息所有者允许盲签密者可对盲消息进行签名操作，即使消息–签名对公开，盲签密者亦无法获取消息的真实内容。对需要考虑盲性的通信网络，CL-ECBSC 具有许多吸引人的特性。CL-ECBSC 能够抵抗内部攻击和外部攻击，具有密钥长度短、处理速度快等优点，可广泛应用于电子现金、电子投票、电子拍卖、电子合同等隐私保护领域，特别适合在资源受限的设备或应用场景中使用。

参 考 文 献

[1] Chaum D. Blind signatures for untraceable payments[C]//Advances in Cryptology-CRYPTO, Berlin: Springer-Verlag, 1983: 199-203.

[2] Zeng L, Li X D. A strong certificate free blind signature scheme based on elliptic curve[J]. Cyberspace Security, 2018, 9(5): 41-44.

[3] Tang Y L, Zhou J, Liu K, et al. Lattice-based identity-based blind signature scheme in standard model[J]. Journal of Frontiers of Computer Science and Technology, 2017, 11(12): 1965-1971.

[4] Chen L, Gu C X, Shang M J. Efficient blind signature scheme of anti-quantum attacks[J]. Netinfo Security, 2017, (10): 36-41.

[5] Shi W M, Zhang J B, Zhou Y H, et al. A new quantum blind signature with unlinkability[J]. Quantum Information Process, 2015, 14(8): 3019-3030.

[6] Wang F H, Hu Y P, Wang C X. Lattice-based blind signature schemes[J]. Geomatics and Information Science of Wuhan University, 2010, 35(5): 550-553.

[7] Fan L. A blind signature protocol with exchangeable signature sequence[J]. International Journal of Theoretical Physics, 2018, 57(12): 3850-3858.

[8] Yu X Y, He D K. A new efficient blind signcryption[J]. Wuhan University Journal of Natural Sciences, 2008, 13(6): 662-664.

[9] Li J M, Yu H F, Zhao C. Self-certified blind signcryption protocol with UC security[J]. Journal of Frontiers of Computer Science and Technology, 2017, 11(6): 932-940.

[10] Yu H F, Wang C F, Yan L, et al. Certificateless based blind signcryption scheme[J]. Computer Applications and Software, 2010, 27(7): 71-73.

[11] Ullah R, Nizamuddin A I, Amin N. Blind signcryption scheme based on elliptic curve[C]//

IEEE Conference on Information Assurance and Cyber Security (CIACS), Rawalpindi, Pakistan, 2014: 51-54.

[12] Tsai C H, Su P C. An ECC-based blind signcryption scheme for multiple digital documents[J]. Security and Communication Networks, 2017: 1-14.

[13] Su P C, Tsai C H. New proxy blind signcryption scheme for secure multiple digital messages transmission based on elliptic curve cryptography[J]. KSII Transactions on Internet and Information Systems, 2017, 11(11): 5537-5555.

[14] Zia M, Ali R. Cryptanalysis and improvement of blind signcryption scheme based on elliptic curve[J]. Electronics Letters, 2019, 55(8): 457-459.

[15] Koblitz N. Elliptic curve cryptosystems[J]. Mathematics of Computation, 1987, 48(177): 203-209.

[16] Li F G, Zheng Z H, Jin C H. Identity-based deniable authenticated encryption and its application to e-mail system[J]. Telecommunication Systems, 2016, 62(4): 625-639.

[17] Yu H F, Wang Z C. Certificateless blind signcryption with low complexity[J]. IEEE Access, 2019, 7(1): 11518-11519.

第7章 无证书椭圆曲线聚合签密

7.1 引 言

未来 5G 无线网络是灵活、开放和高度异构的。目前的 5G 通信中物联网终端接入方式主要是无线接入,在大规模场景下会造成系统资源过度消耗和信号拥塞。数据中心往往需要及时对不同的消息进行加密操作后发送到不同的部门。引入聚合签密技术可解决终端和网络的认证并保密问题,在不需要可信第三方的情况下,多个终端的签密密文聚合生成一个密文。

聚合签名(aggregation signature,AS)可同时为 n 个消息和 n 个用户提供不可否认服务[1],可将不同签名者的签名 σ_1, σ_2, $\cdots$, σ_n 聚合成一个短签名 σ。聚合签名可以减少签名所需的存储空间, 可以降低对网络带宽成本的要求。聚合签名可将不同签名的多次验证的过程简化成仅仅需要进行一次验证,从而减少验证过程的计算工作量。聚合签名适合在 5G 环境、RFID 物品追踪、无线传感器网络路由协议、云计算、物联网、电子医疗等诸多实际场景中使用。聚合签密(aggregation signcryption,ASC)可通过集成聚合签名和公钥加密(public key encryption,PKE)得到[2-13]。椭圆曲线公钥密码体制[14-23]下的无证书聚合签密的设计是个开放问题。

本章采用椭圆曲线离散对数和椭圆曲线计算 Diffie-Hellman 问题,提出无证书椭圆曲线聚合签密[24](certificateless elliptic curve aggregation signcryption,CL-ECASC),消除了证书管理和密钥托管的问题。随机谕言模型中提供 CL-ECASC 的自适应选择密文攻击下的不可区分性 IND-CCA2 和自适应选择消息攻击下的不可伪造性 UF-CMA 的详细证明过程。CL-ECASC 算法可有效减少签密所需的存储空间,并能降低对网络带宽成本的要求。CL-ECASC 算法计算速度快、通信成本低,可实现 5G 环境、云计算、物联网、电子医疗等实际应用场景中的消息安全传输。

7.2 CL-ECASC 的形式化定义

7.2.1 CL-ECASC 的算法定义

无证书椭圆曲线聚合签密 CL-ECASC 是由六个概率多项式时间算法组成的。

参与者含密钥生成中心（KGC）、聚合器、具有身份集合 $U = \{I_1, I_2, \cdots, I_n\}$ 的 n 个用户、具有身份 I_R 的接收者。无证书椭圆曲线聚合签密 CL-ECASC 的每个算法的具体定义如下所述。

系统初始化算法（Setup）：输入安全参数 1^k，输出主密钥 x 和系统全局参数 γ。

密钥生成算法（KeyGen）：输入 (γ, I_i)，输出用户 $I_i(I_i \in U \bigcup \{I_R\})$ 的部分公私钥对 (U_i, w_i)。请注意：$U = \{I_1, I_2, \cdots, I_n\}$ 表示签密者身份集合，某个签密者 $I_i \in \{I_1, I_2, \cdots, I_n\}$ 的部分公私钥是 (U_i, w_i)；I_R 表示接收者的身份，接收者 I_R 的部分公私钥是 (U_R, w_R)。

密钥提取算法（Extract）：输入 (γ, I_i)，输出用户 $I_i(I_i \in U \bigcup \{I_R\})$ 的公私钥 (Y_i, s_i)。请注意：$U = \{I_1, I_2, \cdots, I_n\}$ 表示签密者身份集合，签密者 $I_i(I_i \in \{I_1, I_2, \cdots, I_n\})$ 的公私钥是 (Y_i, s_i)；I_R 表示接收者的身份，接收者 I_R 的部分公私钥是 (Y_R, s_R)。

签密算法（Signcrypt）：输入 $(\gamma, I_R, U, \{M_1, M_2, \cdots, M_n\}, Y_i, U_i, Y_R, U_R, w_i, s_i)$，输出密文 $\{\sigma_1, \sigma_2, \cdots, \sigma_i, \cdots, \sigma_n\}$。

聚合算法（Aggregate）：输入 $(\gamma, U, \{\sigma_1, \sigma_2, \cdots, \sigma_n\})$，输出聚合密文 σ。

解签密算法（Unsigncrypt）：输入 $(\gamma, I_R, U, (\sigma_1, \sigma_2, \cdots, \sigma_n), Y_i, U_i, Y_R, U_R, w_R, s_R)$，输出 $\{M_1, M_2, \cdots, M_n\}$ 或 $\perp$。

7.2.2 CL-ECASC 的安全模型

无证书椭圆曲线聚合签密应该满足 IND-CCA2 和 UF-CMA 安全性[14-22,24]。模型的询问中，不允许身份相同的任何询问。安全模型中的外部敌手 A_1 不知道系统主密钥，可替换任意身份的公钥；内部敌手 A_2 知道系统的主密钥，不能更换任意身份的公钥。

1. 保密性

CL-ECASC 的保密性依赖于 IND-CCA2 安全模型中的两个游戏：Game1，Game2。

现在叙述外部对手 A_1 和挑战者 C 之间的交互游戏 Game1。游戏开始时，C 运行初始化算法获取主密钥 x 和系统的全局参数 γ，然后 C 保留 x，但发送 γ 给 A_1。在阶段 1，A_1 向 C 发出多项式有界次的适应性询问。

请求公钥：A_1 询问 I_i 的公钥，C 运行密钥提取和生成算法获取 I_i 的公钥 (Y_i, u_i)，然后，输出 I_i 的 (Y_i, u_i) 给 A_1。

私钥询问：A_1 询问 I_i 的私钥，如果 I_i 的公钥从未替换过，C 输出 I_i 的私钥 w_i 给 A_1。

部分私钥询问：A_1 询问 I_i 的部分私钥，C 输出 I_i 的部分私钥 s_i 给 A_1。

公钥替换：A_1 可替换任意身份 I_i 的公钥。

签密询问：A_1 询问 $(I_R, U, \{M_1, M_2, \cdots, M_n\})$ 的密文，C 运行相应的签密算法输出密文 $\{\sigma_1, \sigma_2, \cdots, \sigma_i, \cdots, \sigma_n\}$ 给 A_1。

聚合询问：A_1 询问 $(U, \{\sigma_1, \sigma_2, \cdots, \sigma_i, \cdots, \sigma_n\})$ 的聚合密文，C 运行相应聚合算法输出一个聚合密文 σ 给 A_1。

解签密询问：A_1 询问 (I_R, U, σ) 的解签密结果，C 运行相应解签密算法输出明文 $\{M_1, M_2, \cdots, M_n\}$ 或符号 $\perp$ 给 A_1。

在挑战阶段，A_1 输出等长消息 $M_0 = \{M_{01}, M_{02}, \cdots, M_{0n}\}$，$M_1 = \{M_{11}, M_{12}, \cdots, M_{1n}\}$ 和身份 $\{I_R^*, U^*\}$ 给 C。在阶段 1 的询问中，A_1 不能提取 I_R^* 的秘密值和部分私钥；A_1 亦不能替换 I_R^* 的公钥。C 选取任意的 $\theta \in \{0,1\}$，输出计算得到的针对消息 M_θ 的挑战密文 $(\sigma_1^*, \sigma_2^*, \cdots, \sigma_n^*)$ 给 A_1。

在阶段 2，A_1 继续向 C 发出像阶段 1 那样的多项式有界次适应性询问。挑战询问前，A_1 不能提取 I_b^* 的部分私钥和秘密值，A_1 亦不能替换 I_R^* 的公钥；挑战询问后，A_1 不能针对 $(\sigma_1^*, \sigma_2^*, \cdots, \sigma_n^*)$ 询问解签密谕言机。

最后，外部敌手 A_1 输出 θ 的一个猜测 θ'。如果 $\theta = \theta'$，A_1 赢得 Game1。A_1 在 Game1 中的取得成功的优势定义为

$$\text{Adv}^{\text{Game1}}(A_1, k) = \left| \Pr[\theta = \theta'] - 1/2 \right|$$

现在描述内部对手 A_2 和挑战者 C 之间的交互游戏 Game2。在游戏开始时，C 运行初始化算法获取主密钥和系统参数集合 γ，输出 (x, γ) 给 A_2。在阶段 1，A_2 向 C 发出多项式有界次适应性询问。

请求公钥：A_2 询问 I_i 的公钥，C 运行密钥提取算法和生成算法获取 (Y_i, U_i)，然后输出 I_i 的公钥 (Y_i, U_i) 给 A_2。

私钥询问：A_2 询问 I_i 的私钥，C 输出 I_i 的私钥 (w_i, s_i) 给 A_2。

签密询问：A_2 询问 $(I_R, U, \{M_1, M_2, \cdots, M_n\})$ 的密文，C 运行相应签密算法输出密文 $\{\sigma_1, \sigma_2, \cdots, \sigma_i, \cdots, \sigma_n\}$ 给 A_2。

聚合询问：A_2 询问 $(U, \{\sigma_1, \sigma_2, \cdots, \sigma_i, \cdots, \sigma_n\})$ 的聚合密文，C 运行聚合算法输出一个聚合密文 σ 给 A_2。

解签密询问：A_2 询问 (I_R, U, σ) 的解签密结果，C 输出运行解签密算法得到的 $\{M_1, M_2, \cdots, M_n\}$ 或 $\perp$ 给 A_2。

在挑战阶段，A_2 输出等长消息 $M_0 = \{M_{01}, M_{02}, \cdots, M_{0n}\}$，$M_1 = \{M_{11}, M_{12}, \cdots, M_{1n}\}$ 和身份 $\{I_R^*, U^*\}$ 给 C。在阶段 1 的询问过程中，A_2 不能提取 I_R^* 的秘密值。C 选取任意的 $\theta \in \{0,1\}$，输出计算得到的针对消息 M_θ 的挑战密文 $(\sigma_1^*, \sigma_2^*, \cdots, \sigma_n^*)$ 给 A_2。

在阶段 2，A_2 继续向 C 发出像阶段 1 那样的多项式有界次适应性询问。挑战

阶段前，A_2 不能询问 I_b^* 的秘密值；挑战阶段后，A_2 不能提交 $(\sigma_1^*,\sigma_2^*,\cdots,\sigma_n^*)$ 给解签密谕言机。

最后，内部敌手 A_2 输出 θ 的猜测 θ'。如果 $\theta=\theta'$，A_2 赢得 Game2。A_1 在 Game2 中的获胜优势定义为

$$\text{Adv}^{\text{Game2}}(A_2,k)=\left|\Pr[\theta=\theta']-1/2\right|$$

定义 7-1（保密性）　如果没有任何概率多项式时间敌手 $A_1(A_2)$ 赢得 Game1 (Game2)，则说明 CL-ECASC 是 IND-CCA2 安全的。

2. 不可伪造性

CL-ECASC 的不可伪造性依赖于 UF-CMA 安全模型中的两个游戏：Game3，Game4。

现在描述外部敌手 A_1 和挑战者 C 之间的交互游戏 Game3。在游戏开始的时候，C 运行初始化算法获取主密钥和系统的全局参数 γ，然后 C 保留 x，输出 γ 给 A_1。接下来，A_1 向 C 提交像 Game1 的阶段 1 那样的适应性询问。

最后，A_1 输出针对身份 $\{I_R^*,U^*\}$ 的一个伪造密文 $(\sigma_1^*,\sigma_2^*,\cdots,\sigma_n^*)$ 给 C。限制条件：A_1 不能询问 I_i^* 的部分私钥和秘密值，$(\sigma_1^*,\sigma_2^*,\cdots,\sigma_n^*)$ 不应该是任何签密谕言机的应答。

如果解签密结果有效，外部敌手 A_1 赢得 Game3。A_1 的优势可定义为在 Game3 中的获胜概率。

现在描述内部敌手 A_2 和挑战者 C 之间的交互游戏 Game4。在游戏开始的时候，C 运行初始化算法获取主密钥 x 和系统参数集合 γ，然后 C 输出 (x,γ) 给 A_2。接下来，A_2 提交像 Game2 的阶段 1 那样的适应性询问。

最后，A_2 输出针对身份 $\{I_R^*,U^*\}$ 的一个伪造密文 $(\sigma_1^*,\sigma_2^*,\cdots,\sigma_n^*)$ 给 C。限制条件：A_1 不能询问 I_i^* 的秘密值，$(\sigma_1^*,\sigma_2^*,\cdots,\sigma_n^*)$ 不应该是任何签密谕言机的应答。

如果解签密结果有效，内部敌手 A_2 赢得 Game4。A_2 的优势可定义为在 Game4 中的成功概率。

定义 7-2（不可伪造性）　如果没有任何概率多项式时间敌手 $A_1(A_2)$ 赢得 Game3 (Game4)，说明 CL-ECASC 是 UF-CMA 安全的。

7.3　CL-ECASC 方案实例

1. 系统初始化算法

给定一个安全参数 1^k，KGC 选取一个大素数 p，定义有限域 F_p 上的椭圆曲线 E。

KGC 选取具有素数阶 n 的椭圆曲线 E 的基点 G，G 亦是具有素数阶 p 的循环加法群 G_p 的生成元[17]。然后，KGC 选取三个密码学安全的哈希函数：

$$h_1 : \{0,1\}^t \times G_p \to Z_p^*$$

$$h_2 : \{0,1\}^l \times G_p \to Z_p^*, \quad h_3 : G_p \times G_p \to \{0,1\}^l$$

哈希函数中 t 表示任意身份的长度，l 表示对称密钥长度。系统的主控钥 x 是 KGC 从 Z_n^* 中随机选取的，KGC 计算 $P_{pub} = xG$ 作为系统的公钥。最后，KGC 保密系统的主控钥 x，公开系统的全局参数：

$$\gamma = \{p, F_p, E, G_p, G, P_{pub}, l, h_1, h_2, h_3\}$$

2. 密钥生成算法

拥有用户 $I_i (I_i \in U \bigcup \{I_R\})$ 选取一个秘密值 $w_i \in [1, n)$ 作为自己的私钥，然后计算自己的公钥 $Y_i = w_i G$。

根据 7.2.1 节的算法定义，$U = \{I_1, I_2, \cdots, I_n\}$，$I_i \in U$ 表示签密者的身份集合，I_R 表示接收者的身份；(Y_i, w_i) 表示签密者 $I_i \in U$ 的公私钥，(Y_R, w_R) 表示接收者 I_R 的公私钥。

3. 密钥提取算法

KGC 选取任意的 $v_i \in [1, n)$，计算用户 $I_i (I_i \in U \bigcup \{I_R\})$ 的部分公钥 $U_i = v_i G$ 和部分私钥 $s_i = v_i + h_1(I_i, Y_i) \cdot x \bmod n$。然后，KGC 计算 $R_i = s_i G + v_i Y_i$，输出 (U_i, s_i) 给这个用户。用户 I_i 通过两个等式能验证部分私钥 s_i 和部分公钥 U_i 的有效性：

$$s_i G = U_i + h_1(I_i, Y_i) P_{pub}, \quad R_i = s_i G + w_i U_i$$

根据 7.2.1 节的算法定义，$U = \{I_1, I_2, \cdots, I_n\}$，$I_i \in U$ 表示签密者的身份集合，I_R 表示接收者的身份；(U_i, s_i) 表示签密者 $I_i \in U$ 的部分公私钥，(U_R, s_R) 表示接收者 I_R 的部分公私钥。

4. 签密算法

签密者 $I_i \in U$ 首先选取一个随机数 $f_i \in [1, n)$，计算：

$$F_i = f_i G, \quad V_i = f_i(U_R + h_1(I_R, Y_R) P_{pub} + Y_R)$$

$$c_i = M_i \oplus h_1(V_i, F_i), \quad \mu_i = h_2(M_i, F_i)$$

签密者 I_i 接着计算 $u_i = \mu_i(w_i + s_i) + f_i$ 输出密文 $\sigma_i \leftarrow (F_i, c_i, u_i)$ 给聚合者。

5. 聚合算法

给定用户的身份集合 $\{I_1, I_2, \cdots, I_n\}$ 和相应的不同密文集合 $\{\sigma_1, \sigma_2, \cdots, \sigma_i, \cdots, \sigma_n\}$（$\sigma_i \leftarrow (F_i, c_i, u_i)$），聚合器计算：

$$u = \sum_{i=1}^{n} u_i$$

输出聚合密文 $\sigma \leftarrow (F_1, F_2, \cdots, F_n, c_1, c_2, \cdots, c_n, u)$。

CL-ECASC 的签密算法和聚合算法的工作流程如图 7-1 所示。

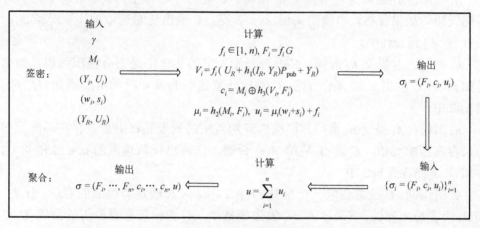

图 7-1　CL-ECASC 签密算法和聚合算法的工作流程

6. 解签密算法

接收者 I_R 根据收到的聚合密文 $\sigma \leftarrow (F_1, F_2, \cdots, F_n, c_1, c_2, \cdots, c_n, u)$，计算：

$$V_i = (s_R + w_R)F_i, \quad M_i = c_i \oplus h_3(V_i, F_i)$$

如果 $uG = \prod_{i=1}^{n} h_2(M_i, F_i)\left(\sum_{i=1}^{n} U_i + \sum_{i=1}^{n} h_1(I_i, Y_i)P_{\text{pub}} + \sum_{i=1}^{n} Y_i\right) + \sum_{i=1}^{n} F_i$，接收者 I_R 接受密文；否则，接收者 I_R 拒受密文。

7.4　安全性证明

7.4.1　CL-ECASC 的保密性

定理 7-1　假如存在挑战算法 C 能以 $\varepsilon'(\varepsilon' \geq \varepsilon / \mathrm{el}_3(l_p + l_{p'} + l_r))$ 的优势解决 ECCDH 问题，说明存在外部敌手 A_1 能以优势 ε 攻破 CL-ECASC 的 IND-CCA2-I

安全性，其中，e 表示自然对数的底，$l_3, l_{p'}, l_p, l_r$ 分别表示 A_1 针对 H_3 谕言机、部分私钥谕言机、私钥谕言机和公钥替换谕言机的询问次数。

证明　假设挑战者 C 收到 ECCDH 问题的一个随机实例 $(G, aG, bG) \in G_p$。C 尝试确定 $abG \in G_p$ 的值，$a, b \in [1, n)$ 对于 C 而言是未知的。A_1 在游戏中扮演 C 的子程序。

游戏开始的时候，C 调用初始化算法得到系统的全局参数 $\gamma (P_{pub} = aG \in G_p)$，输出 γ 给 A_1。在阶段 1，A_1 提交多项式有界次的适应性询问。

h_1 询问：A_1 选取身份 I_i 提交 h_1 询问。C 检查开始为空的列表 list1 中是否存在匹配元组。如果存在，C 输出 λ_i 给 A_1；否则，C 输出任意选取的 $\lambda_i \in Z_p^*$ 给 A_1，添加 (I_i, Y_i, λ_i) 到 list1 中。

h_2 询问：A_1 提交 h_2 询问。C 检查开始为空的 list2 中是否有匹配元组。如果有匹配元组，C 输出 μ_i 给 A_1；否则，C 输出任意选取的 $\mu_i \in Z_p^*$ 给 A_1，添加 (M_i, F_i, μ_i) 到 list2 中。

h_3 询问：A_1 提交 h_3 询问。C 检查开始为空的列表 list3 中是否存在匹配元组。如果存在匹配元组，C 输出 N_i 给 A_1；否则，C 输出任意选取的 $\mu_i \in \{0,1\}^l$ 给 A_1，添加 (V_i, F_i, N_i) 到 list3 中。

公钥询问：C 任意选取一个整数 $\tau \in \{1, 2, \cdots, l_1\}$，$I_\tau$ 确定为挑战的身份，(τ, I_τ) 对于 A_1 而言是未知的，δ 表示 $I_i = I_\tau$ 发生的概率。A_1 询问任意身份 I_i 的公钥 (U_i, Y_i)，C 的应答如下。

情形 1：如果是第 τ 次询问，C 随机选取 $w_i \in [1, n)$，计算 $Y_i = w_i G U_i = (1 - \lambda_i)aG$，输出 I_i 的公钥 (U_i, Y_i) 给 A_1，添加 $(I_i, -, w_i, -, U_i, Y_i)$ 到开始为空的列表 list4 中。

情形 2：如果不是第 τ 次询问，C 选取任意的 $w_i, v_i \in [1, n)$，计算：

$$Y_i = w_i G, U_i = v_i G - \lambda_i aG$$

输出 I_i 的 (U_i, Y_i) 给 A_1，添加 $(I_i, v_i, w_i, -, U_i, Y_i)$ 到 list4 中。

私钥询问：A_1 询问 I_i 的私钥 w_i。如果 $I_i = I_\tau$，C 终止游戏；否则，C 输出从 list4 查询得到的私钥 w_i 给 A_1。

部分私钥询问：A_1 询问 I_i 的部分私钥 s_i。如果 $I_i = I_\tau$，则 C 终止游戏；否则，C 调用随机谕言机获取 $v_i \in [1, n)$，设置 $s_i = v_i$，$R_i = s_i G + v_i Y_i$，输出 I_i 的部分私钥 s_i 给 A_1，添加添加 $(I_i, v_i, w_i, s_i, U_i, Y_i)$ 到 list4 中。A_1 通过等式验证部分公钥 U_i 和部分私钥 s_i 的真实性：$S_i G = U_i + \lambda_i P_{pub}$，$R_i = S_i G + w_i U_i$。

替换公钥：A_1 在合适范围内选取任意的 (U_i', Y_i')，试图替换 I_i 的完整公钥 (Y_i, U_i)。如果 $I_i = I_\tau$，C 终止游戏；否则，C 利用 $(I_i, -, -, -, U_i', Y_i')$ 更新 list4 中的 $(I_i, v_i, w_i, s_i, U_i, Y_i)$。

签密询问：A_1 询问针对 (M_i, I_i, I_R) 的签密密文。如果 $I_i = I_\tau$，C 输出运行签密算法得到的密文 $\sigma_i \leftarrow (F_i, c_i, u_i)$ 给 A_1。否则，C 选取一个随机数 $f_i \in [1, n)$，计算：

$$F_i = f_i G, \quad V_i = f_i (U_R + F_i(S_R, w_R))$$

$$c_i = M_i \oplus h_3(V_i, F_i), \quad \mu_i = h_2(M_i, F_i)$$

记录 (V_i, F_i, N_i) 到列表 list3 中，记录 (M_i, F_i, μ_i) 到列表 list2 中；然后 C 获取满足等式 $u_i G = \mu_i \times (Y_i + U_i) + F_i$ 的部分密文 u_i，输出密文 $\sigma_i \leftarrow (F_i, c_i, u_i)$ 给 A_1。A_1 针对密文 $\sigma_i \leftarrow (F_i, c_i, u_i)$ 有效性的验证过程：

$$u_i G = \mu_i \times (w_i + s_i) G + f_i G = \mu_i \times (Y_i + U_i) + F_i$$

聚合询问：A_1 询问 $(U, \{\sigma_1, \sigma_2, \cdots, \sigma_i, \cdots, \sigma_n\})$（$\sigma_i \leftarrow (F_i, c_i, u_i)$）的聚合密文。$C$ 计算 $u = \sum\limits_{i=1}^{n} u_i$，输出聚合密文 $\sigma \leftarrow (F_1, F_2, \cdots, F_n, c_1, c_2, \cdots, c_n, u)$ 给 A_1。

解签密询问：A_1 询问针对 (I_R, U, σ) 的解签密结果。如果 $I_R = I_\tau$，C 输出正常运行解签密算法得到的结果 m 或 $\perp$ 给 A_1；否则，C 在列表 list3 中搜索元组 (V_i, F_i, μ_i)，使得询问 (P_{pub}, F_i, Q) 时谕言机 $\mathcal{O}_{\text{ECCDH}}$ 输出 1 给 A_1。如果发生这样的情况，C 通过外部敌手 A_1 或列表 list4 得到 w_R，计算：

$$V_i = Q + w_R F_i, \quad M_i = c_i \oplus h_3(V_i, F_i)$$

如果 $uG = \prod\limits_{i=1}^{n} h_2(M_i, F_i) \left(\sum\limits_{i=1}^{n} U_i + \sum\limits_{i=1}^{n} h_1(I_i, Y_i) P_{\text{pub}} + \sum\limits_{i=1}^{n} Y_i \right) + \sum\limits_{i=1}^{n} F_i$，$C$ 输出 $\{M_1, M_2, \cdots, M_n\}$ 给 A_1；否则，输出 $\perp$ 给 A_1。

在挑战阶段，A_1 向 C 发出针对身份 $\{I_R^*, U^*\}$ 和等长消息 $M_0 = \{M_{01}, M_{02}, \cdots, M_{0n}\}$，$M_1 = \{M_{11}, M_{12}, \cdots, M_{1n}\}$ 的挑战询问。在阶段 1 的询问过程中，A_2 不能提取 I_R^* 的秘密值和部分私钥。C 选取任意的 $\theta \in \{0, 1\}$，$Q \in G_p$，计算：

$$F_i' = bG, \quad V_i' = Q + w_R' F_i'$$

$$M_{i\theta} = c_i' \oplus h_3(V_i', F_i'), \quad \mu_i' = h_2(M_{i\theta}, F_i')$$

记录 (V_i', F_i', μ_i') 到列表 list2 中，记录 $(M_{i\theta}, F_i', N_i')$ 到列表 list3 中。然后，C 得到满足 $u_i' = \mu_i'(w_i' + s_i') G + F_i'$ 的部分密文 u_i'，输出挑战密文 $\sigma_i' \leftarrow (F_i', c_i', u_i')$ 给 A_1。

在阶段 2，A_1 再次向 C 以自适应的方式发出像阶段 1 那样的多项式有界次询问。询问过程中，A_1 不能提取身份 I_R^* 的秘密值和部分私钥，A_1 也不能针对 $\sigma_i' \leftarrow (F_i', c_i', u_i')$ 询问解签密的谕言机。在游戏结束的时候，C 利用 A_1 的攻击能力取得成功，并输出关于 ECCDH 问题实例的解答：

$$Q = s_R' F_i' = b(U_R' + \lambda_R' aG)$$

$$= b(1 - \lambda_R')aG + \lambda_R' aG$$

$$= abG$$

概率分析：在阶段 1 或阶段 2 中，C 不终止游戏的概率为 $\delta^{(l_p + l_{p'} + l_r)}$；挑战时不终止游戏的概率为 $1-\delta$，C 不终止游戏执行的概率为 $\delta^{l_p + l_{p'} + l_r}(1-\delta)$，该式在 $\delta = 1 - 1/(1 + l_p + l_{p'} + l_r)$ 达到最大值。参阅文献[19]可得：C 不终止游戏的概率至少为 $1/e$ $(l_p + l_{p'} + l_r)$，C 均匀随机选取 Q 的概率为 $1/l_3$，因此，C 解决 ECCDH 问题的概率至少为 $\varepsilon/e l_3 (l_p + l_{p'} + l_r)$。

定理 7-2 假如挑战算法 C 能以 $\varepsilon'(\varepsilon' \geqslant \varepsilon/e l_3 l_p)$ 的概率解决 ECCDH 问题，概率多项式时间的内部敌手 A_2 能以概率 ε 攻破 CL-ECASC 的 IND-CCA2-Ⅱ 安全性，其中，e 表示自然对数的底，l_3，l_p 分别表示 A_2 针对 H_3 谕言机和私钥谕言机的询问次数。

证明 假设 C 收到 ECCDH 问题的一个随机实例 $(G, aG, bG) \in G_p$。C 的目标在于确定 $abG \in G_p$ 的值，$a, b \in [1, n]$ 对挑战者 C 而言是未知的。在游戏中，C 将内部敌手 A_2 看作子程序运行。

在游戏开始的时候，C 运行初始化算法得到系统的全局参数 $\gamma(P_{pub} = xG \in G_p)$，输出 (γ, x) 给内部敌手 A_2。在阶段 1，A_2 向 C 发出一系列多项式有界次适应性询问。针对 h_1, h_2, h_3 哈希谕言机的询问跟定理 7-1 中的阶段 1 完全相同，这里不再赘述。其余谕言机询问如下。

公钥询问：C 任意选取一个整数 $\tau \in \{1, 2, \cdots, l_1\}$，$\delta$ 是 $I_i = I_\tau$ 的概率（I_τ 表示挑战身份），(I_τ, τ) 对 A_2 而言是未知的。A_2 询问任意选取的身份 I_i 的公钥。C 的响应如下。

情形 1：如果是第 τ 次询问，C 选取任意的 $v_i \in [1, n]$，设置 $Y_i = aG$，$U_i = v_i G$。C 输出 I_i 的完整公钥 (Y_i, U_i) 给 A_2，添加 $(I_i, v_i, -, -, U_i, Y_i)$ 到最初为空的列表 list4 中。

情形 2：如果不是第 τ 次询问，C 选取随机数 w_i，$v_i \in [1, n]$，计算 $U_i = v_i G$，$Y_i = w_i G$。然后，C 输出 I_i 的完整公钥 (Y_i, U_i) 给 A_2，添加 $(I_i, v_i, w_i, -, U_i, Y_i)$ 到 list4 中。

私钥询问：A_2 询问任意身份 I_i 的私钥。C 的应答如下。

情形 1：如果是第 τ 询问，C 在游戏中失败。

情形 2：如果不是第 τ 询问，C 调用公钥谕言机得到 $v_i \in [1, n]$，计算 $s_i = v_i + \lambda_i x \bmod n$，$R_i = s_i G + v_i Y_i$。$C$ 输出 I_i 的完整私钥 (s_i, w_i) 给 A_2，使用 $(I_i, v_i, w_i, s_i, U_i, Y_i)$ 更新 list4 中的 $(I_i, v_i, w_i, -, U_i, Y_i)$。$A_2$ 通过下列等式验证部分私钥 s_i 的真实性：

$$s_i G = U_i + \lambda_i P_{pub}, \quad R_i = s_i G + w_i U_i$$

签密询问：A_2 询问针对 (M_i, I_i, I_R) 的签密密文。如果 $I_i = I_\tau$，C 输出运行签密算法得到的密文 $\sigma_i \leftarrow (F_i, c_i, u_i)$ 给 A_1；否则，C 选取随机数 $f_i \in [1, n)$，计算：

$$F_i = f_i G , \quad V_i = (s_R + w_R) F_i$$

$$F_i = f_i G , \quad V_i = (s_R + w_R) F_i$$

$$c_i = M_i \oplus h_3(V_i, F_i), \quad \mu_i = h_2(M_i, F_i)$$

记录 (V_i, F_i, N_i) 到列表 list3 中，记录 (M_i, F_i, μ_i) 到列表 list2 中；然后 C 获取满足等式 $u_i G = \mu_i \times (Y_i + U_i + \lambda_i P_{\text{pub}}) + F_i$ 的部分密文 u_i，输出密文 $\sigma_i \leftarrow (F_i, c_i, u_i)$ 给 A_2。A_2 对密文 $\sigma_i \leftarrow (F_i, c_i, u_i)$ 有效性的验证过程：

$$u_i G = \mu_i \times (w_i + s_i) G + f_i G$$
$$= \mu_i \times (Y_i + U_i + \lambda_i P_{\text{pub}}) + F_i$$

聚合询问：A_2 询问 $(U, \{\sigma_1, \sigma_2, \cdots, \sigma_i, \cdots, \sigma_n\})$（$\sigma_i \leftarrow (F_i, c_i, u_i)$）的聚合密文。$C$ 计算 $u = \sum\limits_{i=1}^{n} u_i$，输出聚合密文 $\sigma \leftarrow (F_1, F_2, \cdots, F_n, c_1, c_2, \cdots, c_n, u)$ 给 A_2。

解签密询问：A_2 询问针对 (I_R, U, σ) 的解签密结果。如果 $I_R = I_\tau$，C 输出正常运行解签密算法得到的结果 m 或 $\bot$ 给 A_2；否则，C 在列表 list3 中搜索元组 (V_i, F_i, μ_i)，使得询问 (P_{pub}, F_i, Q) 时谕言机 $\mathcal{O}_{\text{ECDDH}}$ 输出 1 给 A_2。如果发生这样的情况，C 计算：

$$V_i = Q + w_R F_i, \quad M_i = c_i \oplus h_3(V_i, F_i)$$

如果 $uG = \prod\limits_{i=1}^{n} h_2(M_i, F_i) \left(\sum\limits_{i=1}^{n} U_i + \sum\limits_{i=1}^{n} h_1(I_i, Y_i) P_{\text{pub}} + \sum\limits_{i=1}^{n} Y_i \right) + \sum\limits_{i=1}^{n} F_i$，$C$ 输出 $\{M_1, M_2, \cdots, M_n\}$ 给 A_2；否则，输出 $\bot$ 给 A_2。

在挑战阶段，A_2 向 C 发出针对身份 $\{I_R^*, U^*\}$ 和等长消息 $M_0 = \{M_{01}, M_{02}, \cdots, M_{0n}\}$，$M_1 = \{M_{11}, M_{12}, \cdots, M_{1n}\}$ 的挑战询问。在阶段 1 的询问过程中，A_2 不能提取 I_R^* 的秘密值和部分私钥。C 选取任意的 $\theta \in \{0,1\}$，$Q \in G_p$，计算：

$$F_i' = bG, \quad V_i' = Q + s_R' F_i'$$

$$M_{i\theta} = c_i' \oplus h_3(V_i', F_i'), \quad \mu_i' = h_2(M_{i\theta}, F_i')$$

记录 (V_i', F_i', μ_i') 到列表 list2 中，记录 $(M_{i\theta}, F_i', N_i')$ 到列表 list3 中。然后，C 得到满足 $u_i' = \mu_i'(w_i' + s_i') G + F_i'$ 的部分密文 u_i'，输出挑战密文 $\sigma_i' \leftarrow (F_i', c_i', u_i')$ 给 A_2。

在阶段 2，A_1 再次向 C 以自适应的方式发出像阶段 1 那样的多项式有界次询问。询问中，A_2 不能提取 I_R^* 的秘密值，A_1 也不能针对 $\sigma_i' \leftarrow (F_i', c_i', u_i')$ 询问解签密谕言机。游戏结束时，C 在游戏中用 A_1 的能力取得成功并输出 ECCDH 问题实例的解答：

$$Q = w'_R F'_i = abG$$

概率分析：在阶段 1 或阶段 2 中，C 在游戏中不失败的概率为 δ^{l_p}；挑战时不失败的概率为 $1-\delta$，则 C 在游戏中不失败的概率是 $\delta^{l_p}(1-\delta)$，该式在 $\delta=1-1/(1+l_p)$ 达到最大值。参阅文献[19]可得：C 在游戏中不失败的概率至少为 $1/el_p$，C 随机均匀选取 Q' 的概率为 $1/l_3$，因此，C 解决 ECCDH 问题的概率至少为 $\varepsilon/el_3 l_p$。

7.4.2 CL-ECASC 的不可伪造性

定理 7-3 如果外部敌手 A_1 能以概率 ε 攻破 CL-ECASC 的 UF-CMA-I 安全性，那么就存在挑战算法 C 能以 $\varepsilon'(\varepsilon' \geqslant \varepsilon/e(l_p + l_{p'} + l_r))$ 的概率解决问题。

证明 假设 C 收到一个 ECCDH 问题的随机实例 $(G, aG) \in G_p$。C 的目标在于确定 $a \in [1, n)$ 的值，$a \in [1, n)$ 对 C 是未知的。A_1 在游戏中扮演挑战者 C 的子程序。

在游戏开始的时候，C 运行初始化算法得到系统全局参数 $\gamma(P_{pub} = xG \in G_p)$，输出 γ 给外部敌手 A_1。然后，A_1 向 C 发出多项式有界次适应性询问。所有谕言机询问跟定理 7-1 阶段 1 的完全相同，这里不再赘述。

在适应性询问结束时，外部敌手 A_1 输出针对身份 $\{I'_R, U'\}$ 的伪造密文 $\sigma'_i \leftarrow (F'_i, c'_i, u'_i)$ 给挑战者 C。限制条件：A_1 不能询问 I'_i 的部分私钥和秘密值，A_1 亦不能发出针对 $\sigma'_i \leftarrow (F'_i, c'_i, u'_i)$ 的解签密询问。如果 $I'_i = I_\tau$，C 放弃游戏并宣告失败。否则，C 通过调用相应谕言机输出另一密文 $\sigma''_i \leftarrow (F''_i, c''_i, u''_i)$。$C$ 使用分叉引理得到 ECDL 问题实例的解答：

$$\begin{cases} F'_i = u'_i G - (\mu'_i)^{-1}(w'_i + v'_i)G \\ F'_i = u''_i G - (\mu''_i)^{-1}(w''_i + v''_i)G \end{cases}$$
$$\downarrow$$
$$a = \frac{u' - u'' + (\mu''_i)^{-1}(w''_i + v''_i) - (\mu'_i)^{-1}(w'_i + v'_i)}{(\mu'_i)^{-1}\lambda'_i - (\mu''_i)^{-1}\lambda''_i}$$

概率分析：根据定理 7-1 的方法，则有挑战者 C 在游戏中获得 ECDL 问题实例解答的概率至少为 $\varepsilon/e(l_p + l_{p'} + l_r)$。

定理 7-4 如果内部敌手 A_2 能以概率 ε 攻破 CL-ECASC 的 UF-CMA-II 安全性，那么就存在一个挑战算法 C 能以 ε' 的概率解决问题，其中，$\varepsilon' \geqslant \varepsilon/el_p$。

证明 令 C 收到一个 ECCDH 问题的随机实例 $(G, aG) \in G_p$，C 的目标在于确定 $a \in [1, n)$ 的值，$a \in [1, n)$ 对于 C 是未知的。A_2 在游戏中扮演挑战者 C 的子程序。

在游戏开始的时候，C 运行初始化算法得到系统的全局参数 $\gamma(P_{pub} = xG \in G_p)$，输出 (γ, x) 给内部敌手 A_2。然后，A_2 向 C 发出多项式有界次适应性询问。所有谕言机询问跟定理 7-2 阶段 1 的完全相同，这里不再赘述。

在适应性询问结束时,内部敌手 A_2 输出针对身份 $\{I'_R, U'\}$ 的伪造密文 $\sigma'_i \leftarrow (F'_i, c'_i, u'_i)$ 挑战者 C。限制条件:A_2 不能询问 $I'_i \in U'$ 的秘密值,A_2 亦不能发出针对伪造密文 $\sigma'_i \leftarrow (F'_i, c'_i, u'_i)$ 的解签密询问。如果 $I'_i = I_\tau$,C 在游戏中失败。否则,C 通过调用相应谕言机输出另一密文 $\sigma''_i \leftarrow (F''_i, c''_i, u''_i)$ 给 C。C 使用分叉引理得到 ECDL 问题实例的解答:

$$\begin{cases} F'_i = u'_i G - (\mu'_i)^{-1}(a + \lambda'_i x + v'_i)G \\ F'_i = u''_i G - (\mu''_i)^{-1}(a + \lambda''_i x + v''_i)G \end{cases}$$

$$\downarrow$$

$$a = \frac{u' - u'' + (\mu''_i)^{-1}(v''_i - \lambda''_i x) - (\mu'_i)^{-1}(v'_i - \lambda'_i x)}{(\mu'_i)^{-1} - (\mu''_i)^{-1}}$$

概率分析:根据定理 7-2 的方法,则有挑战者 C 在游戏中得到 ECDL 问题实例解答的概率至少为 ε/el_p。

7.5　性　能　评　价

本节依据签密阶段和解签密阶段的计算开销,比较分析 CL-ECASC 和文献 [25-28] 中的密码算法的计算复杂度。

采用 2.60GHz 的 Inter(R) Core(TM) i7-9750H CPU,16.00 GB 的内存,Windows 10 运行环境做相关实验。在该实验环境中计算得出的每种密码操作的时间复杂度如表 7-1 所示,计算效率比较结果如表 7-2 所示。

表 7-1　实验中用到的每种密码操作的计算开销

符号	操作时间
O_M	运行 1 次乘法操作需要的时间 $O_M \approx 3.36$ms
O_P	运行 1 次双线性对操作所需要的时间 $O_P \approx 32.71$ms

表 7-2　几个对比密码算法的计算效率和安全性

密码算法	签密	解签密	执行时间/($n=1000$)	保密性	不可伪造性
文献[25]中的密码算法	$n(4O_M + O_P)$	$nO_M + 3O_P$	$5nO_M + 3O_P + nO_P/49608.13$ms	√	√
文献[26]中的密码算法	$2nO_M + nO_P$	$nO_M + (n+2)O_P$	$3nO_M + 2nO_P + 2O_P/75565.42$ms	√	√
文献[27]中的密码算法	$7nO_M$	$5nO_M$	$12nO_M/40320$ms	√	√
文献[28]中的密码算法	$6nO_M$	$8nO_M$	$14nO_M/47040$ms	√	√
CL-ECASC	$5nO_M$	$2nO_M$	$7nO_M/23520$ms	√	√

从图 7-2 和图 7-3 可看出，用户数从 100 增加到 1000 时，CL-ECASC 的性能比文献[25-28]中的密码算法的计算复杂度更低。文献[25]中的密码算法的运行时间为 49608.13ms，文献[26]中的密码算法的运行时间为 75565.42ms，文献[27]中的密码算法的运行时间为 40320ms，文献[28]中的密码算法的运行时间为 47040ms，CL-ECASC 的运行时间为 23520ms。

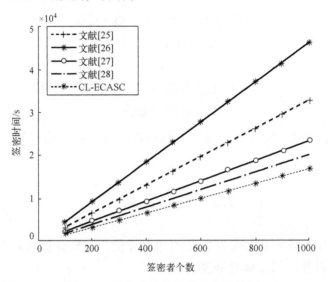

图 7-2　签密算法的计算效率比较图

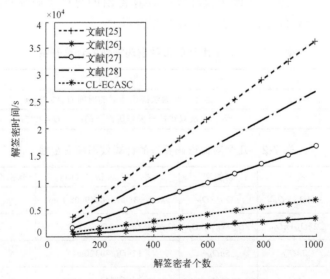

图 7-3　解签密算法的计算效率比较图

7.6　本章小结

在 5G 环境下数据中心必须对各种消息进行签名操作，并及时发送到各个部门进行物联网接入认证。如果采用传统的签密方法，对不同消息分别进行加密操作会消耗大量计算开销。为了解决此问题，本章提出 IND-CCA2 和 UF-CMA 安全的轻量级无证书椭圆曲线聚合签密(CL-ECASC)。CL-ECASC 的计算复杂度低，适合应用于区块链、物联网等场景。

参 考 文 献

[1] Boneh D, Gentry C, Lynn B, et al. Aggregate and verifiably encrypted signatures from bilinear maps[C]//International Conference on the Theory and Applications of Cryptographic Techniques. Berlin: Springer, 2003: 416-432.

[2] Yu H F, Bai L, Hao M, et al. Certificateless signcryption scheme from lattice[J]. IEEE Systems Journal, 2020, (99): 1-9.

[3] Li J M, Yu H F, Xie Y, ElGamal broadcasting multi-signcryption protocol with UC security[J]. Journal of Computer Research and Development, 2019, 56(5): 1101-1111.

[4] Abouelkheir E, El-sherbiny S. Pairing free identity based aggregate signcryption scheme[J]. IET Information Security, 2020, 14(6): 625-632.

[5] Song J, Liu Y, Shao J, et al. A dynamic membership data aggregation (DMDA) protocol for smart grid[J]. IEEE Systems Journal, 2019, 14(1): 900-908.

[6] Boudia O R, Senouci S M, Feham M. A novel secure aggregation scheme for wireless sensor networks using stateful public key cryptography[J]. Ad Hoc Networks, 2015, 32: 98-113.

[7] Lu H J, Xie Q. An efficient certificateless aggregate signcryption scheme from pairings[C]// 2011 International Conference on Electronics, Communications and Control (ICECC). IEEE, 2011: 132-135.

[8] Jiang Y, Li J P, Xiong A P. Certificateless aggregate signcryption scheme for wireless sensor network[J]. International Journal of Advancements in Computing Technology, 2013, 5(8): 456-463.

[9] Zhang X F, Wei L X, Wang X Z. Certificateless aggregate signcryption scheme with public verifiability[J]. Journal of Computer Applications, 2013, 33(7): 1858-1860.

[10] Eslami Z, Pakniat N. Certificateless aggregate signcryption: Security model and a concrete construction secure in the random oracle model[J]. Journal of King Saud University-

Computer and Information Sciences, 2014, 26(3): 276-286.

[11] Zhang Y J, Zhang Y L, Wang C F. Certificateless aggregate signcryption scheme with internal security and const pairings[J]. Journal of Electronics & Information Technology, 2018, 40(2): 500-508.

[12] Kim T H, Kumar G, Saha R, et al. CASCF: Certificateless aggregated signcryption framework for internet-of-things infrastructure[J]. IEEE Access, 2020, 8: 94748-94756.

[13] Elhoseny M, Shankar K. Reliable data transmission model for mobile ad hoc network using signcryption technique[J]. IEEE Transactions on Reliability, 2019, 69(3): 1077-1086.

[14] Koblitz N. Elliptic curve cryptosystems[J]. Mathematics of Computation, 1987, 48(177): 203-209.

[15] Vanstone S A. Elliptic curve cryptosystem-the answer to strong, fast public-key cryptography for securing constrained environments[J]. Information Security Technical Report, 1997, 2(2): 78-87.

[16] Toorani M, Shirazi A. An elliptic curve-based signcryption scheme with forward secrecy[J]. Journal of Applied Sciences, 2009, 9(6): 1025-1035.

[17] Yu H F, Yang B. Low-computation certificateless hybrid signcryption scheme[J]. Frontier of Information Technology & Electronic Engineering, 2017, 18(7): 928-940.

[18] Zia M, Ali R. Cryptanalysis and improvement of an elliptic curve based signcryption scheme for firewalls[J]. PLoS ONE, 2018, 13(12): 1-11.

[19] Cao J, Yu P, Ma M, et al. Fast authentication and data transfer scheme for massive NB-IoT devices in 3GPP 5G network[J]. IEEE Internet of Things Journal, 2018, 6(2): 1561-1575.

[20] Ullah I, Ul Amin N, Zareei M, et al. A lightweight and provable secured certificateless signcryption approach for crowdsourced IoT applications[J]. Symmetry, 2019, 11(11): 1386.

[21] HaddadPajouh H, Dehghantanha A, Parizi R M, et al. A survey on internet of things security: Requirements, challenges, and solutions[J]. Internet of Things, 2019: 100-129.

[22] Hwang R J, Lai C H, Su F F. An efficient signcryption scheme with forward secrecy based on elliptic curve[J]. Applied Mathematics and Computation, 2005, 167(2): 870-881.

[23] Wang D, Wang P. Two birds with one stone: Two-factor authentication with security beyond conventional bound[J]. IEEE Transactions on Dependable and Secure Computing, 2016, 15(4): 708-722.

[24] Yu H F, Ren R. Certificateless elliptic curve aggregate signcryption scheme[J]. IEEE Systems Journal, 2021.

[25] Niu S F, Li Z B, Wang C F. Privacy-preserving multi-party aggregate signcryption for heterogeneous systems[C]//International Conference on Cloud Computing and Security.

Cham: Springer, 2017: 216-229.

[26] Swapna G, Reddy P V. Efficient identity based aggregate signcryption scheme using bilinear pairings over elliptic curves[J]. Journal of Physics: Conference Series, 2019: 012010.

[27] Luo W, Ma W. Secure and efficient data sharing scheme based on certificateless hybrid signcryption for cloud storage[J]. Electronics, 2019, 8(5): 590.

[28] Malik Z U B, Ali R. A multi recipient aggregate signcryption scheme based on elliptic curve[J]. Wireless Personal Communications, 2020, 115(2): 1465.

第8章 通用可复合身份代理签密

8.1 引 言

通用可复合安全技术[1]的优点在于一个安全的密码方案不仅能保证和任意密码方案组合形成的复合系统的安全，也能保证作为其他系统的组件运行时的安全。通用可复合框架可满足模块化设计的密码方案的要求。在复杂的不可预测的环境中，通用可复合安全是一种基本属性，可保证同时若干密码方案实例运行时的安全。设计一个通用可复合安全的密码方案，首先将希望完成的功能抽象成一个理想函数(不可攻破的可信第三方)。Canetti[2]纠正了数字签名的理想函数的定义。王竹等[3]给出身份签名方案的理想函数，证明通用可复合安全的身份签名方案和经典的 UF-CMA 安全的身份签名方案在适应性攻击模型下是等价的。田有亮等[4]提出通用可复合的多播组通信协议；后来又提出通用可复合的公平安全的两方计算协议[5]。张紫楠[6]提出通用可复合安全的密钥交换协议。李建民等[7,8]提出通用可复合的自认证盲签密方案和 ElGamal 型广播多重签密方案。

代理签名可保证签名的认证性，但不能保证消息的保密性[9]。陈善学等[10]提出语义安全身份代理签密方案，能同时实现代理签名和公钥加密两项功能，还满足前向安全性和公开验证性。明洋等[11]提出标准模型下身份代理签密方案，满足保密性和不可伪造性。周才学[12]提出标准模型下身份广义代理签密方案，给出在判定双线性 Diffie-Hellman 假设下的不可区分性和计算 Diffie-Hellman 假设下的不可伪造性的安全性证明。身份代理签密[10-17]在移动代理安全、电子会议等领域有着广泛的应用前景。然而，这些算法[10-17]都不具备通用可复合性。通用可复合安全身份代理签密是一个值得研究的重要问题。

现有身份代理签密不适合用于复杂的网络环境中作为复合系统的组件，同时不能保证与其他密码算法并行运行时的安全。为了解决此问题，本章融合通用可复合安全机制和身份代理签密机制，提出通用可复合安全身份代理签密[18](identity-based proxy signcryption，IB-PSC)。在随机谕言模型下，利用密码学中的归约技术给出身份代理签密的不可区分性和不可伪造性的安全性证明。然后，给出身份代理签密的理想函数的形式化定义，同时证明了当且仅当身份代理签密满足

IND-CCA2 安全性（适应性选择密文攻击下的不可区分性）和 UF-CMA 安全性（适应性选择消息攻击下的不可伪造性）时，该协议就能安全实现其理想函数。

8.2　IB-PSC 的形式化定义

8.2.1　IB-PSC 的算法定义

IB-PSC 是由五个概率多项式时间算法组成的。IB-PSC 的工作原理如图 8-1 所示。

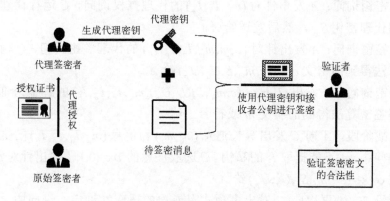

图 8-1　IB-PSC 的工作原理

IB-PSC 的每个算法的具体定义如下所述。

系统初始化算法(Setup)：输入一个系统安全参数 1^k，输出主控密钥 s 和系统的全局参数 L。

密钥提取算法(Extract)：输入 (L,I_i)，输出用户 I_i 的公私钥 (Y_i,S_i)。

请注意： $i=a,p,b$ ， $I_i \in \{I_a,I_p,I_b\}$ ， I_a 表示原始签密者的身份， I_p 表示代理签密者的身份， I_b 表示接收者的身份。(Y_a,S_a) 表示原始签密者 I_a 的公私钥、(Y_p,S_p) 表示代理签密者 I_p 的公私钥、(Y_b,S_b) 表示接收者 I_b 的公私钥。

代理密钥生成算法(PKeyGen)：输入 (L,I_a,I_p)，通过原始签密者 I_a 和代理签密者 I_p 的交互的方式输出代理签密密钥 S_{ap}。

代理签密算法(ProxySC)：输入 $(L,m,m_w,I_a,I_p,I_b,Y_p,Y_b,S_{ap})$，输出一个密文 $\sigma \leftarrow (c,m_w,S,U_a,U_p)$。

解签密 (Unsc)：输入 $(L,\sigma \leftarrow (c,m_w,S,U_a,U_p),m_w,I_a,I_p,I_b,Y_b,Y_p,S_b)$，输出明文 m 或符号 $\perp$。

8.2.2　IB-PSC 的安全模型

IB-PSC 必须满足 IND-CCA2 安全性和 UF-CMA 安全性。IB-PSC 的保密性依赖于 IND-CCA2 安全模型中的实验游戏 Game1。

Game1 是挑战者 C 和敌手 A 之间的交互游戏。在游戏开始的时候，C 运行 Setup(1^k) 得到系统全局参数 L 和主密钥 s，发送 L 给 A，保留主控密钥 s。在阶段 1 中，A 向 C 发起多项式有界次适应性询问。

密钥提取询问：A 可以发出针对 I_i 的公私钥询问，C 运行 Extract(I_i) 得到 I_i 的公私钥 (Y_i, s_i)，然后发送 (Y_i, s_i) 给 A。

代理密钥询问：A 发出针对 (m_w, I_a, I_p) 的代理授权询问，C 运行代理密钥生成算法得到代理密钥 S_{ap}，然后发送给 A。

代理签密询问：A 发出针对 $(L, m, m_w, I_a, I_p, I_b)$ 的代理签密询问，C 输出运行代理签密算法得到的密文 $\sigma \leftarrow (c, m_w, S, U_a, U_p)$ 给 A。

解签密询问：A 发出 $(L, \sigma \leftarrow (c, m_w, S, U_a, U_p), m_w, I_a, I_p, I_b)$ 的解签密询问，C 输出运行解签密算法得到的明文 m 或符号 $\perp$ 给 A。

在挑战阶段，A 向 C 发出等长消息 (m_0, m_1) 和信息 $(m_w, I_a^*, I_p^*, I_b^*)$ 的挑战询问。阶段 1 询问中，A 不能提取 I_b^* 的私钥。C 选取任意的 $\rho \in \{0,1\}$，输出针对消息 m_ρ 的挑战密文 $\sigma^* \leftarrow (c^*, m_w^*, S^*, U_a^*, U_p^*)$ 给 A。

在阶段 2，A 再次向 C 发出多项式有界次的适应性询问。询问中，A 不能提取 I_b^* 的私钥，A 也不发出针对 $\sigma^* \leftarrow (c^*, m_w^*, S^*, U_a^*, U_p^*)$ 的解签密询问。

游戏结束时，A 输出 $\rho' \in \{0,1\}$ 作为对的一个猜测。如果 $\rho' = \rho$，则说明 A 赢得 Game1。

定义 8-1　如果任何概率多项式时间敌手 A 赢得 Game1 的优势是可忽略的，IB-PSC 是 IND-CCA2 安全的。

IB-PSC 的不可伪造性依赖于 UF-CMA 安全模型中的实验游戏 Game2, Game3。

Game2 代表 C 和敌手 A_1 之间的交互游戏。在游戏开始的时候，C 得到 $(L, s) \leftarrow$ Setup(1^k)，C 保留系统的主控密钥 s，发送系统的全局参数 L 给 A_1（A_1 拥有代理签密者 I_p 的私钥）。

A_1 以自适应的方式向 C 发出跟 Game1 的阶段 1 完全相同的多项式有界次询问。训练结束时，A_1 输出一个伪造密文 $(I_a^*, I_p^*, I_b^*, \sigma^* \leftarrow (c^*, m_w^*, S^*, U_a^*, U_p^*))$ 给 C。训练中，A_1 不能询问 I_p^* 的私钥，$(I_a^*, I_p^*, I_b^*, \sigma^* \leftarrow (c^*, m_w^*, S^*, U_a^*, U_p^*))$ 不是代理签密询问的结果。如果解签密结果不是符号 $\perp$，A_1 在 Game2 中获胜。

Game3 代表 C 和敌手 A_2 之间的交互游戏。在游戏开始的时候，C 得到 (L, s) $\leftarrow$ Setup(1^k)，C 保留系统的主密钥 s，输出系统的全局参数 L 给 A_2（A_2 拥有原始签

密者 I_b 的私钥)。

A_2 以自适应的方式向 C 发起跟 Game1 的阶段 1 完全相同的多项式有界次的询问。训练结束时，A_2 输出一个伪造密文 $(I_a^*, I_p^*, I_b^*, \sigma^*) \leftarrow (c^*, m_w^*, S^*, U_a^*, U_p^*)$ 给 C。训练中，A_2 不能询问 I_a^* 的私钥，$(I_a^*, I_p^*, I_b^*, \sigma^* \leftarrow (c^*, m_w^*, S^*, U_a^*, U_p^*))$ 不是代理签密询问的结果。如果解签密结果有效，说明 A_2 在 Game3 中获胜。

定义 8-2　如果任何概率多项式时间的敌手 $A_1(A_2)$ 赢得 Game2(Game3) 的优势是可忽略的，则说明 IB-PSC 是 UF-CMA 安全的。

8.3　IB-PSC 方案实例

1. 系统设置算法 (Setup)

在设置算法中，G_1, G_2 分别表示具有素数阶 p 的加法循环群和乘法循环群，P 表示群 G_1 的生成元，$e: G_1 \times G_1 \to G_2$ 是一个双线性映射。PKG 选择 4 个密码学安全的哈希函数：

$$h_1 : \{0,1\}^t \times G_p \to Z_p^*, \quad h_2 : \{0,1\}^l \times G_p \to Z_p^*, \quad h_3 : G_p \times G_p \to \{0,1\}^l$$

$$h_4 : \{0,1\}^l, \{0,1\}^t, \{0,1\}^t, \{0,1\}^t \times G_1 \times G_1 \to Z_p^*$$

哈希函数中 l 表示任意消息长度，t 表示授权证书长度。PKG 选取主控密钥 $s \in Z_p^*$，计算系统的公钥 $y_{\text{pub}} \leftarrow sP$。最后，PKG 保留主密钥 $s \in Z_p^*$，公开系统全局参数：

$$L = \{G_1, G_2, p, e, t, l, P, y_{\text{pub}}, h_1, h_2, h_3, h_4\}$$

2. 密钥提取算法（Extract）

原始签密者 I_a 计算公钥 $Y_a \leftarrow h_1(I_a)$，PKG 采用原始签密者 I_a 的公钥计算其私钥 $S_a \leftarrow s \times Y_a$。

根据代理者 I_p 计算公钥 $Y_p \leftarrow h_1(I_p)$，PKG 计算采用代理者 I_p 的公钥计算私钥 $S_p \leftarrow s \times Y_p$。

根据接收者 I_b 计算公钥 $Y_b \leftarrow h_1(I_b)$，PKG 计算采用接收者 I_b 的公钥计算私钥 $S_b \leftarrow s \times Y_b$。

3. 代理密钥生成算法（PKeyGen）

原始签密者 I_a 首先生成一个授权证书 m_w，用来说明原始签密者和代理签密者各自的身份信息、原始签密者给予代理签密者的权力范围、二者的公钥信息和代理签密者的使用限制内容等。原始签密者 I_a 选取任意的 $k_a \in Z_q^*$，计算 $U_a = k_a Y_a \in G_1$，$V = h_2(m_w, Y_a)$。最后，原始签密者 I_a 发送 (U_a, V, m_w) 给代理签密者 I_p。代理签密者 I_p 根据收到的 (U_a, V, m_w) 验证下面等式：

$$e(P, V) = e(y_{pub}, h_2(m_w, U_a)Y_a) \tag{8.1}$$

如果等式(8.1)成立，代理签密者 I_p 计算代理密钥 $S_{ap} = S_p + V$；否则，要求原始签密者 I_a 重发。

4. 代理签密算法（ProxySC）

代理签密者 I_p 选取任意的 $k_p \in Z_q^*$，计算：

$$U_p = k_p P, \quad R = e(y_{pub}, Y_b)^{k_p}$$

$$c = m \oplus h_3(m_w, U_p, R)$$

代理签密者 I_p 接着计算 $\mu = h_4(m, I_a, I_p, I_b, U_p, R)$，$S = \mu S_{ap} + k_p Y_p$，输出密文 $\sigma \leftarrow (c, m_w, S, U_a, U_p)$ 给接收者 I_b。

5. 解签密算法（Unsc）

接收者 I_b 根据收到的密文 $\sigma \leftarrow (c, m_w, S, U_a, U_p)$，计算：

$$R = e(U_p, S_b), \quad m = c \oplus h_3(m_w, U_p, R)$$

$$\mu = h_4(m, I_a, I_p, I_b, U_p, R)$$

如果 $e(P, S) = e(y_{pub}, h_2(m_w, U_a)Y_a + Y_p)^{\mu} e(U_p, Y_p)$，说明密文有效；否则，密文无效并拒绝接受密文。

通用可复合身份代理签密算法的正确性验证过程如下。

$$e(P, V) = e(P, h_2(m_w, U_a)S_a)$$
$$= e(P, sY_a)^{h_2(m_w, U_a)}$$
$$= e(y_{pub}, Y_a)^{h_2(m_w, U_a)}$$

$$R = e(y_{pub}, Y_a)^{k_p}$$
$$= e(sP, k_p Y_p) = e(U_p, S_b)$$

$$e(P, S) = e(P, \mu S_{ap} + k_p Y_p)$$
$$= e(P, S_p + V)^{\mu} e(P, k_p Y_p)$$
$$= e(P, h_2(m_w, U_a)S_a + sY_p)^{\mu} e(U_p, Y_p)$$
$$= e(y_{pub}, h_2(m_w, U_a)Y_a + Y_p)^{\mu} e(U_p, Y_p)$$

8.4　安全性证明

8.4.1　IB-PSC 的保密性

定理 8-1　经过 l_{ap} 次代理密钥询问、l_e 次密钥提取询问、l_i 次对 $h_i(i=1,2,3,4)$ 谕言机的询问后，如果没有任何多项式时间敌手 A 能以不可忽略的概率 ε 赢得定义 8-1 的 Game1，必定存在一个挑战者 C 以 $\varepsilon'\left(\varepsilon'\geqslant\dfrac{\varepsilon}{el_3(l_e+l_{ap})}\text{，e表示自然对数的底}\right)$ 的概率解决 BDH 问题。

证明　假如 C 得到一个随机的 BDH 问题实例 $(P,aP,bP,cP)\in G_1$，目标在于计算 $e(P,P)^{abc}\in G_2$。在游戏中 A 扮演挑战者 C 的子程序。C 维护初始化为空的列表 L_1,L_2,L_3,L_4,L_{ap} 记录针对 $h_i(i=1,2,3,4)$ 谕言机和代理授权谕言机的询问与应答值。

游戏开始时，C 运行设置算法得到系统的全局参数 $L(y_{pub}=aP)$，发送 L 给 A。在阶段 1，A 向 C 发出多项式有界次的适应性询问。

h_1 询问：C 从 l_1 个身份中选取第 λ 个身份作为挑战的目标身份，l_1 是对 h_1 谕言机的询问次数。β 表示 $I_i=I_\lambda$ 的概率。A 发出 I_i 的 h_1 询问。如果 A 向 C 询问的哈希函数值在列表 L_1 中，C 返回 I_i 的公钥 Y_i 给 A；否则，C 的反应如下。

情形 1：如果 $I_i=I_\lambda$，C 设置 $Y_i=h_1(I_i)=bP$，返回 I_i 的公钥 Y_i 给 A，记录 $(I_i,Y_i,-,-)$ 到列表 L_1 中。

情形 2：如果 $I_i\neq I_\lambda$，C 选取任意的 $x_i\in Z_q^*$，计算公钥 $Y_i=h_1(I_i)=x_iP$，返回 I_i 的 Y_i 给 A，记录 $(I_i,Y_i,x_i,-)$ 到 L_1 中。

h_2 询问：A 发出 h_2 询问。C 检查列表 L_2 中是否存在元组 (m_w,U_a,f)，如果有，C 返回 f 给 A；否则，C 输出任意选取的 $f\in Z_q^*$ 给 A，记录 (m_w,U_a,f) 到 L_2 中。

h_3 询问：A 发出 h_3 询问。C 检查列表 L_3 中是否有元组 (m_w,U_a,R,ϕ)，如果有，C 返回 ϕ 给 A；否则，C 输出任意选取的 $\phi\in\{0,1\}^l$ 给 A，记录 (m_w,U_a,R,ϕ) 到 L_3 中。

h_4 询问：C 收到 A 的 h_4 询问时，检查列表 L_3 中是否存在匹配元组。如果存在，C 返回 μ 给 A；否则，C 输出任意选取的 $\mu\in Z_q^*$ 给 A，记录 $(m,I_a,I_p,I_b,U_p,R,\mu)$ 到 L_4 中。

密钥提取询问：A 发出 I_i 的公私钥询问。令密钥提取询问前已经询问过 h_1 谕言机。如果 $I_i=I_\lambda$，C 终止模拟；否则，C 计算 $S_i=x_iaP=x_iy_{pub}$，输出 I_i 的 (Y_i,S_i) 给 A，记录 (I_i,Y_i,x_i,S_i) 到 L_1 中。

代理密钥询问：A 发出针对元组 (m_w,I_a,I_p) 的代理密钥询问。令代理密钥询问前已经询问过哈希谕言机和密钥提取谕言机。如果 $I_a = I_\lambda$，C 终止模拟；否则，C 选取任意的 $k_a \in Z_q^*$，计算 $U_a = k_a Y_a$，$V = f \cdot x_a y_{pub}$。如果 $e(P,V) = e(y_{pub}, Y_a)f$，$C$ 计算 $S_{ap} = x_p y_{pub} + V$，输出代理密钥 S_{ap} 给 A，记录 (m_w, S_{ap}, U_a, V) 到 L_1 中。

代理签密询问：前面谕言机均已经询问过的情况下，A 发出针对元组 (m, m_w, I_a, I_p, I_b) 的代理签密询问。如果 $I_p \neq I_\lambda$，C 输出运行真实代理签密算法生成的密文 $\sigma \leftarrow (c, m_w, S, U_a, U_p)$ 给 A。否则，C 选取任意的 $v, k_p \in Z_q^*$，计算：

$$U_p = k_p P - v y_{pub} \in G_1, \quad R = e(U_p, S_b), \quad c = m \oplus \phi$$

记录 $(m_w, U_p, R, \phi \leftarrow h_3(m_w, U_p, R))$ 到 L_3 中。C 设置 $\mu = v$，记录 $(m_w, I_a, I_p, I_b, U_p, R, \mu)$ 到列表 L_4 中；最后，C 计算 $S = f \cdot \mu I_a y_{pub} + K_p Y_p$，输出 $\sigma \leftarrow (c, m_w, S, U_a, U_p)$ 给 A。A 针对密文 $\sigma \leftarrow (c, m_w, S, U_a, U_p)$ 有效性的验证过程如下。

$$e(y_{pub}, h_2(m_w, U_a)Y_a + Y_p)^\mu e(U_p, Y_p)$$
$$= e(y_{pub}, fY_a + Y_p)^\mu e(k_p P - v y_{pub}, Y_p)$$
$$= e(y_{pub}, \mu f x_a P)e(y_{pub}, v Y_p)e(P, k_p Y_p)e(y_{pub}, -v Y_p)$$
$$= e(y_{pub}, \mu f x_a P)e(P, k_p Y_p)$$
$$= e(P, \mu f x_a P + k_p Y_p)$$
$$= e(P, S)$$

解签密询问：A 发出针对元组 $(\sigma \leftarrow (c, m_w, S, U_a, U_p), m_w, I_a, I_p, I_b)$ 的解签密询问。如果 $I_b \neq I_\lambda$，C 输出运行解签密算法得到的明文 m 或符号 $\perp$ 给 A。否则，C 在列表 L_3 中寻找 $(m_w, U_p, R, \phi \leftarrow h_3(m_w, U_p, R))$，使得敌手 A 询问 (y_{pub}, Y_b, U_b, R) 时谕言机 $\mathcal{O}_{DBDH}$ 返回 1。如果有这种情况，C 计算：

$$R = e(U_p, S_b), m = c \oplus h_3(m_w, U_p, R))$$

$$\mu = h_4(m, I_a, I_p, I_b, U_p, R)$$

如果 $e(P,S) = e(y_{pub}, h_2(m_w, U_a)Y_a + Y_p)^\mu e(U_p, Y_p)$，$C$ 输出恢复出的明文 m 给 A；否则，C 输出符号 $\perp$ 给 A。

在挑战阶段，A 提交等长消息 (m_0, m_1) 和信息 $(m_w^*, I_a^*, I_p^*, I_b^*)$ 的挑战询问给挑战者 C。挑战询问前，I_b^* 的私钥不能询问。如果 $I_p^* = I_\lambda$，C 在游戏中失败。否则，C 选取任意的 $\rho \in \{0,1\}$，$R^* \in G_2$，计算：

$$U_p^* = cP \in G_1, \quad m_\rho = c^* \oplus \phi^*$$

$$\mu^* = h_4(m_\rho, I_a^*, I_b^*, I_p^*, U_p^*, R^*)$$

然后，C 记录 $(m_w^*, U_p^*, R^*, \phi^* \leftarrow h_3(m_w^*, U_p^*, R^*))$ 到 L_3 中，记录 $(m_\rho, I_a^*, I_b^*, I_p^*, U_p^*,$

R^*, μ^*)到 L_4 中。C 计算 $S^* = \mu^* S_{ap}^* + x_p^* U_p^*$，输出 m_ρ 的一个挑战密文 $\sigma^* \leftarrow (c^*, m_w^*, S^*, U_a^*, U_p^*)$ 给 A。

在阶段 2，A 再次向 C 发出一系列多项式有界次适应性询问。询问中 A 不能提取 I_b^* 的私钥，A 也不能提交 $\sigma^* \leftarrow (c^*, m_w^*, S^*, U_a^*, U_p^*)$ 给解签密谕言机。

游戏结束时，A 输出 $\rho \in \{0,1\}$ 的一个猜测 $\rho' \in \{0,1\}$ 作为对。如果 $\rho' = \rho$，C 计算 BDH 问题的解答：

$$R^* = e(U_p^*, S_b^*) = e(cP, aS_b^*) = e(P,P)^{abc}$$

否则，说明 C 没有利用 A 的能力解决 BDH 问题。

概率评估：在阶段 1 或阶段 2 中 C 不终止游戏的概率为 $\beta^{l_e + l_{ap}}$，挑战时 C 不放弃游戏的概率为 $1-\beta$，则游戏不停止的概率是 $\beta^{l_e + l_{ap}}(1-\beta)$，该式在 $\beta = 1 - 1/(1 + l_e + l_{ap})$ 时达到最大值。依据文献[13, 14]可得：C 不放弃游戏的概率为是 $1/e(l_e + l_{ap})$。因此，C 解决 BDH 问题的概率 $\varepsilon' \geqslant \varepsilon / el_3(l_e + l_{ap})$。如果 A 以概率 ε 获胜，说明 C 就能以概率 ε' 解决 BDH 问题。这与 BDH 困难假设相矛盾。如果 BDH 问题是难解问题，ε 必须是可忽略的。

8.4.2　IB-PSC 的不可伪造性

定理 8-2　如果任何多项式有界的敌手 $A_1(A_2)$ 赢得 Game2(Game3) 的概率 ε 是可忽略的，则有两种情况。

(1) Game2 中存在一个挑战算法 C 能以概率 ε_1' ($\varepsilon_1' \geqslant \varepsilon / el_{usc}(l_e + l_{ap})$) 解决 CDH 问题，其中，e 表示自然对数的底，l_e 表示询问密钥提取谕言机的次数，l_{ap} 表示询问代理密钥谕言机的次数，l_{usc} 表示询问解签密谕言机的次数。

(2) Game3 中存在一个挑战算法 C 能以概率 ε_2' ($\varepsilon_2' \geqslant \varepsilon / el_{usc}l_e$) 解决 CDH 问题，其中，e 表示自然对数的底，l_e、l_{usc} 表示询问密钥提取谕言机和解签密谕言机的次数。

证明　给定一个随机的 CDH 问题实例 $(P, aP, bP) \in G_1$，目标在于计算 $abP \in G_1$。在游戏中，$A_1(A_2)$ 充当挑战者 C 的子程序。C 维护初始化为空的列表 $L_1, L_2, L_3, L_4, L_{ap}$ 记录针对 $h_i (i = 1, 2, 3, 4)$ 谕言机、代理授权谕言机的询问与应答值。游戏开始时，C 运行初始化算法得到系统的全局参数 $L(y_{pub} = aP)$，发送 L 给 $A_1(A_2)$。然后，$A_1(A_2)$ 向 C 发出与定理 8-1 的阶段 1 完全相同的多项式有界次适应性询问，这里不再赘述。针对不同敌手伪造密文过程不一样。具体情况如下。

(1) 询问结束时，A_1 输出一个伪造密文 $\sigma^* \leftarrow (c^*, m_w^*, S^*, U_a^*, U_p^*)$ 给 C。在询问中，A_1 不能提取 I_p^* 的私钥，$\sigma^* \leftarrow (c^*, m_w^*, S^*, U_a^*, U_p^*)$ 不应该是对代理签密询问的应答。如果 $I_p^* = I_\lambda$ 且 $I_a^* \neq I_\lambda$，C 终止游戏。如果 $I_p^* \neq I_\lambda$ 且 $I_a^* = I_\lambda$，C 调用谕言机得到

$(x_p^*, f^*, \mu^*, Y_a^* \leftarrow bP)$，然后输出 CDH 问题实例的解答：

$$abP = \frac{S^* - \mu^* S_p^* - x_p^* U_p^*}{\mu^* f^*}$$

如果 C 在 Game2 中获得成功，说明下面验证等式肯定成立：

$$
\begin{aligned}
e(P, S^*) &= e(y_{\text{pub}}, h_2(m_w^*, U_a^*) Y_a^* + Y_p^*) e(U_p^*, Y_p^*) \\
&= e(y_{\text{pub}}, \mu^* f^* Y_a^*) e(y_{\text{pub}}, \mu^* Y_p^*) e(P, x_p^* U_p^*) \\
&= e(P, \mu^* f^* abP) e(P, \mu^* S_p^*) e(P, x_p^* U_p^*)
\end{aligned}
$$

概率评估：在阶段 1 或阶段 2 的询问中，C 不终止游戏的概率是 $\beta^{l_e + l_{ap}}$；在挑战询问中，C 不终止游戏的概率是 $1 - \beta$，则 C 不放弃游戏的概率为 $\beta^{l_e + l_{ap}}(1 - \beta)$，该式在 $\beta = 1 - 1/(1 + l_e + l_{ap})$ 时达到最大值。参考定理 8-1 可得：C 在游戏中不放弃的概率为 $1/e(l_e + l_{ap})$，代理签密密文通过验证的概率是 $1/l_{usc}$，因此，C 解决 CDH 问题的概率 ε_1' 至少是 $\varepsilon / e l_{usc}(l_e + l_{ap})$。

(2) 询问结束时，A_2 输出一个伪造密文 $\sigma^* \leftarrow (c^*, m_w^*, S^*, U_a^*, U_p^* \leftarrow y_{\text{pub}})$ 给 C。在询问中，A_2 不能提取 I_a^* 的私钥，$\sigma^* \leftarrow (c^*, m_w^*, S^*, U_a^*, U_p^*)$ 不应是对代理签密询问的应答。

如果 $I_a^* = I_\lambda$ 且 $I_p^* = I_\lambda$，C 终止游戏。如果 $I_a^* \neq I_\lambda$ 且 $I_p^* = I_\lambda$，C 询问谕言机得到 $(x_p^*, f^*, \mu^*, Y_p^* \leftarrow bP)$，然后输出 CDH 问题实例的解答：

$$abP = \frac{S^* - \mu^* f^* x_a^* y_{\text{pub}}}{\mu^* + 1}$$

如果 C 在 Game3 中获得成功，则说明下面验证等式肯定成立：

$$
\begin{aligned}
e(P, S^*) &= e(y_{\text{pub}}, h_2(m_w^*, U_a^*) Y_a^* + Y_p^*) e(U_p^*, Y_p^*) \\
&= e(y_{\text{pub}}, \mu^* f^* Y_a^*) e(y_{\text{pub}}, \mu^* Y_p^*) e(y_{\text{pub}}, bP) \\
&= e(P, \mu^* f^* x_a^* y_{\text{pub}}) e(P, \mu^* abP) e(P, abP)
\end{aligned}
$$

概率评估：在阶段 1 或阶段 2 中，C 不终止游戏的概率是 β^{l_e}，在挑战期间 C 不终止游戏的概率为 $1 - \beta$，则 C 不终止游戏的概率为 $\beta^{l_e}(1 - \beta)$，该式在 $\beta = 1 - 1/(1 + l_e)$ 时达到最大值。参考定理 8-1 可得：C 不终止游戏的概率是 $1/e l_e$，密文可通过验证的概率是 $1/l_{usc}$，因此，C 解决 CDH 问题的概率 ε_2' 至少是 $\varepsilon / e l_e l_{usc}$。

如果 $A_1(A_2)$ 以 ε 的概率在游戏中取得成功，C 就能以 $\varepsilon_1'(\varepsilon_2')$ 的概率解决 CDH 问题，这与 CDH 困难假设相矛盾。如果 CDH 问题是难解问题，则 ε 必定是可忽略的。

8.4.3　IB-PSC 的通用可复合性

1. 通用可复合框架下的 $\pi_{\text{IB-PSC}}$

在密码学的实际应用中，一个具体密码协议 $\pi_{\text{IB-PSC}}$ 通常由 PKG 来控制 Setup 算法和 Extract 算法。$\pi_{\text{IB-PSC}} = (\text{Setup}, \text{Extract}, \text{PKeyGen}, \text{ProxySC}, \text{Unsc})$ 的参与方为 $(P_1, P_2, \cdots, P_n)$ 和 PKG，密码协议 $\pi_{\text{IB-PSC}}$ 在 UC 框架下的运行如下。

（1）收到来自 A 的 (PKG, Setup, sid) 请求之后，验证 $sid = (\text{PKG}, sid')$。如果验证失败，PKG 忽略此次请求；否则，PKG 运行 Setup(1^k) 得到 (s, L)，返回系统的全局参数 L。

（2）收到来自 A 的 (Extract, sid) 请求之后，运行 Extract(s, L, I_i) 得到相应公私钥 (Y_i, s_i)，返回 (Y_i, s_i)。

（3）收到来自 A 的 (PKeyGen, sid) 请求之后，运行 PKeyGen(L, I_a, I_p) 得到代理密钥 S_{ap}，然后返回 S_{ap}。

（4）收到来自 A 的 (ProxySC, sid, m) 请求之后，得到 $(c, m_w, S, U_a, U_p) \leftarrow \text{ProxySC}(L, m, m_w, I_a, I_p, I_b, Y_b, Y_p, S_{ap})$，然后返回 $\sigma \leftarrow (c, m_w, S, U_a, U_p)$。

（5）收到来自 A 的 (Usc, sid, σ) 请求之后，运行 Unsc($L, \sigma \leftarrow (c, m_w, S, U_a, U_p)$, $m_w, I_a, I_p, I_b, Y_b, Y_p, S_b$)，然后返回 $f \leftarrow v(\sigma, m, sid)$。

2. 理想函数 $F_{\text{IB-PSC}}$

这里定义的理想函数 $F_{\text{IB-PSC}}$ 应该和密码协议 $\pi_{\text{IB-PSC}}$ 具有完全一样的接口，即理想函数 $F_{\text{IB-PSC}}$ 在一定条件下能实现密码协议 $\pi_{\text{IB-PSC}}$。参与方 P_1, P_2, $\cdots$, P_n、理想敌手 S 和判定验证算法 v 一起运行理想函数 $F_{\text{IB-PSC}}$。具体运行过程请见下面描述。

（1）收到来自 PKG 的 (Setup, sid) 请求之后，验证 $sid = (\text{PKG}, sid')$ 是否成立。如果验证失败，忽略这次请求；否则，输出 (Setup, sid) 给 S。收到 S 回复的 (Setup, sid, v)，记录 (sid, v)，输出 (sid, v) 给 S。

（2）收到来自 P_i 的 (Extract, sid) 请求之后，验证 $sid = (P_i, sid')$ 是否成立。如果验证失败，忽略此次请求；否则，转发 (Extract, sid) 给 S。收到 S 回复的 (Y_i, s_i, v)，记录 (Y_i, s_i, v)，输出 (Y_i, s_i) 给 P_i。

（3）收到来自 P_p 的 (PKeyGen, sid) 请求之后，验证 $sid = (P_p, sid')$ 是否成立。如果验证失败，忽略此次请求；否则，转发 (PKeyGen, sid) 给 S。收到 S 回复的 (S_{ap}, v)，记录 (S_{ap}, v)，输出 S_{ap} 给 P_p。

（4）收到来自 P_p 的 (ProxySC, sid, v', m) 请求之后，验证 $sid = (P_p, sid')$ 是否成立。如果不成立，忽略这次请求；否则，执行如下：

①如果 P_p 是诚实的且 $v = v'$，输出 $(\text{ProxySC}, sid, |m|)$ 给 S，$|m|$ 表示消息长度；否则，输出 $(\text{ProxySC}, sid, v', m)$ 给 S；

②收到 S 回复的 σ 时，发送 $(\text{ProxySC}, sid, v', m, \sigma)$ 给 P_b，存储 (m, σ)。

(5) 收到来自 P_b 的 $(\text{Unsc}, sid, \sigma)$ 请求之后，验证 $sid = (P_p, sid')$ 是否成立。如果失败，忽略这次请求；否则，执行如下：

①如果已经记录过 (m, σ)，则得到 $f \leftarrow v(\sigma, m, sid)$，输出 $(m, f = 1)$ 给 P_b；

②否则，输出 $(\text{Unsc}, sid, \sigma)$ 给理想敌手 S，从理想敌手 S 处得到 m 后，以 $(m, f = 0)$ 的形式发送给 P_b。

定理 8-3　如果密码协议 $\pi_{\text{IB-PSC}}$ 满足 IND-CCA2 安全性，$\pi_{\text{IB-PSC}}$ 在通用可复合框架下可以安全实现理想函数 $F_{\text{IB-PSC}}$。

证明　如果密码协议 $\pi_{\text{IB-PSC}}$ 满足 IND-CCA2 安全性，则 $\pi_{\text{IB-PSC}}$ 在通用可复合框架下能安全实现 $F_{\text{IB-PSC}}$。即没有任何现实敌手 A 能以不可忽略的概率赢得 Game1，则任何环境机 Z 不能区分是与现实模型下的 $(\pi_{\text{IB-PSC}}, A)$ 交互还是与理想模型下的 $(F_{\text{IB-PSC}}, S)$ 交互。现在构造这样的环境机 Z，请见下面描述。

(1) Z 发送 Setup 请求给 $\pi_{\text{IB-PSC}}$。在收到回复的 (Setup, sid)，Z 输入 L，激活 A。

(2) 收到来自 A 的 $(\text{Extract}, sid)$ 请求时，Z 输入 $(\text{Extract}, sid)$，激活某参与方 P_i，输出 (Y_i, S_i) 给 A。

(3) 收到来自 A 的 $(\text{PKeyGen}, sid)$ 请求时，Z 输入 $(\text{PKeyGen}, sid)$，激活参与方 P_a / P_b，输出 S_{ap} 给 A。

(4) 收到来自 A 的 $(\text{ProxySC}, sid, m)$ 请求时，Z 输入 $(\text{ProxySC}, sid, m)$，输出 σ 给 A。

(5) 收到来自 A 的 $(\text{Unsc}, sid, \sigma)$ 请求时，Z 输入 $(\text{Unsc}, sid, \sigma)$ 以激活参与方 P_b，输出 $f \leftarrow v(\sigma, m, sid)$ 给 A。

如果 A 赢得游戏 Game1，则 Z 输出 $f \leftarrow 1$。而且在理想模型下 Z 输出 1 的概率为 0。显而易见，如果密码协议 $\pi_{\text{IB-PSC}}$ 满足 IND-CCA2 安全性，说明 $\pi_{\text{IB-PSC}}$ 在通用可复合框架下能安全实现理想函数 $F_{\text{IB-PSC}}$。

定理 8-4　如果密码协议 $\pi_{\text{IB-PSC}}$ 在通用可复合框架下能安全实现理想函数 $F_{\text{IB-PSC}}$，那么说明 $\pi_{\text{IB-PSC}}$ 满足 IND-CCA2 安全性（适应性选择密文攻击下的不可区分性）。

证明　首先构造理想敌手 S，使得环境机 Z 只能以可忽略的概率区分是与现实模型下 $(\pi_{\text{IB-PSC}}, A)$ 交互还是与理想模型下的 $(F_{\text{IB-PSC}}, S)$ 交互。

理想敌手 S 与理想函数 $F_{\text{IB-PSC}}$ 交互时，S 可调用现实敌手 A 的一个副本来运行，即来自环境机 Z 的输入都发送给 A，同时来自 A 的任何输出都看作是 S 的输出。

(1) 收到 $F_{\text{IB-PSC}}$ 的 (Setup, sid) 之后，运行 $\text{Setup}(1^k) \rightarrow (L, s)$，返回 $(\text{Setup}, sid, v, L)$。

（2）收到 $F_{\text{IB-PSC}}$ 的 (Extract, sid) 之后，运行密钥提取算法得到 (Y_i, s_i)，返回 (Y_i, s_i)。

（3）收到 $F_{\text{IB-PSC}}$ 的 (PKeyGen, sid) 之后，运行代理密钥的生成算法得到 S_{ap}，返回 S_{ap}。

（4）收到 $F_{\text{IB-PSC}}$ 的 (ProxySC, sid, m) 之后，运行代理签密的算法得到密文 σ，返回 σ。

（5）收到 $F_{\text{IB-PSC}}$ 的 (Unsc, sid, σ) 之后，运行解签密算法得到 m，返回 $f \leftarrow v(\sigma, m, sid)$。如果被收买，记录 $(\sigma, m, f = 0)$，发送 $(m, f = 0)$ 给所有参与方 P_b；否则，发送 $(m, f = 1)$ 给 P_b。

理想敌手 S 模拟现实敌手 A 的证明过程如下。

（1）收到挑战者 C 的系统全局参数 L 之后，激活 Z。Z 输入 (Setup, sid)，发出一个请求给 C，C 返回 $\mathcal{Y} = (sid, L)$。

（2）Z 输入 (Extract, sid)，然后发出一个请求给 C，C 返回 (Y_i, s_i)。

（3）Z 输入 (PKeyGen, sid)，然后发出一个请求给 C，C 返回 S_{ap}。

（4）Z 输入 (ProxySC, sid, m)，然后发出一个请求给 C，C 的反应如下：

①P_p 未被收买，输出 (ProxySC, sid, $|m|$) 给 C，C 返回 σ'；

②P_p 被收买，输出 (ProxySC, sid, m) 给 C，C 返回 σ。

（5）Z 输入 (Unsc, sid, σ)，然后发出一个请求给 C，C 的反应如下：

①如果 P_p, P_b 都未被收买，Z 发送 (Unsc, sid, σ') 给 C，C 返回 m' 作为应答；

②如果 P_p 被收买而 P_b 未被收买，Z 发送 (Unsc, sid, σ) 给 C，C 返回 m' 作为应答；

③如果 P_p 未被收买而 P_b 被收买，Z 发送 (Unsc, sid, σ') 给 C，C 返回 m' 作为应答；

④如果 P_p, P_b 都被收买，Z 发送 (Unsc, sid, σ) 给 C，C 用 m 来应答。

（6）Z 得到 $f \leftarrow v(\beta, \sigma, m, sid)$，如果 $f = 1$，密文合法；否则，密文不合法。

根据上面的运行过程，需要定义四个事件说明任何事件的发生对于环境机 Z 而言，与现实模型下的 $(\pi_{\text{IB-PSC}}, A)$ 交互和与理想模型下的 $(F_{\text{IB-PSC}}, S)$ 交互是不可区分的。

事件 1 P_p, P_b 都未被收买：在现实过程中 P_p 运行代理签密算法得到消息 m 的密文 σ，输出 σ 给 P_b；P_b 解签密得到 σ 并验证 σ 的有效性。在理想过程中 S 仿真 P_b 对选取的任意的 m' 进行代理签密得到 σ'，然后，发送结果 σ' 给 P_b；P_b 对 σ' 解签密时，S 使用 m' 来应答，如果 $f = 1$，解签密成功。

事件 2 P_p 未被收买而 P_b 被收买：在现实过程中，环境机 Z 是确定不了 P_b 对哪个消息进行了代理签密。在理想过程中 S 选取任意的 m' 进行代理签密得到 σ'，然后，发送结果 σ' 给 A。即对环境机 Z 而言，(m,σ) 与 (m',σ') 是不可区分的。

事件 3 P_p 被收买而且 P_b 未被收买：如果 P_p 被收买，A 获悉 P_p 的代理签密过程，也就相当于获取消息 m 的密文 σ。另外，S 调用 A 的副本来运行，故得到和 A 相同的信息。换言之，S 可完美仿真被收买的 P_p 进行代理签密。

事件 4 P_p, P_b 都被收买：在这种情况下 S 可获取双方所有的输入信息。换言之，S 可输出真实的数据以仿真密码协议的运行。

在以上四个事件中，如果环境机 Z 能用概率 $|\Pr(Z(\pi_{\text{IB-PSC}},A)) \to 1 - \Pr(Z(F_{\text{IB-PSC}},S)) \to 1|$ 区分与现实模型下的 $(\pi_{\text{IB-PSC}},A)$ 交互还是与理想模型下的 $(F_{\text{IB-PSC}},S)$ 交互，那么 A 即可用概率 $|\Pr(Z(\pi_{\text{IB-PSC}},A)) \to 1 - \Pr(Z(F_{\text{IB-PSC}},S)) \to 1|$ 赢得游戏 Game1。现实世界中，$\Pr(Z(\pi_{\text{IB-PSC}},A)) \to 1$ 是一个可忽略的概率；理想世界中，$|\Pr(Z(F_{\text{IB-PSC}},S)) \to 1|$ 总等于 0。

因此，$|\Pr(Z(\pi_{\text{IB-PSC}},A)) \to 1 - \Pr(Z(F_{\text{IB-PSC}},S)) \to 1|$ 是可忽略的。

定理 8-5 在通用可复合安全框架下密码协议 $\pi_{\text{IB-PSC}}$ 满足 UF-CMA 安全性（适应性选择消息攻击下的不可伪造性）。

证明 如果 F 为存在伪造者，则构造环境机 Z 和现实敌手 A，使得对于任何敌手 A，环境机 Z 都以不可忽略的概率区分与现实模型下的 $(\pi_{\text{IB-PSC}},A)$ 交互还是与理想模型下的 $(F_{\text{IB-PSC}},S)$ 交互。

构造环境机 Z。收到来自 A 的代理签密请求时，Z 激活 P_p，输出密文 σ 给 A。收到来自 A 的解签密请求时，Z 激活 P_p，输出密文 σ，Z 激活 P_b，输出 (m,f) 给 A。

构造现实敌手 A。A 先运行伪造者 F。伪造者 F 要求对消息 m 进行代理签密时，A 要求环境机 Z 对 m 进行代理签密，然后输出代理签密密文 σ' 给 F；F 需要对密文 σ' 进行解签密时，A 要求环境机 Z 对 σ' 进行解签密，然后，输出 (m',f) 给 A，同时再发 (m',f) 给伪造者 F。一旦 F 收到 m' 且 $f=1$，则说明 F 伪造的密文 σ' 是有效的，此时 Z 输出 $f=1$。显而易见，如果 F 以概率 ε 赢得 Game2, Game3，F 就能成功伪造出有效密文 σ'。假设存在以不可忽略的概率获得成功的 F，Z 输出 $f=1$ 的概率就是不可忽略的。然而，在理想模型中，Z 输出 $f=1$ 的概率总是等于 0。

如果存在这样的伪造者 F，环境机 Z 总是以可忽略的概率区分与现实模型下的 $(\pi_{\text{IB-PSC}},A)$ 交互还是与理想模型下的 $(F_{\text{IB-PSC}},S)$ 交互，这与定理 8-5 的假设相矛盾，故不可能存在这样的 F。这说明在通用可复合安全框架下密码协议 $\pi_{\text{IB-PSC}}$ 满足 UF-CMA 安全性。

8.5　性　能　评　价

在性能分析中，IB-PSC 与文献[10, 16, 17]中的密码算法的计算开销主要集中在双线性对运算和指数运算。表 8-1 中，E 表示一次指数运算，P 表示一次 G_1 上的双线性对运算，H 表示一次哈希函数运算，M 表示一次标量乘运算，t_H 表示一次哈希函数运算时间。根据文献[15]可得：$P \approx 1440t_H$，$M \approx 29t_H$，$E \approx 21t_H$，$H \approx t_H$。从表 8-1 中可看出，文献[10]的总开销是 $5872t_H$，文献[16]的总开销是 $4392t_H$，文献[17]的总开销是 $14640t_H$，IB-PSC 的总开销是 $4389t_H$。总体而言 IB-PSC 具有通用可复合安全性而且计算开销低。

表 8-1　各密码算法的 UC 安全性和计算开销

密码算法	是否 UC 安全	代理密钥生成	代理签密	解签密	总计
密码算法[10]	否	$2H+2E+2P$	$2H+2E$	$3H+E+2P$	$7H+5E+4P$
密码算法[16]	否	$2H$	$3H+E+P$	$4H+2E+2P$	$9H+3E+3P$
密码算法[17]	否	$1H+1E+2M+2P$	$3H+2E+1M+2P$	$2H+4E+6P$	$6H+7E+3M+10P$
IB-PSC	是	$H+E+P$	$2H+E$	$3H+E+2P$	$6H+3E+3P$

8.6　本　章　小　结

本章采用双线性 Diffie-Hellman 问题和计算 Diffie-Hellma 问题，提出通用可复合的身份代理签密。在随机谕言模型中 IB-PSC 是语义安全的。本章也给出身份代理签密的理想函数，并提供身份代理签密与其 IND-CCA2 和 UF-CMA 安全性之间的等价性证明。通用可复合身份代理签密作为复杂系统的一个组件时能保证整个系统的安全，也能保证与其他密码算法并行运行时的安全。

参　考　文　献

[1]　Canetti R. Universally composable security: A new paradigm for cryptographic protocols[C]// Proceedings of the 42nd IEEE Symposium on Foundation of Computer Science, 2001: 136-145.

[2]　Canetti R. Universally composable signature, certification, and authentication[C]//Proceedings of the 17th Computer Security Foundation Workshop, 2004: 219-233.

[3]　王竹, 戴一奇, 叶顶锋. 普适安全的基于身份的签名机制[J]. 电子学报, 2011, 39(7):

1613-1617.

[4]　田有亮, 马建峰, 彭长根, 等. 群组通信的通用可复合机制[J]. 计算机学报, 2012, 35(4): 645-653.

[5]　田有亮, 彭长根, 马建峰, 等. 通用可复合公平安全多方计算协议[J]. 通信学报, 2014, 35(2): 54-62.

[6]　张紫楠. 通用可复合认证密钥交换协议[J]. 西安电子科技大学学报(自然科学版), 2014, 41(5): 185-191.

[7]　李建民, 俞惠芳, 赵晨. UC 安全的自认证盲签密协议[J]. 计算机科学与探索, 2017, 11(6): 932-940.

[8]　李建民, 俞惠芳, 谢永. 通用可复合的 ElGamal 型广播多重签密协议[J]. 计算机研究与发展, 2019, 56(5): 1101-1111.

[9]　Mambo M, Usuda K, Okamoto E. Proxy signature for delegation signing operation[C]// Proceedings of the 3rd ACM Conference on Computer and Communication Security, New York: ACM Press, 1996: 48-57.

[10]　陈善学, 周淑贤, 姚小凤, 等. 高效的基于身份的代理签密方案[J]. 计算机应用研究, 2011, 28(7): 2694-2696.

[11]　明洋, 冯杰, 胡齐俊. 标准模型下安全基于身份代理签密方案[J]. 计算机应用, 2014, 34(10): 2834-2839.

[12]　周才学. 标准模型下基于身份的广义代理签密[J]. 密码学报, 2016, 3(3): 307-320.

[13]　Yu H F, Yang B. Low-computation certificateless hybrid signcryption scheme[J]. Frontier of Information Technology & Electronic Engineering, 2017, 18(7): 928-940.

[14]　俞惠芳, 杨波. 使用 ECC 的身份混合签密方案[J]. 软件学报, 2015, 26(12): 3174-3182.

[15]　Fan C I, Sun W Z, Huang S M. Provably secure randomized blind signature schemes based on bilinear pairing[J]. Computers and Mathmatics with Application, 2010, 60(2): 285-293.

[16]　Lo N W, Tsai J L. A provably secure proxy signcryption scheme using bilinear pairings[J]. Journal of Applied Mathematics, 2014: 454393.

[17]　Zhang X J, Wang Y M. Efficient identity-based proxy signcryption[J]. Computer Engineering and Applications, 2007, 43(3): 109-111.

[18]　Yu H F, Wang Z C, Li J M, et al, Identity-based proxy signcryption protocol with universal composability[J]. Security and Communication Networks, 2018: 1-11.

第9章　通用可复合广播多重签密

9.1　引　　言

多重签名[1]是指两个以上签名者对同一则消息进行签名，同时要求签名的长度不会因签名者数目增多而线性增长。目前的多重签名主要使用 RSA[2]、ElGamal[3-4]、双线性映射[5]、离散对数[6-7]等思想来设计。Harn[8]提出 Meta-ElGamal 多重签名。Wu 等[9]提出顺序多重签名和广播多重签名，顺序多重签名是指签名者必须按特有的顺序依次对消息进行签名；广播多重签名是指签名者不必拘泥于固有的顺序，按广播的方式对消息进行签名，收集者合并之后输出签名。广播多重签名相比顺序多重签名应用更为广泛。广播多重签名能保证不可伪造性，不能保证消息的保密性，不能防止多个签名者的联合攻击。引入签密技术到广播多重签名系统，使之同时具备不可伪造性和保密性。Baek 等[10]给出文献[11]在随机谕言模型中的安全性证明。Fan 等[12]在哈希函数的输入中添加接收方和发送方的公钥。在签密体制嵌入不同公钥认证方法的成果[13-20]越来越多，不同公钥认证的签密技术的可证明安全问题一直是研究热点。

通用可复合安全框架[21]满足密码方案模块化设计要求，可单独用来设计密码方案。只要密码方案满足通用可复合安全性，可保证和其他密码方案并发组合运行时的安全。设计通用可复合安全的密码方案，首先需要将密码方案希望完成的功能抽象成一个理想函数，该理想函数相当于现实世界中不可攻破的可信第三方。Canetti[22]纠正签名的理想函数的定义，允许被收买的签名者对合法的签名进行验证。Kristian 等[23]提出签密的理想函数。Canetti 等[24]提出不经意传输协议的理想函数，给出双向认证协议的通用方法。冯涛等[25]利用可否认加密体制及可验证平滑投影哈希函数，提出通用可复合的不经意传输协议。苏婷等[26]给出签密协议的理想函数，给出通用可复合框架下的证明。张忠等[27]给出信息处理集合和无线射频识别组证明的理想函数，提出通用可复合的无线射频识别组协议。田有亮等[28]提出在通用可复合框架下可实现公平的安全两方计算协议，使两方公平的安全计算问题得到解决。

本章采用离散对数问题和计算性 Diffie-Hellman 问题，提出通用可复合安全的广播多重签密(broadcast multisigncryption，BMSC)[29]。在离散对数和计算性

Diffie-Hellman 困难假设下 BMSC 是语义安全的，同时具有通用可复合安全性。该密码协议在电子合同签署、网上交易、财务出账等方面具有很大的应用价值。

9.2　基　本　知　识

定义 9-1（DL 问题）　令 G 是具有素数 p 的循环群，g 是群 G 的一个生成元。在群 G 上的离散对数（discrete logarithm，DL）问题是指：给定 $(G, p, y = g^a)$，确定 $a \in Z_q^*$ 的值。

定义 9-2（CDH 问题）　令 G 是具有素数 p 的循环群，g 是 G 的一个生成元。在群 G 上的计算 Diffie-Hellman（computational Diffie-Hellman，CDH）问题是指：对于任意未知的 $a, b \in Z_q^*$，给定 $(g, g^a, g^b) \in G$，计算 $g^{ab} \in G$。

9.3　BMSC 的形式化定义

9.3.1　BMSC 的算法定义

BMSC 是由 4 个概率多项式时间算法组成的。BMSC[29]的参与方含有收集者 U_c、签密者 $U_i(i = 1, 2, \cdots, n)$ 和接收者 U_v。BMSC 的工作流程如图 9-1 所示。

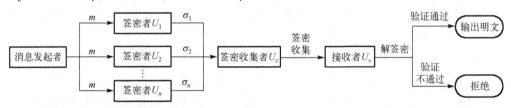

图 9-1　广播多重签密 BMSC 的工作流程

BMSC 的每个算法的具体定义如下。

系统初始化算法（Setup）：给定一个安全参数 1^k，输出主控钥 s 和系统全局参数 L。

密钥提取算法（Extract）：给定 L 和用户身份 ID_i，输出用户的私钥 x_i。

多重签密算法（MultiSC）：给定 L、明文消息 m、签密者 $U_i(i = 1, 2, \cdots, n)$ 的私钥 x_i、接收者 U_v 的公钥 y_v，输出密文 $\sigma \leftarrow (\alpha, \beta, h, T_v, T_i, \{C_1, \cdots, C_v\})$。

解签密算法（USC）：给定 L、密文 $\sigma \leftarrow (\alpha, \beta, h, T_v, T_i, \{C_1, \cdots, C_v\})$、签密者 U_i 的公钥 y_i、接收者 U_v 的私钥 x_v，输出明文 m 或符号 $\perp$。

9.3.2　BMSC 的安全模型

安全模型中 BMSC 不得不面临两类敌手：外部敌手 A_1 可替换任意用户的公钥，没有能力得到系统主密钥；内部敌手 A_2 可得到系统主密钥，没有能力替换用户的公钥。

1. 挑战者 C 和外部敌手 A_1 进行交互游戏 Game1

在游戏开始时，C 运行 Setup(1^k) 得到系统全局参数 L 和主私钥 s，C 输出 L 给 A_1，保留系统的主密钥 s。在阶段 1，A_1 向 C 发出多项式有限次的适应性询问。

公钥询问：A_1 发出针对 ID_i 的公钥询问，C 输出 ID_i 的公钥 $Y_i \leftarrow \mathrm{Extract}(L, \mathrm{ID}_i)$ 给 A_1。

私钥提取询问：A_1 发出针对 ID_i 的公钥询问，C 输出 ID_i 的部分私钥 $x_i \leftarrow \mathrm{Extract}(L, \mathrm{ID}_i)$ 给 A_1。

公钥替换：A_1 会替换任意身份 ID_i 的公钥。

签密询问：A_1 发出针对 $(\mathrm{ID}_i, \mathrm{ID}_v, m)$ 的签密询问，C 输出运行签密算法而得到的密文 $\sigma \leftarrow (\alpha, \beta, h, T_v, T_i, \{C_1, \cdots, C_v\})$ 给 A_1。

解签密询问：A_1 发出针对密文 $\sigma \leftarrow (\alpha, \beta, h, T_v, T_i, \{C_1, \cdots, C_v\})$ 的解签密询问，C 运行解签密算法，输出明文 m 或符号 $\perp$ 给 A_1。

在挑战阶段，A_1 针对等长消息 (m_0, m_1) 和身份 $(\mathrm{ID}_i^*, \mathrm{ID}_v^*)$ 向 C 发出挑战询问。询问中，A_1 不能提取 ID_v^* 的私钥，A_1 不能替换 ID_v^* 的公钥。C 任意选取 $\delta \in \{0,1\}$，输出运行签密算法得到的针对 m_δ 的挑战密文 $\sigma^* \leftarrow (\alpha^*, \beta^*, h^*, T_v^*, T_i^*, \{C_1^*, \cdots, C_v^*\})$ 给 A_1。

在阶段 2，A_1 发出像上轮完全相同的多项式有界次适应性询问。询问中，A_1 不能提取 ID_v^* 的私钥，A_1 不能针对 $\sigma^* \leftarrow (c^*, \alpha^*, \beta^*, h^*, T_v^*, T_i^*, \{C_1^*, \cdots, C_v^*\})$ 询问解签密谕言机。

游戏结束时，A_1 输出 $\delta' \in \{0,1\}$ 作为对 $\delta \in \{0,1\}$ 的一个猜测。如果 $\delta = \delta'$，则说明 A_1 赢得 Game1。

2. 挑战者 C 和内部敌手 A_2 进行交互游戏 Game2

在游戏开始时，C 输出 $(L, s) \leftarrow \mathrm{Setup}(1^k)$ 给 A_2。然后，A_2 发出与 Game1 完全相同的多项式有界次适应性询问。询问中，A_2 不需要公钥替换，A_2 不能发起针对 ID_v^* 的私钥询问和针对 $\sigma^* \leftarrow (c^*, \alpha^*, \beta^*, h^*, T_v^*, T_i^*, \{C_1^*, \cdots, C_v^*\})$ 的解签密询问。

在游戏结束时，A_2 输出 $\delta' \in \{0,1\}$ 作为对 $\delta \in \{0,1\}$ 的一个猜测。如果 $\delta = \delta'$，则说明 A_2 赢得 Game2。

定义 9-3（保密性）　如果任何概率多项式时间的敌手 A_1（A_2）赢得游戏 Game1

(Game2)的优势是可忽略的，则说明广播多重签密 BMSC 在适应性选择密文攻击下是不可区分的。

3. 挑战者 C 和外部伪造者 F_1 进行交互游戏 Game3

在游戏开始时，C 运行设置算法得到系统的全局参数 L 和系统的主密钥 s，然后，C 输出系统的全局参数 L 给外部伪造者 F_1，但是保留系统的主密钥 s。接下来，F_1 向 C 发出多项式有界次适应性询问。

在询问结束时，F_1 输出一个针对身份 $(\mathrm{ID}_i^*, \mathrm{ID}_v^*)$ 的伪造密文 $\sigma^* \leftarrow (\alpha^*, \beta^*, h^*, T_v^*, T_i^*, \{C_1^*, \cdots, C_v^*\})$ 给 C。询问中，F_1 不能询问 ID_i^* 的私钥。如果伪造密文通过解签密阶段的验证，则外部伪造者 F_1 在 Game3 中获胜。

4. 挑战者 C 和内部伪造者 F_2 进行交互游戏 Game4

在游戏开始时，C 运行设置算法得到系统全局参数 L 和系统主密钥 s，输出 L 给内部伪造者 F_2。接下来，F_2 向 C 发出多项式有界次适应性询问。

在询问结束时，F_2 输出一个针对身份 $(\mathrm{ID}_i^*, \mathrm{ID}_v^*)$ 的伪造密文 $\sigma^* \leftarrow (\alpha^*, \beta^*, h^*, T_v^*, T_i^*, \{C_1^*, \cdots, C_v^*\})$ 给 C。询问中，F_2 不能提取 ID_i^* 的私钥。如果伪造密文通过解签密阶段的验证，则内部伪造者 F_2 在 Game4 中获胜。

定义 9-4(不可伪造性)　如果没有任何概率多项式时间的伪造者 F_1(F_2)以不可忽略的优势赢得游戏 Game3(Game4)，则说明 BMSC 在适应性选择消息攻击下满足不可伪造性。

9.4　BMSC 方案实例

1. 系统设置算法

KGC 选取一个大素数 p，g 是有限域 Z_q^* 的本原根。可信中心定义 4 个密码学安全的哈希函数：

$$H_1:\{0,1\}^* \times Z_p^* \to Z_{q-1}^*, \quad H_2:\{0,1\}^l \times Z_p^* \to Z_{q-1}^*$$

$$H_3:Z_p^* \to \{0,1\}^l, \quad H_4:\{0,1\}^* \times Z_p^{*3} \to Z_{p-1}^*$$

哈希函数中 l 是任意消息的长度。可信中心随机选取系统的主控密钥 $s \in Z_{q-1}^*$，计算系统的公钥 $y_{\text{pub}} = g^s \bmod p$。最后可信中心保密主控密钥 s，公开系统的全局参数：

$$L = \{p, g, l, y_{\text{pub}}, H_1, H_2, H_3, H_4\}$$

2. 密钥生成算法

签密者 U_i 任意选取 $k_i \in Z_{q-1}^*$，计算公钥 $y_i = g^{k_i} \bmod p$。然后签密者 U_i 返回 y_i 给可信中心。可信中心任意选取 $\eta_i \in Z_{q-1}^*$，计算：

$$\lambda_i = g^{\eta_i} \bmod p, \quad T_i = \eta_i + s \cdot H_1(ID_i, \lambda_i, y_i) \bmod p - 1$$

可信中心输出 (λ_i, T_i) 给每个签密者 U_i $(i = 1, 2, \cdots, n)$。如果 $g^{T_i} = \lambda_i y_{\text{pub}}^{H_1(ID_i, \lambda_i, y_i)}$ $\bmod p$，每个签密者 U_i $(i = 1, 2, \cdots, n)$ 计算私钥 $x_i = k_i T_i \bmod p - 1$。

根据上面算法可知，每个签密者 U_i $(i = 1, 2, \cdots, n)$ 的公私钥是 (y_i, x_i)，接收者 U_v 的公私钥是 (y_v, x_v)。

3. 广播多重签密算法

在广播多重签密阶段，签密者 $U_i(i = 1, 2, \cdots, n)$ 首先选取 $r_i \in Z_{q-1}^*$，计算 $\alpha_i = g^{r_i}$ $\bmod p$，然后广播 α_i 给其他签密者。每个签密者设置 $\alpha = \prod\limits_{i=1}^{n} \alpha_i \bmod p$，然后计算：

$$h = H_2(m, \alpha), \quad W_i = y_v^{T_v} g^{x_i} \bmod p$$

$$c_i = m \oplus H_3(W_i), \quad \mu_i = H_4(m, T_i, T_v, W_i)$$

$$\beta_i = k_i \mu_i + \alpha_i x_i - h r_i \bmod p - 1$$

每个签密者 $U_i(i = 1, 2, \cdots, n)$ 输出 $(\alpha_i, \alpha, \beta_i, h, T_v, T_i, c_i)$ 给收集者 U_c；收集者 U_c 验证 $y_i^{\mu_i + \alpha T_i} = \alpha_i^h g^{\beta_i} \bmod p$ 是否成立？如果成立，收集者 U_c 计算 $\beta = \sum\limits_{i=1}^{n} \beta_i \bmod p - 1$，输出密文 $\sigma \leftarrow (\alpha, \beta, h, T_v, T_i, \{C_1, \cdots, C_v\})$ 给接收者 U_v。

4. 解签密算法

接收者 U_v 根据收到的密文 $\sigma \leftarrow (\alpha, \beta, h, T_v, T_i, \{C_1, \cdots, C_v\})$，计算：

$$W_i = g^{x_v} y_i^{T_i} \bmod p, \quad m = C_i \oplus H_3(W_i), \quad \mu_i = H_4(m, T_i, T_v, W_i)$$

接收者 U_v 继续计算 $y = \prod\limits_{i=1}^{n} y_i \bmod p$。如果

$$y^{\sum\limits_{i=1}^{n} \mu_i + \alpha T_i} = \alpha^h g^{\beta} \bmod p$$

接收者 U_v 接受明文 m；否则，接收者 U_v 输出 ⊥ 符号表示广播多重签密无效。

BMSC 的正确性验证过程如下。

$$W_i = g^{x_i} y_v^{T_v} \bmod p$$

$$= g^{k_i T_i} g^{k_v T_v} \bmod p$$

$$= y_i^{T_i} g^{x_v} \bmod p$$

$$\alpha^h g^\beta = \alpha^h g^{\sum_{i=1}^{n}(k_i \mu_i + \alpha x_i - h r_i)} y_v^{T_v} \bmod p$$

$$= \frac{\alpha^h g^{\sum_{i=1}^{n}(k_i \mu_i + \alpha x_i)}}{\alpha^h} \bmod p$$

$$= y_{\text{pub}}^{\sum_{i=1}^{n}(k_i \mu_i + \alpha x_i)} \bmod p$$

9.5　安全性证明

9.5.1　BMSC 的保密性

定理 9-1　如果没有任何概率多项式时间的内部敌手 A_1 以不可忽略的概率 ε 在定义 9-3 的交互游戏 Game1 中胜出，那么挑战者 C 就能以概率 ε' 解决 CDH 问题，其中，$\varepsilon' \geq \varepsilon / e l_3 (l_{sk} + l_p)$，e 表示自然对数的底，$l_3$ 表示询问 H_3 谕言机的次数、l_{sk} 表示询问私钥谕言机的次数、l_p 表示公钥替换的次数。

证明　C 收到一个随机的 CDH 问题实例 (g, g^a, g^b)。C 的目标在于利用 A_1 计算得到 $g^{ab} \bmod p$。在游戏 Game1 中初始化为空的列表 L_1, L_2, L_3, L_4 用于记录 H_1, H_2, H_3, H_4 哈希谕言机的询问与应答值，起初为空的列表 L_k 用于记录公私钥的询问与应答值。

在游戏开始时，C 输出运行初始化算法得到系统的全局参数 $L(Y_{\text{pub}} = g^a)$ 给 A_1。在阶段 1，A_1 向 C 发出一系列多项式有界次适应性询问。

H_1 询问：C 从 l_1（l_1 表示针对 H_1 随机谕言机的询问次数）个用户身份中选取第 i 个身份作为挑战身份。A_1 发出 H_1 询问。如果 A_1 向 C 询问的哈希函数值在列表 L_1 中有记录，C 直接返回 h_i 给 A_1；否则，C 选取任意的 $\psi \in \{0,1\}$，令 $\rho = \Pr[\psi = 0]$。如果 $\psi = 1$，C 记录 $(\text{ID}_i, y_i, -, -, \psi)$ 到 L_1 中；否则，C 选取任意的 $\eta_i \in Z_{q-1}^*$，计算 $\lambda_i = g^{\eta_i} \bmod p$，$h_i = H_1(\text{ID}_i, \lambda_i, y_i)$，然后 C 发送 h_i 给 A_1，记录 $(\text{ID}_i, y_i, \lambda_i, h_i, \psi)$ 到 L_1 中。

H_2 询问：A_1 向 C 发出 H_2 询问。C 检查元组 (m, α, h) 是否在列表 L_2 中记录过，如果有，C 返回 h 给 A_1；否则，C 返回随机选取的 $h \in Z_{q-1}^*$ 给 A_1，记录 (m, α, h) 到 L_2 中。

H_3 询问：A_1 向 C 发出 H_3 询问。C 检查元组 (W_i, ϕ_i) 是否在列表 L_3 中记录过。

如果记录过，C 返回 ϕ_i 给 A_1；否则，C 返回随机选取的 $\phi_i \in \{0,1\}$ 给 A_1，记录 (W_i,ϕ_i) 到 L_3 中。

H_4 询问：A_1 向 C 发出 H_4 询问。C 检查元组 (m,T_i,T_v,W_i,μ_i) 是否在列表 L_4 中记录过。如果记录过，C 返回 μ_i 给 A_1；否则，C 选取任意的 $\mu_i \in Z_{q-1}^*$，输出 μ_i 给 A_1，记录 (m,T_i,T_v,W_i,μ_i) 到 L_4 中。

公钥询问：收到 A_1 针对 ID_i 的公钥请求询问时，C 随机选取 $k_i \in Z_{q-1}^*$，发送 ID_i 的公钥 $y_i \leftarrow g^{k_i} \bmod p$ 给 A_1，记录 $(\mathrm{ID}_i,y_i,-,-,-)$ 到 L_k 中。如果 $\psi = 0$，C 任意选取 $\eta_i \in Z_{q-1}^*$，计算 $\lambda_i = g^{\eta_i} \bmod p$；然后，$C$ 任意选取 $T_i \in Z_{q-1}^*$ 使得 $g^{T_i} = \lambda_i g^{ab} \bmod p$，返回 T_i 给 A_1，然后采用 $(\mathrm{ID}_i,y_i,-,T_i,\psi)$ 更新 L_k 中的 $(\mathrm{ID}_i,y_i,-,-,-)$；否则，放弃仿真。

私钥询问：A_1 向 C 询问 ID_i 的私钥。如果 $\psi = 0$，C 返回 ID_i 的私钥 $x_i = k_i T_i \bmod p-1$ 给 A_1，记录 $(\mathrm{ID}_i,y_i,x_i,T_i,\psi)$ 到 L_k 中；否则，C 放弃仿真。

公钥替换询问：A_1 采用随机选取的 y_i' 替换 ID_i 的当前公钥 y_i。然后，C 使用 $(\mathrm{ID}_i,y_i',-,T_i,\psi)$ 替换 L_k 中的原有记录 $(\mathrm{ID}_i,y_i,x_i,T_i,\psi)$。

多重签密询问：A_1 发出针对消息 m、身份 ID_i、身份 ID_v 的多重签密询问。如果 $\psi = 0$，C 运行正常的多重签密算法，输出一个运行结果给 A_1；否则，C 选取任意的 $r_i \in Z_{q-1}^*$，设置 $\alpha_i = g^{r_i} \bmod p$，计算：

$$\alpha = \prod_{i=1}^{n} \alpha_i \bmod p$$

$$h = H_2(m,\alpha), \quad W_i = y_v^{T_v} g^{x_i} \bmod p$$

C 继续计算 $C_i = m \oplus H_3(W_i)$，$\mu_i = H_4(m,T_i,T_v,W_i)$，得到满足等式 $g^{\beta_i} = \dfrac{y_i^{\mu_i}(\lambda_i y_{\mathrm{pub}}^{h_i})^{r_i}}{\alpha_i^h} \bmod p$ 的 β_i，记录 $(\mathrm{ID}_i,y_i,\lambda_i,h_i,\psi)$ 到列表 L_1 中，C 记录元组 (m,α) 到列表 L_2 中，记录元组 (W_i,ϕ_i) 到列表 L_3 中，记录元组 (m,T_i,T_v,W_i,μ_i) 到列表 L_4 中。如果 $y_i^{\mu_i+\alpha T_i} = \alpha_i^h g^{\beta_i} \bmod p$，$C$ 计算：

$$\beta = \prod_{i=1}^{n} \beta_i \bmod p$$

$$y = \prod_{i=1}^{n} y_i \bmod p$$

最后，C 发送密文 $\sigma \leftarrow (\alpha,\beta,h,T_v,T_i,\{C_1,\cdots,C_v\})$ 给 A_1。

解签密询问：A_1 发出针对密文 $\sigma \leftarrow (\alpha,\beta,h,T_v,T_i,\{C_1,\cdots,C_v\})$、身份 ID_i、身份 ID_v

的解签密询问。如果 $\psi = 0$，C 正常执行解签密算法，然后返回得到的结果明文 m 或符号 $\perp$ 给 A_1；否则，C 计算：

$$W_i = g^{x_v} y_i^{T_i} \bmod p, \quad m = C_i \oplus H_3(W_i)$$

C 继续计算 $\mu_i = H_4(m, T_i, T_v, W_i)$。如果

$$y^{\sum_{i=1}^n \mu_i + \alpha T_i} = \alpha^h g^\beta \bmod p$$

C 输出恢复出的明文 m 给 A_1；否则，C 输出符号 $\perp$ 给 A_1。

在挑战阶段，A_1 发出针对等长消息 m_δ（$\delta \in \{0,1\}$）、身份 ID_i^*、身份 ID_v^* 的挑战询问。如果 $\psi = 0$，C 放弃仿真；否则，C 设置 $\alpha_i^* = g^{r_i} \bmod p$，计算：

$$\alpha^* = \prod_{i=1}^n \alpha_i^* \bmod p, \quad h^* = H_2(m_\delta, \alpha^*)$$

$$W_i^* = g^{x_v} y_i^{T_i^*} \bmod p, \quad C_i^* = m_\delta \oplus H_3(W_i^*)$$

$$\mu_i^* = H_4(m_\delta, T_i^*, T_v^*, W_i^*)$$

C 得到满足等式 $g^{\beta_i^*} = \dfrac{y_i^{*\mu_i^*}(\lambda_i^* y_{\mathrm{pub}}^{h_i^*})^{r_i^*}}{\alpha_i^{*h^*}} \bmod p$ 的 β_i^*，记录 $(\mathrm{ID}_i^*, y_i^*, \lambda_i^*, h_i^*, \psi)$ 到列表 L_1 中，C 记录元组 (m_δ, α^*) 到列表 L_2 中，记录元组 (W_i^*, ϕ_i^*) 到列表 L_3 中，记录元组 $(m_\delta, T_i^*, T_v^*, W_i^*, \mu_i^*)$ 到列表 L_4 中。如果 $(y_i^*)^{\mu_i^* + \alpha^* T_i^*} = \alpha_i^{*h^*} g^{\beta_i^*}$，$C$ 计算：

$$\beta^* = \prod_{i=1}^n \beta_i^* \bmod p$$

$$y^* = \prod_{i=1}^n y_i^* \bmod p$$

最后，C 提交挑战密文 $\sigma^* \leftarrow (\alpha^*, \beta^*, h^*, T_v^*, T_i^*, \{C_1^*, C_2^*, \cdots, C_n^*\})$ 给 A_1。

在阶段 2，A_1 再次向 C 提交像阶段 1 那样的多项式有界次适应性询问。然而 A_1 不可提交 ID_v^* 的私钥询问，A_1 不应该针对挑战密文 $\sigma^* \leftarrow (\alpha^*, \beta^*, h^*, T_v^*, T_i^*, \{C_1^*, C_2^*, \cdots, C_n^*\})$ 询问解签密谕言机。

交互游戏结束时，A_1 输出 $\delta' \in \{0,1\}$ 作为对 $\delta \in \{0,1\}$ 的一个猜测。如果 $\delta = \delta'$，则说明 A_1 赢得 Game1，并且 C 输出 CDH 问题实例的解答：

$$g^{ab} = \left(\frac{W^*}{g^{\eta_v^* k_v^* + k_i^* T_i^*}}\right)^{(k_v^*)^{-1}} \bmod p$$

C 输出 CDH 问题实例的解答的原因如下：

$$W_i^* = g^{x_i^*} (y_v^*)^{T_v^*}$$

$$= g^{\eta_v^* k_v^* + k_v^* a h_i^* + k_i^* T_i^*} \bmod p$$

$$\Rightarrow g^{ab} = \left(\frac{W^*}{g^{\eta_v^* k_v^* + k_i^* T_i^*}} \right)^{(k_v^*)^{-1}} \bmod p$$

概率分析：参照文献[15]的方法可得：在阶段 1 或阶段 2 的询问中 C 不停止游戏 Game1 的概率为 $\rho^{(l_{sk}+l_p)}$，则 C 不停止游戏 Game1 的概率为 $1/\mathrm{e}(l_{sk}+l_p)$。同时，A_1 针对 W_i^* 询问谕言机的概率为 $1/l_3$。因此，C 获得 CDH 问题实例解答的概率 ε' 至少为 $\varepsilon/\mathrm{e}l_3(l_{sk}+l_p)$。

定理 9-2　如果没有任何概率多项式时间的外部敌手 A_2 以不可忽略的概率 ε 在定义 9-3 的交互游戏 Game2 中胜出，那么挑战者 C 就能以优势 ε'（$\varepsilon' \geqslant \varepsilon / \mathrm{e}l_3 l_{sk}$）解决 CDH 问题，其中，e 表示自然对数的底，l_3 表示询问 H_3 哈希谕言机的次数、l_{sk} 表示询问私钥谕言机的次数。

证明　给定一个随机的 CDH 问题实例 (g, g^a, g^b)。挑战者 C 的目标是利用充当子程序的敌手 A_1 计算得到 $g^{ab} \bmod p$。在游戏中，初始化为空的列表 L_1, L_2, L_3, L_4 用来记录 H_1, H_2, H_3, H_4 谕言机的询问与应答值，起初为空的列表 L_k 用来记录公私钥谕言机的询问与应答值。

在游戏开始时，C 运行初始化算法得到系统的全局参数 $L(Y_{\mathrm{pub}} = g^s)$，输出 (L, s) 给 A_2。然后，A_2 向 C 发出一系列多项式有界次的适应性询问。除 A_2 无须公钥替换，其余随机谕言机询问跟定理 9-1 的阶段 1 完全相同。

在适应性询问结束时，A_2 发出针对等长消息 m_δ（$\delta \in \{0,1\}$）、身份 ID_i^*、身份 ID_v^* 的挑战询问。如果 $\psi = 0$，C 放弃仿真；否则，C 设置 $\alpha_i^* = g^{b/n} \bmod p$，$y^* = g^a \bmod p$，$\alpha^* = g^b \bmod p$，计算：

$$h^* = H_2(m_\delta, \alpha^*), \quad W_i^* = g^{x_v} y_i^{T_i^*} \bmod p,$$

$$C_i^* = m_\delta \oplus H_3(W_i^*), \quad \mu_i^* = H_4(m_\delta, T_i^*, T_v^*, W_i^*),$$

C 得到满足等 $g^{\beta_i^*} = \dfrac{y_i^{* \mu_i^*} (\lambda_i^* y_{\mathrm{pub}}^*)^{r_i^*}}{\alpha_i^{* h^*}} \bmod p$ 的 β_i^*，记录 $(\mathrm{ID}_i^*, y_i^*, \lambda_i^*, h_i^*, \psi)$ 到列表 L_1 中，C 记录元组 (m_δ, α^*) 到列表 L_2 中，记录元组 (W_i^*, ϕ_i^*) 到列表 L_3 中，记录元组 $(m_\delta, T_i^*, T_v^*, W_i^*, \mu_i^*)$ 到列表 L_4 中。如果 $(y_i^*)^{\mu_i^* + \alpha^* T_i^*} = \alpha_i^{* h^*} g^{\beta_i^*} \bmod p$，$C$ 继续计算：

$$\beta^* = \prod_{i=1}^{n} \beta_i^* \bmod p$$

$$y^* = \prod_{i=1}^{n} y_i^* \bmod p = g^a \bmod p$$

最后，C 提交挑战密文 $\sigma^* \leftarrow (\alpha^*, \beta^*, h^*, T_v^*, T_i^*, \{C_1^*, C_2^*, \cdots, C_n^*\})$ 给 A_2。

在阶段 2，A_2 发出与阶段 1 完全相同的多项式有界次适应性询问。询问中，A_2 要求 ID_v 的私钥仍然不允许询问，A_2 也不允许针对 $\sigma^* \leftarrow (\alpha^*, \beta^*, h^*, T_v^*, T_i^*, \{C_1^*, C_2^*, \cdots, C_n^*\})$ 询问解签密谕言机。

交互游戏结束时，A_2 输出 $\delta' \in \{0,1\}$ 作为对 $\delta \in \{0,1\}$ 的一个猜测。如果 $\delta = \delta'$，则说明 A_2 赢得 Game2，C 计算 CDH 问题实例的应答：

$$g^{ab} = \frac{(\alpha^*)^{h^*} g^{\beta^*}}{y^{*\sum_{i=1}^{n}\mu_i^*}} \bmod p$$

C 输出 CDH 问题实例的解答的原因如下：

$$g^{\beta^*} = g^{\sum_{i=1}^{n}(k_i^*\mu_i^* + \alpha^* x_i^* - h^* r_i^*)}$$

$$= \frac{g^{\sum_{i=1}^{n}(k_i^*\mu_i^* + \alpha^* x_i^*)}}{(\alpha^*)^{h^*}} \bmod p$$

$$\Rightarrow g^{ab} = \frac{(\alpha^*)^{h^*} g^{\beta^*}}{y^{*\sum_{i=1}^{n}\mu_i^*}} \bmod p$$

概率分析：根据文献[15]的方法可得：在阶段 1 或阶段 2，C 不停止游戏的概率为 $\rho^{l_{sk}}$，则 C 不停止游戏的概率至少为 $1/el_{sk}$。同时，A_1 针对 W_i^* 询问 h_3 谕言机的概率为 $1/l_3$。因此，C 解决 CDH 问题的概率 ε' 至少为 ε/el_3l_{sk}。

9.5.2　BMSC 的不可伪造性

定理 9-3　任何概率多项式时间的伪造者 ξ_1 和 ξ_2，分别能在定义 9-4 的游戏 Game3，Game4 中总是以可忽略概率胜出，则 BMSC 具有 UF-CMA 安全性。在游戏 Game3 中存在一个挑战算法 C 能以至少 $\varepsilon/e(l_{sk}+l_p)$ 的优势解决离散对数问题；在游戏 Game4 中存在一个挑战算法 C 能以至少 ε/el_{sk} 的优势解决离散对数问题。

证明　给定一个随机的离散对数问题实例 (g, g^a)，挑战者 C 的目标在于得到 $a \in Z_q^*$。在游戏中，伪造者充当 C 的子程序，C 充当伪造者的挑战者。

针对不同伪造者而言伪造密文的过程不同。

（1）游戏开始时，C 运行初始化算法得到系统的全局参数 $L(y_{pub}=g^a)$，输出 L

给外部伪造者 F_1。训练阶段，F_1 针对各种谕言机的询问跟定理 9-1 的阶段 1 完全相同，这里不再赘述。

最后，F_1 输出一个伪造密文 $\sigma^* \leftarrow (\alpha, \beta, h, T_v, T_i, \{C_1^*, C_2^*, \cdots, C_n^*\})$ 给挑战者 C。如果 F_1 从未提交过 ID_i^* 的私钥询问而且 $\sigma^* \leftarrow (\alpha, \beta, h, T_v, T_i, \{C_1^*, C_2^*, \cdots, C_n^*\})$ 通过解签密验证，赢得 Game3。C 计算离散对数问题实例的解答：

$$\begin{cases} g^\beta = g^{\prod\limits_{i=1}^{n}\beta_i} = \prod_{i=1}^{n}\dfrac{y_i^{\mu_i}(\lambda_i y_{\mathrm{pub}}^{h_i})^{r^i}}{\alpha_i^{*h^*}} = g^{\prod\limits_{i=1}^{n}(k_i\mu_i + \alpha_i x_i - hr_i \bmod p-1)} \\[4mm] g^\beta = g^{\prod\limits_{i=1}^{n}\beta_i} = \prod_{i=1}^{n}\dfrac{y_i^{*\mu_i^*}(\lambda_i^* y_{\mathrm{pub}}^{h_i^*(\mathrm{ID}_i,\lambda_i,y_i)})^{r_i^*}}{\alpha_i^{*h^*}} = g^{\prod\limits_{i=1}^{n}(k_i^*\mu_i^* + \alpha_i^* x_i^* - h^* r_i^* \bmod p-1)} \end{cases}$$

$$\downarrow$$

$$a = \frac{\sum\limits_{i=1}^{n}(k_i\mu_i - hr_i - k_i^*\mu_i^* + h^* r_i^* - \alpha_i^* k_i^* \eta_i^* + \alpha_i \eta_i x_i)}{\sum\limits_{i=1}^{n}(h^* - h)}$$

概率分析：根据文献[15]的方法可得，C 在仿真游戏中解决离散对数问题的概率至少为 $\varepsilon / \mathrm{e}(l_{sk} + l_p)$。

(2) 游戏开始时，C 运行初始化算法得到系统的全局参数 $L(y_{\mathrm{pub}} = g^s)$，输出 (L, s) 给内部伪造者 F_2。训练阶段，F_2 针对各种谕言机的询问跟定理 9-1 第一阶段完全相同，这里不再赘述。

最后，F_2 输出一个伪造密文 $\sigma^* \leftarrow (\alpha^*, \beta^*, h^*, T_v^*, T_i^*, \{C_1^*, C_2^*, \cdots, C_n^*\})$。如果 F_2 没未提交过 ID_i^* 的私钥询问，$\sigma^* \leftarrow (\alpha^*, \beta^*, h^*, T_v^*, T_i^*, \{C_1^*, C_2^*, \cdots, C_n^*\})$ 通过解签密验证，赢得 Game4。C 计算离散对数问题实例的解答：

$$\begin{cases} g^\beta = g^{\prod\limits_{i=1}^{n}\beta_i} = \prod_{i=1}^{n}\dfrac{y_i^{\mu_i}(\lambda_i y_{\mathrm{pub}}^{h_i})^{r^i}}{\alpha_i^{*h^*}} = g^{\prod\limits_{i=1}^{n}(k_i\mu_i + \alpha_i x_i - hr_i \bmod p-1)} \\[4mm] g^\beta = g^{\prod\limits_{i=1}^{n}\beta_i} = \prod_{i=1}^{n}\dfrac{y_i^{*\mu_i^*}(\lambda_i^* y_{\mathrm{pub}}^{H_i^*(\mathrm{ID}_i,\lambda_i,y_i)})^{r_i^*}}{\alpha_i^{*h^*}} = g^{\prod\limits_{i=1}^{n}(k_i^*\mu_i^* + \alpha_i^* x_i^* - h^* r_i^* \bmod p-1)} \end{cases}$$

$$\downarrow$$

$$a = \frac{\sum\limits_{i=1}^{n}(-hr_i + h^* r_i^* - \alpha_i^* x_i^* + \alpha_i x_i)}{\sum\limits_{i=1}^{n}(\mu_i^* - \mu_i)}$$

概率分析：根据文献[15]的方法可得，C 在仿真游戏中解决离散对数问题的概率至少为 ε / el_{sk}。

9.5.3　BMSC 的通用可复合性

1. 理想函数 F_{BMSC}

在理想环境中，协议 π_{BMSC} 的理想函数 F_{BMSC}、参与方 P_1, P_2, $\cdots$, P_n（含签密者 P_i 和接收者 P_v）、理想仿真者 S 在一起运行。理想函数 F_{BMSC} 的具体运行过程如下所述。

(1) 在收到消息 (KGC, Setup, sid) 之后，如果 $sid = (KGC, sid')$ 通过验证，发送此消息给仿真者 S。

(2) 在收到仿真者 S 回复的 (Setup, Verify, sid, L) 后，记录下 Verify。

(3) 在收到参与方 P_i 的 (Key, sid, P_i) 请求之后，如果 $sid = (P_i, sid')$ 通过验证，转发此请求给仿真者 S，之后会收到仿真者 S 回复的 (P_i, sid, y_i)。

(4) 在收到接收方 P_v 的 (Key, sid, P_v) 请求之后，如果 $sid = (P_i, sid')$ 通过验证，则发送此请求给仿真者 S。在收到 S 回复的 y_v 之后，发送 y_v 给 P_i。一旦收到来自参与方 P_i 的请求 (Key, sid, P_v)，则把此消息发送给 S，从 S 处收到 y_i 时，再转发 y_i 给 P_v。之后，忽略所有的 (Key, sid, P_i / P_v)。

(5) 在收到来自参与方 P_i 的多重签密者消息 (MultiSC, sid, m, y_v') 之后，如果 $sid = (P_i, sid')$ 通过验证，则忽略发送过来的消息；否则，执行如下：

① 如果参与方 P_i 是诚实的，发送 (MultiSC, sid, |m|) 给敌手 S，|m| 表示消息的长度；否则，发送 (MultiSC, sid, m) 给敌手 S；

② 从敌手 S 处收到 σ 时，发送 (MultiSC, sid, m, σ) 给 P_v，存储 (m, σ)。

(6) 收到 P_v 的 (USC, sid, σ, y_i) 请求之后，验证 $sid = (P_v, sid')$，如果验证不成功，忽略发送过来的消息；否则，执行如下：

① 如果 (m, σ) 已记录过，则验证 Verify((L, sid, m, σ), $f = 1$) 发送 (m, f) 给 S；

② 否则，发送消息 (USC, sid, σ, y_i) 给 S，然后从仿真者 S 处得到 m，同时转发 $(m, f = 0)$ 给参与方 P_v。

2. 通用可复合安全框架中的 π_{BMSC}

协议 $\pi_{BMSC} = $ (Setup, Extract, MultiSC, USC) 在通用可复合安全框架中运行的情况如下所述。

(1) 一旦收到 (KGC, Setup, sid) 消息请求，则验证 $sid = (KGC, sid')$，运行 Setup(1^k) 得到 (L, s)，返回参数 L。

(2) 收到 (U, Key, sid)，运行 Extract(L, S, ID$_i$)、得到 (x_i, y_i)，然后返回 (x_i, y_i)。

（3）收到 (MultiSC, sid, m, y_v) 后，运行 MultiSC(L, m, x_i, y_v) 得到 σ，然后返回 σ。

（4）收到 (USC, sid, σ)，运行 USC(L, σ, y_i, x_v) 得到消息 m，如果收到 (Verify, sid, m, σ) 请求，则运行 (Verify, sid, m, σ) 得到 f，返回 f 的值。

定理 9-4　协议 π_{BMSC} 能安全实现理想函数 F_{BMSC}。

证明　假设 A 是现实模型中的敌手。现在构造一个理想仿真者 S，使得对于任何环境机 Z 都不能区分 S 是与 (F_{BMSC}, S) 交互还是与 (π_{BMSC}, A) 交互。理想仿真者 S、环境机 Z、敌手 A、参与方 P_1, P_2, …, P_n 在一起运行。

构造理想仿真者 S。仿真者 S 可调用敌手 A 的副本来与 (F_{BMSC}, S) 通信，模拟 A 在现实过程与 (π_{BMSC}, A) 的通信。首先，仿真者 S 输出自己想要的信息到 A 的输入带上，拷贝 A 输出带的信息到 Z 的输出带上。

（1）模拟签密者 P_i 和接收者 P_v 都不被入侵。

S 收到 F_{BMSC} 的消息 (Setup, sid)，运行 Setup 算法生成公钥 y_v，输出消息 (Verify, v) 给 F_{BMSC}。S 收到来自 F_{BMSC} 的一个消息 (MultiSC, sid, m)，先执行算法 MultiSC，然后得到密文 σ，输出 (MultiSC, sid, m) 给 F_{BMSC}。S 收到来自 F_{BMSC} 的一个消息 (Verify, sid, m, σ, v') 请求后，先运行算法 Verify，得到验证结果 f，输出 (Verify, sid, m, f) 给 F_{BMSC}。现实环境下，P_i 签密消息，发送结果给 P_v，P_v 进而验证签密的有效性。理想环境中，S 对真实过程进行仿真，仿真签密过程和验证过程，同样发送签密和验证结果给 P_v。因而，Z 不能区分出 (F_{BMSC}, S) 是在理想模型中通信，还是 (π_{BMSC}, A) 在现实过程中通信。

（2）模拟签密者 P_i 被入侵。

S 可模拟 A 伪装成参与方 P_i 发送 (Setup, sid) 给 F_{BMSC}。同样，S 收到来自 F_{BMSC} 的请求 (Extract, sid) 后，运行 Extract，获取 P_i 的公钥 y_i，及时发送结果给 F_{BMSC}。S 收到来自 F_{EBMS} 的消息 (MultiSC, sid, m)，运行 MultiSC，得到 σ，及时返回结果给 F_{BMSC}。S 模拟 A 入侵参与方 P_i，发送 (MultiSC, sid, m') 给 F_{BMSC}。同样，S 收到 (MultiSC, sid, m') 时，可得到多重签密 σ'，发送 (MultiSC, sid, m', σ') 给 F_{BMSC}。由此看来，Z 几乎不能区分 (π_{BMSC}, A) 在现实过程中的交互，还是 (F_{BMSC}, S) 在理想过程中的交互。

（3）模拟接收者 P_v 被入侵。

如果参与方 P_v 被收买，S 可模拟参与方 P_v 的身份发送 (Verify, sid, m', σ', v') 给 F_{BMSC}。随后，S 收到 (Verify, sid, m', σ', v') 时，计算验证结果 f，发送 (Verify, sid, m', σ', v', f) 给 F_{BMSC}。此时，环境机 Z 不能区分 (m, σ) 与 (m', σ')。

（4）模拟 P_i 和 P_v 都被入侵。

P_i 和 P_v 都被攻陷时，S 获得两个参与方的所有输入信息，Z 可以得到真实的数据来仿真协议的执行过程。

综合上述四种情形，环境机 Z 不能区分出是 F_{BMSC} 与 S 在理想模型中的交互，还是 π_{BMSC} 与 A 在现实过程中的交互，即协议 π_{BMSC} 能实现理想函数 F_{BMSC}。

定理 9-5　适应性腐败敌手条件下，协议 π_{BMSC} 满足 UF-CMA 语义安全性（适应性选择消息攻击下的不可伪造性）。

证明　假设存在伪造者。构造环境机 Z 和敌手 A，使得对于任何敌手 A，Z 都不能区分是与 (π_{BMSC}, A) 交互还是与 (F_{BMSC}, S) 交互。

构造环境机 Z。收到来自 A 的多重签密请求时，Z 先激活 P_i，得到密文 σ，返回结果给 A。收到来自 A 的解签密请求时，Z 激活 P_i，输出 (m, f) 给 A。

构造敌手 A。A 要求对消息 m 进行多重签密时，敌手 A 先要求环境机 Z 对消息 m 进行多重签密，然后发送多重签密密文 σ 给伪造者；如果伪造者要求对 σ' 进行解签密，敌手 A 首先要求环境机 Z 对 σ' 执行解签密，发送 (m', f') 给 A，最后发给伪造者 F。一旦伪造者收到 m' 并且 $f=1$，则伪造者伪造的多重签密密文是有效的，此时 Z 输出 $f=1$。显然，如果伪造者以可忽略的概率赢得 Game1、Game2，伪造者能成功伪造出有效的密文。假设伪造者以可忽略的概率存在，Z 以可忽略的概率输出 $f=1$。然而，在理想模型中，Z 输出 $f=1$ 的概率总是等于 0。

换句话说，如果这样的伪造者以可忽略的概率存在，则环境机 Z 总是能以可忽略的概率区分是与 (π_{BMSC}, A) 交互还是与 (F_{BMSC}, S) 交互，这与定理 9-4 的假设相矛盾。因此，不可能存在这样的伪造者，这也说明在 UC 框架下 (π_{BMSC}, A) 具备 UF-CMA 语义安全性。

9.6　性能评价

BMSC 的计算开销主要集中在模指数和哈希函数运算。BMSC 与文献[30-33]中的密码算法的计算效率比较如表 9-1 所示。在表 9-1 中，E 表示 1 次模指数运算，H 表示 1 次哈希函数的运算，M 表示 1 次乘法运算。从表 9-1 中可看出，BMSC 的计算效率明显好于文献[30, 32, 33]中的密码算法。虽然文献[31]中的密码算法的计算效率与 BMSC 相当，但该密码算法不满足保密性。BMSC 不仅能同时保证保密并认证的功能，而且还满足通用可复合安全性。

表 9-1　BMSC 与其他文献的计算效率和 UC 安全性

方案	签名/签密阶段	验证/解签密阶段	总计	是否 UC 安全
文献[30]中的密码算法	$2E+2M+H$	$9E+5M+2H$	$11E+7M+3H$	不满足 UC 安全
文献[31]中的密码算法	$4E+6M+H$	$2E+2M+H$	$6E+8M+2H$	不满足 UC 安全
文献[32]中的密码算法	$4E+2M+4H$	$5E+2M+3H$	$9E+4M+7H$	不满足 UC 安全

续表

方案	签名/签密阶段	验证/解签密阶段	总计	是否 UC 安全
文献[33]中的密码算法	$5E+4M+H$	$7E+3M+2H$	$12E+7M+3H$	不满足 UC 安全
密码算法 BMSC	$4E+4M+3H$	$3E+2M+2H$	$7E+6M+5H$	满足 UC 安全

9.7 本章小结

本章的通用可复合广播多重签密采用自认证的方式来认证用户公钥，消除了证书管理和密钥托管的问题。BMSC 在离散对数和计算 Diffie-Hellman 问题的困难假设下具有语义安全性。为了使 BMSC 适应更加复杂的网络环境，本章设计理想函数 F_{BMSC}，进而证明 BMSC 具有通用可复合安全性。

参 考 文 献

[1] Itakura K, Nakamura K. A public key cryptosystem suitable for digital multisignatures[J]. NEC Research Development, 1983, 71: 1-8.

[2] 张键红, 韦永壮, 王育民. 基于 RSA 的多重数字签名[J]. 通信学报, 2003, 24(8): 150-154.

[3] 李子臣, 杨义先. ElGamal 多重数字签名方案[J]. 北京邮电大学学报, 1999, 22(2): 30-34.

[4] Burmester M, Desmedt Y G, Doi H, et al. A structured ELGamal-type multisignature scheme[C]// Proceedings of Public Key Cryptography-PKC, 2000, 1751: 466-483.

[5] 张秋璞, 叶顶峰. 对一个基于身份的多重签密方案的分析和改进[J]. 电子学报, 2011, 39: 2713-2720.

[6] 陆浪如, 曾俊杰, 匡友华, 等. 一种新的基于离散对数多重签名方案及其分布式计算[J]. 计算机学报, 2002, 25(12): 1419-1420.

[7] 韩小西, 王贵林, 鲍丰, 等. 针对基于离散对数多重签名方案的一种攻击[J]. 计算机学报, 2004, 27(8): 1147-1152.

[8] Harn L. New digital signature scheme based on discrete logarithm[J]. Electronics Letters, 1994, 30: 396-398.

[9] Wu T, Chou S, Wu T. Two-based multi-signature protocols for sequential and broadcasting architecture[J]. Computer Communication, 1996, 19: 851-856.

[10] Baek J, Steinfeld B, Zheng Y L. Formal proofs for the security of signcryption[C]// Proceedings of Public Key Cryptography, 2002: 80-98.

[11] Zheng Y. Digital signcryption or how to achieve cost (signature and encryption) cost (signature)+ cost (encryption)[C]// Proceedings of the 17th Annual International Cryptology

Conference Santa Barbara, Berlin: Springer-Verlag, 1997: 165-179.

[12] Fan J, Zheng Y L, Tang X. A single key pair is adequate for the Zheng signcryption[C]// Proceedings of Information Security and Privacy-16th Australasian Conference, 2011: 371-388.

[13] 周才学. 几个签密方案的密码学分析与改进[J]. 计算机工程与科学, 2016, 38(11): 2246-2253.

[14] Lo N W, Tsai J J. A provably secure proxy signcryption scheme using bilinear pairings[J]. Journal of Applied Mathematics, 2014: 1-10.

[15] 俞惠芳, 杨波. 使用 ECC 的身份混合签密方案[J]. 软件学报, 2015, 26(12): 3174-3182.

[16] 周彦伟, 杨波, 王青龙. 可证明安全的抗泄露无证书混合签密机制[J]. 软件学报, 2016, 27(11): 2898-2911.

[17] Liu Z H, Hu Y P, Zhang X S, et al. Certificateless signcryption scheme in the standard model[J]. Information Sciences, 2010, 180: 452-464.

[18] 王云, 芦殿军. 基于自认证的并行多重签密方案[J]. 计算机工程与科学, 2017, 39(4): 684- 688.

[19] 俞惠芳, 杨波. 可证安全的无证书混合签密[J]. 计算机学报, 2015, 37(27): 804-812.

[20] Yu H F, Yang B. Low-computation certificateless hybrid signcryption scheme[J]. Frontiers of Information Technology Electric Engineering, 2017, 18(7): 928-940.

[21] Canetti R. Universally composable security: A new paradigm for cryptographic protocols[C]// Proceedings of the 42nd IEEE Symposium on Foundation of Computer Science, 2001: 136-145.

[22] Canetti R. Universally composable signature[C]//Proceedings of the 17th Computer Security Foundation Workshop, 2004: 219-233.

[23] Kristian G, Lillian K. Universally composable signcryption[C]//Proceedings of EuroPKI, 2007: 346-353.

[24] Canetti R, Dachman-Soled D, Vaikuntanathan V, et al. Efficient password authenticated key exchange via oblivious transfer[C]// Proceedings of Public Key Cryptography-PKC, 2012: 449-466.

[25] 冯涛, 李凤华, 马建峰, 等. UC 安全的并行可否认认证新方法[J]. 中国科学,信息科学, 2008, 38(8): 1220-1233.

[26] 苏婷, 徐秋亮. 可证明安全的 UC 安全签密协议[J]. 东南大学学报(自然科学), 2008, 38: 55-58.

[27] 张忠, 徐秋亮. 物联网环境下 UC 安全的组证明 RFID 协议[J]. 计算机学报, 2011, 34(7): 1188-1194.

[28] 田有亮，彭长根，马建峰，等. 通用可复合公平安全多方计算协议[J]. 通信学报，2014，35(7)：54-62.

[29] 李建民，俞惠芳，谢永. 通用可复合的 ElGamal 型广播多重签密协议[J]. 计算机研究与发展，2019，56(5)：1101-1111.

[30] 张兴华. 一个新的基于离散对数问题的多重代理多重签名方案[J]. 计算机应用与软件，2014，31(2)：317-320.

[31] 曹阳. 基于身份的 ElGamal 多重数字签名方案[J]. 科技通报，2015，31(5)：197-199.

[32] 王彩芬，姜红，杨小东，等. 基于离散对数的多消息接收者混合签密方案[J]. 计算机工程，2016，42(1)：150-155.

[33] 胡江红. 基于 RSA 的无证书广播多重代理签名方案[J]. 计算机与现代化，2016，6(250)：113-116.

第 10 章　通用可复合自认证盲签密

10.1　引　　言

签密的计算效率和通信成本相对低于传统先签名后加密的方法,融合签密和具有特殊性质的签名可设计一些应用在不同的公钥密码体制上的签密算法:身份签密[1]、多接收者签密[2]、盲签密[3, 4]、混合签密[5-8]。虽然,融合签密体制和自认证公钥密码体制的研究不够深入,特别是在对盲签密方面的研究。盲签密允许消息拥有者先盲化消息,而后让签密者对盲化的消息进行签密操作;签密者对其所签署的消息是不可见的,签密者不知道自己所签署消息的具体内容;签署消息是不可追踪的,公布签署消息后,签密者无法知道是哪次签署的。盲签密就是接收者在不让签密者获取所签署消息的具体内容情况下所采取的一种特殊签密技术。

通用可复合安全技术的主要特点是满足密码方案的模块化设计要求,可单独设计通用可复合的密码方案。只要设计出的密码方案满足通用可复合安全性,就可保证它和其他密码方案并发组合运行的安全。由于自认证公钥密码体制下的盲签密应用越来越广泛,使得在通用可复合安全框架下实现其安全性很有必要,目前这方面的研究鲜有报道。因此,通用可复合安全的自认证盲签密方案还是很值得研究的。

本章采用文献[9, 10]的思想和通用可复合安全理论,设计出通用可复合的自认证盲签密[11](self-certified blind signcryption,SC-BSC)。通用可复合安全框架下给出实现自认证盲签密的理想函数 F_{SC-BSC} 的定义,进而证明自认证盲签密协议 π_{SC-BSC} 能实现理想函数 F_{SC-BSC}。

10.2　基　本　知　识

双线性映射[12](bilinear map,BM)可通过有线域上的超椭圆曲线上的 Tate 配对或 Weil 配对来构造。双线性映射一直是国内外密码学界的研究热点,可以采用双线性映射设计公钥加密、混合加密、数字签名、公钥签密、混合签密等密码算法。

定义 10-1（双线性映射）　$(G_1,+)$ 是一个具有素数阶 p 的循环加法群，$(G_2,+)$ 是具有相同阶的循环乘法群，$P \in G_1$ 为循环加法群 G_1 的一个生成元。G_1 到 G_2 的双线性映射 $e: G_1 \times G_1 \to G_2$ 满足三个性质：

①对任意的 $a,b \in Z_q^*$，给定 $P \in G_1$，则有 $e(aP,bP) = e(P,P)^{ab}$；

② $e(P,P) \neq 1$（映射不把 $G_1 \times G_1$ 中的所有元素对映射到 G_2 中的单位元，由于 $G_1 G_2$ 都为阶为素数的群，这说明如果 P 是 G_1 的生成元，这里的 $e(P,P)$ 就是 G_2 的生成元）；

③给定 $P,Q \in G_1$，存在一个有效算法可以在多项式时间内计算 $e(P,Q)$。

定义 10-2（BDH 问题）　循环乘法群 G_2 上的双线性 Diffie-Hellman 问题是指：对于任意未知的 $a,b,c \in Z_q^*$，给定 $(P,aP,bP,cP) \in G_1$，计算 $e(P,P)^{abc} \in G_2$。

定义 10-3（CDH 问题）　循环加法群 G_1 上的计算 Diffie-Hellman 问题是指：对于任意未知的 $a,b \in Z_q^*$，给定 $(P,aP,bP) \in G_1$，计算 $abP \in G_1$。

定义 10-4（DBDH 问题）　循环乘法群 G_2 上的判定双线性 Diffie-Hellman 问题是指：对于任意未知的 $a,b,c \in Z_q^*$，给定 $(P,aP,bP,cP) \in G_1$ 和 $z \in G_2$，判定 $e(P,P)^{abc} = z \in G_2$ 是否相等。如果相等，谕言机 $\mathcal{O}_{DBDH}$ 输出 1；否则，谕言机 $\mathcal{O}_{DBDH}$ 输出 0。

10.3　SC-BSC 的形式化定义

10.3.1　SC-BSC 的算法定义

SC-BSC 由 4 个概率多项式时间算法组成。SC-BSC 的参与方含有权威机构（certificate authority，CA）、消息拥有者 M、盲签密者 P_i、接收者 P_j。每个算法的具体定义如下。

系统设置算法（Setup）：输入一个安全参数 1^l，输出系统的主控密钥 s 和系统的全局参数 L。

密钥提取算法（Extract）：输入 L 和用户身份 ID_u，输出用户 ID_u 的完整公私钥 (PK_u, S_u)。

盲签密算法（Bsc）：输入 (L, PK_j, S_i, m)，输出一个密文 $\sigma \leftarrow (X,Y,Z)$。

解签密算法（Usc）：输入 $(L, PK_i, S_k, Q_i, \sigma \leftarrow (X,Y,Z))$，输出恢复出的明文 m 或表示解签密失败的符号 $\perp$。

10.3.2　SC-BSC 的安全模型

自认证盲签密 SC-BSC 应该满足 IND-CCA2 安全性和 UF-CMA 安全性。针对

SC-BSC 的保密性的 IND-CCA2 安全模型和针对 SC-BSC 的不可伪造性的 UF-CMA 安全模型可参考文献[9]，这里不再赘述。

10.4　SC-BSC 方案实例

　　为了更加直观展现各个参与方在交互过程中的角色，图 10-1 给出 SC-BSC[11] 的工作过程。

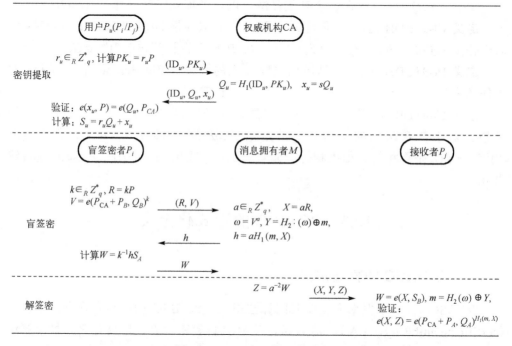

图 10-1　SC-BSC 的工作过程

　　通用可复合自认证盲签密 SC-BSC 的方案实例如下所述。

　　令 sid 是通信时各个实例之间的会话标示，1^l 是一个安全参数，G_1，G_2 分别具有素数阶 q 的循环加法群和循环乘法群，P 是群 G_1 的生成元，$e: G_1 \times G_1 \rightarrow G_2$ 是一个双线性映射，$H_0: \{0,1\}^* \times G_1 \rightarrow G_1$，$H_1: \{0,1\}^* \times G_1 \rightarrow Z_p^*$，$H_2: G_2 \rightarrow \{0,1\}^n$ 是密码学安全的哈希函数。

　　(1)一旦请求 (CA, sid, Setup)，CA 选取系统的主控密钥 $s \in_R Z_p^*$，计算系统的公钥 $P_{CA} = sP$，公开系统全局参数 $L = \{G_1, G_2, P, P_{CA}, e, n, H_0, H_1, H_2\}$。

　　(2)收到消息 (Key, sid, P_i) 后，参与方 P_i 选取 $r_i \in_R Z_q^*$，计算 $PK_i = r_iP$，发送 (ID_i, PK_i) 给 CA，CA 计算 $Q_i = H_0(ID_i, PK_i)$，$x_i = sQ_i$，返回 (ID_i, Q_i, x_i) 给 P_i，进

而，P_i 计算 $S_i = r_i Q_i + x_i$，然后，公开 PK_i。

(3) 收到消息 (Key, sid, P_j) 后，参与方 P_i 选取 $r_j \in_R Z_q^*$，计算 $PK_i = r_j P$，发送 (ID_j, PK_j) 给 CA，CA 计算 $Q_j = H_0(\text{ID}_j, PK_j)$，$x_j = s Q_j$，返回 (ID_j, Q_j, x_j) 给 P_j，进而，P_j 计算 $S_j = r_j Q_j + x_j$，然后，公开 PK_j。

(4) 收到消息 (Key, sid, m) 后，从参与方 P_j 处收到 PK_j，P_i 选取秘密值 $k \in_R Z_p^*$，计算 $R = kP$，$V = e(P_{CA} + P_j, Q_j)^k$，发送 (R, V) 给消息拥有者 M。消息拥有者 M 选取秘密值 $a \in_R Z_p^*$，计算 $X = aR$，$\omega = V^a$，$Y = H_2 : (\omega) \oplus m$，$h = a \cdot H_1(m, X)$。随后，$P_i$ 收到消息拥有者 M 发过来的 h，P_i 计算 $W = k^{-1} h S_i$，发送 W 给消息拥有者 M。最后，消息拥有者 M 发送 $(X, Y, Z \leftarrow a^{-2} W)$ 给接收者 P_j。

(5) 收到来自某个参与方的消息请求 $(\text{Usc}, sid, \sigma, PK_i)$ 后，首先会从 P_i 处收到 PK_i，P_j 计算 $\omega = e(X, S_j)$，$m = H_2(\omega) \oplus Y$，然后验证等式 $e(X, Z) = e(P_{CA} + P_i, H_1(m, X) Q_i)$ 是否成立。如果等式的两边相等，设置 $f = 1$，认为盲签密密文是合法的；否则，认为盲签密密文是不合法的。

(6) 收到消息 $(\text{Verify}, sid, (m, X, W))$ 后，首先公开计算 $X' = aR$，$H_1' = H_1(m, X)$，通过 $e(X, Z) = e(PS_{CA} + P_i, H_1'(m, X) Q_i)$ 来检验等式是否相等。如果等式的两边相等，则 P_i 的 (X, Y) 和公钥 PK_i 都得到认证，而且 P_j 相信 (X, Z) 就是 P_i 针对消息 m 的有效密文；否则，认为 (X, Y) 不是针对消息 m 的有效密文。

10.5　SC-BSC 的通用可复合性

1. 通用可复合框架中的协议 $\pi_{\text{SC-BSC}}$

协议 $\pi_{\text{SC-BSC}}$ 中权威机构 CA 完成 Setup 和 Extract 算法。在通用可复合安全框架下 $\pi_{\text{SC-BSC}}$ 具有模块化的特点，只要定义好理想函数 $F_{\text{SC-BSC}}$，则可单独设计协议 $\pi_{\text{SC-BSC}}$。如果 $\pi_{\text{SC-BSC}}$ 是通用可复合安全的，则 $\pi_{\text{SC-BSC}}$ 作为复杂系统的子模块运行仍然是安全的。因此，设计通用可复合安全框架下协议 $\pi_{\text{SC-BSC}}$ 的时候，要定义好合理的理想函数 $F_{\text{SC-BSC}}$。

(1) $\pi_{\text{SC-BSC}} = (\text{Setup}, \text{Extract}, \text{Bsc}, \text{Usc}, \text{Verify})$ 的描述。

系统初始化：通过 Setup 算法，可得到系统的主控密钥 s 和系统的全局参数 L。

密钥提取：通过 Extract 算法，可得到参与方的公私钥 (PK_i, S_i) 和 (PK_j, S_j)。

盲签密：首先发送 $(\text{Bsc}, sid, m, PK_j)$ 请求，然后签密者被盲签密请求激活，进一步执行盲签密算法得到盲签密密文 $\sigma \leftarrow (X, Y, Z)$。

解签密：首先发送 $(\text{Usc}, sid, \sigma, PK_i)$ 请求，然后解签密者被解签密请求激活，进而执行解签密算法得到原始消息 m。

验证：如果签密者不承认自己生成的密文，则可运行 $(\text{Verify}, sid, m, \sigma)$ 进行仲裁。

(2) $\pi_{\text{SC-BSC}}$ 在通用可复合安全框架下运行情况。

一旦收到消息请求 $(\text{CA}, \text{Setup}, sid)$ 后，首先检查 $sid = (\text{CA}, sid)$，然后再运行系统初始化算法 $\text{Setup}(1^k) \rightarrow (L, s)$，返回全局参数 L。

一旦收到来自某参与方 P_i 的消息请求 (key, sid, P_j) 后，执行密钥提取算法 $\text{Extract}(L, s, \text{ID}_j) \rightarrow (PK_j, S_j)$，返回 PK_j。

一旦收到来自某参与方 P_j 的消息请求 (key, sid, P_i) 后，执行密钥提取算法 $\text{Extract}(L, s, \text{ID}_i) \rightarrow (PK_i, S_i)$，返回相应的 PK_i。

一旦收到 P_i 的消息 $(\text{Bsc}, sid, m, PK_j)$，执行盲签密算法 $\text{Bsc}(L, sid, m, S_i)$ 得到 σ，返回密文 $\sigma \leftarrow (X, Y, Z)$。

一旦收到 P_i 的消息 $(\text{Usc}, sid, \sigma)$，执行 $\text{Usc}(L, sid, \sigma, S_j) \rightarrow m$，返回原始消息 m。

一旦收到 P_j 的请求 $(\text{Verify}, sid, m, \sigma)$，则执行 $\text{Verify} \rightarrow (m, \sigma) \rightarrow f$，返回相应的 f 值。

2. 理想函数 $F_{\text{SC-BSC}}$

在通用可复合框架下抽象的理想函数 $F_{\text{SC-BSC}}$ 应该和现实的密码协议 $\pi_{\text{SC-BSC}}$ 实现一样的功能，如果按模块化思想来理解，二者具备相同的接口。达到一定条件，$\pi_{\text{SC-BSC}}$ 可以实现理想函数 $F_{\text{SC-BSC}}$。

(1) 理想函数 $\pi_{\text{SC-BSC}}$ 的运行情况。

系统设置：如果收到来自某参与方的 $(\text{CA}, \text{Setup}, sid)$ 消息请求，首先验证 $sid = (\text{CA}, sid')$，如果没有通过验证，会忽略发送过来的请求；否则，把请求直接发送给仿真者 S，然后会收到 S 返回的 $(\text{Setup}, \text{Verify}, sid, L)$，记录 Verify。

密钥提取：根据不同参与方的消息请求，得到相应的返回值。具体的执行过程如下。

①如果收到来自盲签密者 P_i 的请求 (key, sid, P_j)，发送消息给仿真者 S，收到 S 返回的 (P_j, sid, PK_j) 后，再发送接收者的公钥 PK_j 给签密者 P_i。

②如果收到来自 P_j 的请求 (key, sid, P_i)，则发送消息给仿真者 S，在收到 S 返回的 (P_i, sid, PK_i) 时，再发送 PK_i 给 P_j。之后，忽略发送过的所有消息请求 $(\text{key}, sid, P_i / P_j)$。

盲签密：如果收到某个参与方 M 的消息请求 $(\text{Bsc}, sid, m, PK_j)$，首先验证 $sid = (P_i, sid')$，如果没有通过验证，则会忽略发送过来的请求；否则，会按照下面方式执行。

①如果参与者 M 是诚实的，则 M 发送消息 $(\text{signcryption}, sid)$ 给 P_i 和 S，规定

它们必须生成一个盲签密，即 $\text{Bsc}(m) \to \sigma$。在 P_i 和 S 一致通过的情况下，然后发送消息 $(\text{signcryption}, sid, m, \sigma)$ 发给 M。

②如果参与者 M 已经被收买，则会发送消息 (Bsc, sid, m) 给攻击者 S，会收到攻击者 S 返回的消息 $(\text{signcryption}, sid, m, \sigma)$；如果是 $(m, \sigma, PK_j, 0)$，即这个消息是被记录过的，那么终止这个消息的发送，返回 $(\text{signcryption}, sid)$ 给 P_i。

一旦上述情况之一发生，则记录元组 $(m, \sigma, PK_j, 1)$。

解签密：如果收到来自接收者 P_j 的消息 $(\text{Dsc}, sid, \sigma, PK_i)$，则检验 $sid = (P_j, sid')$，假如没有通过，忽略以后发送过来的消息；否则，运行如下：

①如果元组 (m, σ) 已经记录过，则令 $f = 1$，同时发送 (m, f) 给 P_j；

②否则，S 会收到消息 $(\text{Usc}, sid, \sigma, PK_i)$，进而解密出消息 m，然后 S 返回消息 m，发送 $(m, f = 1)$ 给 P_j。

验证：如果收到某个参与方 P_j 的消息请求 $(\text{Verify}, sid, m, \sigma)$，验证 $sid = (P_j, sid')$，如果没通过验证，则忽略发来的消息请求；否则，执行如下：

①如果元组 (m, σ) 已经记录过，则设置 $f = 1$（成功签密）；

②否则，假如敌手没有攻击参与方，则设置 $f = 0$，记录 $(m, \sigma, 0)$（伪造密文）；

③否则，令 $f = \text{Verify}(m, \sigma)$，记录下来 (m, σ, f)（敌手决定密文是否有效）。

(2) $\pi_{\text{SC-BSC}}$ 可以安全实现理想函数 $F_{\text{SC-BSC}}$。

定理 10-1　适应性腐败敌手条件下，如果 $\pi_{\text{SC-BSC}}$ 具备 IND-CCA2 语义安全性，则 $\pi_{\text{SC-BSC}}$ 能安全实现理想函数 $F_{\text{SC-BSC}}$。

充分性证明。如果 $\pi_{\text{SC-BSC}}$ 能安全实现理想函数 $F_{\text{SC-BSC}}$，则对于任何仿真者 S 而言，任何环境机 Z 不能区分它是与 $(\pi_{\text{SC-BSC}}, A)$ 进行交互还是与 $(F_{\text{SC-BSC}}, S)$ 进行交互，则 $\pi_{\text{SC-BSC}}$ 具备 IND-CCA2 安全性。

建立理想敌手 S 的运行过程。

一旦收到 $F_{\text{SC-BSC}}$ 的消息请求 $(\text{CA}, \text{Setup}, sid)$，则执行系统设置算法 $\text{Setup}(1^k) \to (L, s)$，返回元组 $(\text{Setup}, \text{Verify}, L)$；否则，返回错误。

一旦收到 $F_{\text{SC-BSC}}$ 的消息 (Key, sid, P_j)，则执行 $\text{Extract}(L, s, ID_j)$ 得到 (PK_j, S_j)，然后返回 PK_j。

一旦收到 $F_{\text{SC-BSC}}$ 的消息 (Key, sid, P_i)，则执行 $\text{Extract}(L, s, ID_i)$ 得到 (PK_i, S_i)，然后返回 PK_i。

一旦收到 $F_{\text{SC-BSC}}$ 的消息请求 $(\text{Bsc}, sid, m, PK_j)$，如果 M 是诚实的，返回 $\sigma \leftarrow \text{Bsc}(L, sid, m, S_i)$，记录下元组 (m, σ)；否则，会收到 $F_{\text{SC-BSC}}$ 转发的消息 (Bsc, sid, m)，同时返回 $(\text{signcryption}, sid, m, \sigma)$。

一旦收到 $F_{\text{SC-BSC}}$ 发送过来的消息请求 $(\text{Dsc}, sid, \sigma)$，则执行解签密算法 $m \leftarrow$

$\text{Usc}(L, sid, \sigma, S_j)$。以 $(m, f = 0)$ 的形式转发给所有的参与方 P_j；否则，转发 $(m, f = 1)$ 给 P_j。

一旦收到 $F_{\text{SC-BSC}}$ 的消息请求 $(\text{Verify}, sid, m, \sigma)$，则返回 $\text{Verify}(m, \sigma)$。如果参与方已被收买，则设置 $f = 0$，并且记录下元组 $(m, \sigma, 0)$；否则，令 $f = 1$。

现在证明理想敌手 S 成功仿真现实敌手 A。

A 的运行过程如下。一旦收到挑战者 C 的全局参数 L，则 Z 被激活。

在收到 Z 的消息请求 $(\text{CA}, \text{Setup}, sid)$ 后，C 以 $sid = (sid, L)$ 来作为回应。

在收到 Z 的消息请求 (Key, sid, P_j) 后，可向 C 发出 $(\text{Extract}, sid)$ 请求，然后 C 返回得到 (PK_j, S_j) 作为应答。

在收到 Z 的消息请求 (Key, sid, P_i) 后，可向 C 发出 $(\text{Extract}, sid)$ 请求，然后 C 返回 (PK_i, S_i) 作为应答。

在收到 Z 的消息请求 $(\text{Bsc}, sid, m, PK_j)$ 后，可向 C 发出 $(\text{Bsc}, sid, m, PK_j)$ 请求，C 执行 $\text{Bsc}(L, sid, m, S_i) \to \sigma$，然后返回密文 σ。

在收到 Z 的 $(\text{Usc}, sid, \sigma, PK_i)$ 请求时，先向 C 发出 $(\text{Usc}, sid, \sigma, PK_i)$ 请求，然后执行 $\text{Usc}(L, sid, \sigma, S_j) \to m$，然后返回原始消息 m。

在收到 Z 请求的 $(\text{Verify}, sid, m, \sigma)$ 时，执行 $\text{Verify}(L, m, \sigma) \to f$，返回相应的 f。如果 $f = 1$，密文有效；否则，认为密文是伪造的，同时有敌手可判定该密文的有效性。如果环境机 Z 停止运行，那么输出失败并且停止。

显然，如果 A 能通过验证，说明 A 伪造成功。这时环境机 Z 在与 $(\pi_{\text{SC-BSC}}, A)$ 交互和与 $(F_{\text{SC-BSC}}, S)$ 交互时所看到的情形是相同的。换句话说，如果环境机 Z 能以可忽略的概率 $|\Pr(Z(\pi_{\text{SC-BSC}}, A)) \to 1 - \Pr(Z(F_{\text{SC-BSC}}, S)) \to 1|$ 区分是与 $(\pi_{\text{SC-BSC}}, A)$ 交互还是与 $(F_{\text{SC-BSC}}, S)$ 交互（在现实世界中 $\Pr[Z(\pi_{\text{SC-BSC}}, A)] \to 1$ 是个可忽略的概率，而理想世界中 $\Pr[Z(F_{\text{SC-BSC}}, S)] \to 1$ 总是等于 0），那么 A 获得成功的优势为

$$|\Pr[Z(\pi_{\text{SC-BSC}}, A)] \to 1 - \Pr[Z(F_{\text{SC-BSC}}, S)] \to 1|$$

必要性证明。如果 $\pi_{\text{SC-BSC}}$ 是 IND-CCA2 安全的，即没有任何敌手 A 以不可忽略概率获得成功，则 $\pi_{\text{SC-BSC}}$ 能安全实现理想函数 $F_{\text{SC-BSC}}$。对于任何环境机 Z 不可区分它是与 $(\pi_{\text{SC-BSC}}, A)$ 交互还是与 $(F_{\text{SC-BSC}}, S)$ 交互。环境机 Z 的运行过程如下所述。

环境机 Z 首先给 $\pi_{\text{SC-BSC}}$ 发出 Setup 请求，在收到 sid 回复后，将 L 作为输入启动 A。

对于 A 的请求 $(\text{Extract}, sid)$，Z 可先向 $\pi_{\text{SC-BSC}}$ 发出 $(\text{CA}, \text{Setup}, sid)$，再发出 (Key, sid, P_j) 请求得到盲签密者 P_i 的密钥对，返回密钥对给 A，同样的方式可得到接收者 P_j 的密钥对，返回相应的值给 A。

对于 A 的请求 (Bsc, sid, m)，Z 可以先向 $\pi_{\text{SC-BSC}}$ 发出 $(\text{CA}, \text{Setup}, sid)$ 请求，再发出

(Key, sid, P_j) 请求，最后发出相应的 (Bsc, sid, m, PK_j) 请求，返回得到的密文 σ 给 A。

对于 A 的请求 (Usc, sid, σ)，Z 可先向 $\pi_{\text{SC-BSC}}$ 发出 (CA, Setup, sid) 请求，再发出 (Key, sid, P_j) 请求，最后发出 (Usc, sid, σ) 请求，返回后者的值给 A。

A 输出 (m', σ') 时，检验 (m', σ') 是否为合法的签密，则对 $\pi_{\text{SC-BSC}}$ 发送请求 (Verify, sid, m', σ')，输出 f 的值。

显然：在现实世界中，环境机 Z 输出 1 的概率正是真实敌手 A 成功的概率。在理想世界中，环境机 Z 总是输出 0。换句话说，现实模型中真实敌手 A 以一个可忽略的概率获得成功时，环境机 Z 是以一个可忽略的概率输出 1，理想模型中环境机 Z 输出 1 的概率是 0。

10.6　性　能　评　价

自认证盲签密 SC-BSC 是采用双线性对设计的。表 10-1 给出 SC-BSC 和文献[3, 10] 中的密码算法的计算效率比较情况。表 10-1 中，P 表示群 G_1 上的双线性对运算，M 表示群 G_1 上的标量乘，E 表示群 G_2 上的指数运算，H 表示哈希函数运算。总体而言，本章的 SC-BSC 的计算效率明显优于文献[3, 10]中的密码算法。

表 10-1　本文方案与其他密码方案的效率比较

密码算法	认证方法	签名/签密算法	验证/解签密算法	总计
文献[3]中的密码算法	基于无证书	$1P+3M+5E+2H$	$2P+E+2H$	$3P+3M+5E+4H$
文献[10]中的密码算法	基于身份	$4M$	$2P+2M+H$	$2P+6M+H$
SC-BSC 方案	基于自认证	$2M+1E+2H$	$2P+1E+2H$	$2P+2M+2E+4H$

10.7　本　章　小　结

本章在通用可复合安全框架下给出自认证盲签密 SC-BSC，然后形式化定义了自认证盲签密 SC-BSC 的理想函数 $F_{\text{SC-BSC}}$。在自适应敌手条件下证明了 $\pi_{\text{SC-BSC}}$ 能安全实现理想函数 $F_{\text{SC-BSC}}$，在获得 IND-CCA2 安全性的同时，同样可获得通用可复合安全性。利用本章 $\pi_{\text{SC-BSC}}$ 作为组件可安全构建一个更为复杂的组合系统，从而在保证相应安全属性的情况下实现指定的任务。

参　考　文　献

[1]　何俊杰, 焦淑云, 祁传达. 一个基于身份的签密方案的分析与改进[J]. 计算机应用研究, 2013, 30(3): 913-920.

[2]　庞辽军, 李慧贤, 崔静静, 等. 公平的基于身份的多接收者匿名签密设计与分析[J]. 软件学报, 2014, 25(10): 2409-2420.

[3]　俞惠芳, 王彩芬, 杨林, 等. 基于无证书的盲签密方案[J]. 计算机应用与软件, 2010, 27(7): 71-73.

[4]　俞惠芳, 王彩芬. 使用自认证公钥的盲签密方案[J]. 计算机应用, 2009, 26(9): 3508-3511.

[5]　俞惠芳, 杨波. 使用 ECC 的身份混合签密方案[J]. 软件学报, 2015, 26(12): 3174-3182.

[6]　周彦伟, 杨波, 王青龙. 可证明安全的抗泄露无证书混合签密机制[J]. 软件学报, 2016, 27(11): 2898-2911.

[7]　俞惠芳, 杨波. 可证安全的无证书混合签密[J]. 计算机学报, 2015, 37(27): 804-812.

[8]　Yu H F, Yang B. Low-computation certificateless hybrid signcryption scheme[J]. Frontiers of Information Technology Electric Engineering, 2017, 18(7): 928-940.

[9]　Yu H F, Wang Z C. Certificateless blind signcryption with low complexity[J]. IEEE Access, 2019, 7(1): 115181-11519.

[10]　汤鹏志, 刘启文, 左黎明. 一种基于身份的部分盲签名改进方案[J]. 计算机工程, 2015, 41(10): 139-143.

[11]　李建民, 俞惠芳, 赵晨. UC 安全的自认证盲签密协议[J]. 计算机科学与探索, 2017, 11(6): 932-940.

[12]　杨波. 现代密码学[M]. 4 版. 北京: 清华大学出版社, 2017.

第 11 章　总结与展望

中国互联网络信息中心 2021 年发布最新《中国互联网络发展状况统计报告》一文：截至 2020 年 12 月，中国上网公民的规模高达 9.89 亿，比 2020 年 3 月新增数量约 8540 万，并且互联网普及率高达 70.4%。自 2014 年中国网民数量逐年增加，网民数量增长趋势如图 11-1 所示。

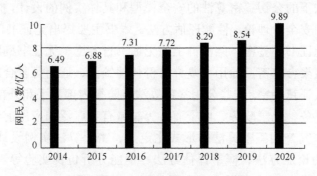

图 11-1　近几年网民人数趋势图

无论早期的电视购物到目前的电商网购，还是从落后的固定电话到不受地点限制的语音、视频电话，抑或是从传统纸币交付到智能手机支付，都显示出人类日常活动与互联网的关联性正在持续不断提升。这些变化说明，互联网对于人们的日常生活而言不可或缺。信息技术发展给人们的日常生活带来的巨大便利无处不在，人们的衣食住行不可避免地依赖互联网。然而，人们对互联网的依赖和互联网自身的开放性，使得用户的个人信息承受着暴露于公众视野的安全隐患，窃取用户隐私信息的风险变得越来越大。日常生活中信息泄露导致安全事件的现象屡见不鲜，例如，用户手机号码泄露导致用户遭受电信诈骗、用户身份信息泄露导致用户的账户被盗用等。这些危害给人们造成了严重困扰，因此，信息安全问题逐渐引起公众的重视。

信息安全技术的迅速发展极大提升了信息处理、获取、传输、存储和应用的能力，社会信息化是世界发展的核心和潮流。互联网的普及使得信息的共享和交流更加方便，信息的开发、利用和控制的研究是国家与国家之间利益争夺的主要目标，信息安全已与国家战略利益和国民经济发展紧密相关，信息安全问题是世人关注的社会问题。认证和加密是信息安全的两个基本目标，公钥签密技术是整合认证和加密的代表性密码算法，可实现数据的保密并认证的通信问题。目前，公钥签密技术在信息安全实际应用需求下得到了快速发展。

11.1　总　　结

信息安全问题是个庞大复杂的系统工程问题，涉及到密码学、数据库系统、编码理论、数学、物理、操作系统、法律、网络、通信、信息对抗等诸多学科技术。密码学和信息论基础是信息安全的核心和基础。

公钥签密算法能满足信息安全方面的保密并认证的应用需求。本书重点描述不同公钥认证方法下的公钥签密算法的安全模型和具体实例的设计，探索研究公钥签密算法的可证明安全性理论、性能评估方法。本书主要提出无证书门限签密、无证书代理签密、无证书环签密、乘法群上的无证书盲签密、无证书椭圆曲线盲签密、无证书椭圆曲线聚合签密、通用可复合身份代理签密、通用可复合广播多重签密、通用可复合自认证盲签密，这些公钥签密算法能防御内部敌手和外部敌手的适应性攻击，在电子军务、电子政务、电子商务等领域有着广泛的应用前景。

本书主要探究公钥签密算法的形式化定义、密码算法实例设计、密码算法可行性和安全性的论证方法、概率评估方法、性能分析仿真实验等。本书的内容由作者近几年的部分研究成果组成，主要体现在以下方面。

1. 无证书门限签密算法

门限签密技术能防止签密权的滥用，安全性比普通签密技术更好。门限签密技术将签密私钥分成若干子密钥，这些子密钥由群中的 n 个成员持有，即使少于门限值 t 个 $(t \leqslant n)$ 成员泄密，门限签密技术仍然能保证安全。假如某公司的总经理因事不在公司时，需要将签署文件的权力交给 n 个部门经理，需要签名时由 t 个部门经理合作才能完成，这就是门限签密技术的典型应用。多个用户共享一个秘密并不是把秘密发给每个人，而是将秘密拆分开发给每个人。

采用密码共享机制、无证书门限签名和公钥签密的技术理论，秘密共享机制下的无证书门限签密(CL-TSC)被提出，验证者不知道门限签密阶段参加密码操作的是哪些成员。CL-TSC 在随机谕言模型下基于判定双线性 Diffie-Hellman 问题和计算性 Diffie-Hellman 问题的困难假设，被证明满足 IND-CCA2 安全性(适应性选择密文攻击下的不可区分性)和 UF-CMA 安全性(适应性选择消息攻击下的不可伪造性)。CL-TSC 能满足电子拍卖、电子选举、分布式环境、区块链、云计算等领域的密码学应用需求。

2. 无证书代理签密算法

随着网络信息技术的迅速发展，代理签密成为密码学应用中不可缺少的签密技术。代理签密实现了一个原始签密人授权他的签密权力给一个代理签密人，然后代理签密人代替原始签密人对指定的消息进行签密操作。

采用无证书密码和代理签密的技术理论，乘法群上的无证书代理签密（CL-PSC）被提出。CL-PSC 允许原始签密者委托签密权限给代理者，由后者代表前者对指定的消息进行签密操作，接收者负责解密收到的密文，发生争议时接收者可以随时宣布任何第三方公开验证，无须任何额外的计算工作。CL-PSC 没有传统 PKI 那样的证书管理问题，还解决了 IB-PKC 面临的密钥托管问题。在随机谕言模型中 CL-PSC 的适应性选择密文攻击下的不可区分性归约到了联合判定双线性 Diffie-Hellman 问题的困难假设上，同时适应性选择消息攻击下的不可伪造性归约到了联合计算性 Diffie-Hellman 问题的困难假设上。CL-PSC 计算复杂度低、安全性强，适用于电子合同签署、在线代理拍卖、云计算、移动代理和普适计算等多个领域。

3. 无证书环签密算法

环签密技术可使真实签密者代表包含自己在内的一组用户生成针对消息 m 的签密密文，真实签密者的身份完全隐藏，很好地克服了群签密技术中群管理员权力集中的问题。环签密技术可很好满足电子投票、电子选举、匿名通信、多方安全计算等实际环境中的密码学应用需求。

采用无证书密码和环签密的技术理论，高效安全的无证书环签密（CL-RSC）被提出。CL-RSC 的安全性依赖于联合判定双线性 Diffie-Hellman 和计算 Diffie-Hellman 问题的难解性。CL-RSC 没有证书管理和密钥托管的问题。CL-RSC 除了满足无条件匿名性外，内部敌手和外部对手在破坏 IND-CCA2 安全性和 UF-CMA 安全性方面都没有任何优势。对于 CL-RSC 的性能评估，本书给出相关的计算开销表，然后采用 MATLAB 软件工具进行仿真实验；从实验仿真的结果可看出，CL-RSC 具有较高的计算效率。

4. 乘法群上的无证书盲签密算法

盲签密技术可使盲签密者只签名消息拥有者盲化过的信息，盲签密者不知道消息的真实内容，是一种具有消息盲化特性的公钥签密技术。假设消息拥有者想要盲签密者对待签署的消息进行签密操作，又不想让盲签密者知道待签消息的具体内容，即使以后盲签密者见到了针对消息的签名，盲签密者也不确定是什么时候签署的，这种情况下就可用到盲签密技术。盲签密技术主要用于电子现金支付、电子投票、电子拍卖、电子合同等需要匿名性和认证性的应用场合中。

采用无证书密码体制、盲签密体制、乘法循环群的技术理论，乘法循环群的无证书盲签密(MCG-CLBSC)被提出。MCG-CLBSC 满足判定双线性 Diffie-Hellman 假设下的 IND-CCA2 安全性和计算性 Diffie-Hellman 问题的安全假设的 UF-CMA 安全性。MCG-CLBSC 消除了传统 PKI 证书管理问题和 IB-PKC 的密钥托管问题。从性能实验结果可知，采用 MCG-CLBSC 具有较高的计算效率，未来在信息安全领域有着非常广阔的应用前景。

5. 无证书椭圆曲线盲签密算法

椭圆曲线密码系统(ECC)可用很短的密钥获得和 RSA 密码算法、ELGamal 密码算法同样的安全性，非常具有应用前景。采用 ECC 的盲签密具有密钥长度短、处理速度快等优点，可广泛应用于电子现金、电子投票、电子拍卖、电子合同等诸多隐私保护领域，也特别适合在资源受限的设备中实现。

采用 ECC 和无证书盲签密的技术理论，无证书椭圆曲线盲签密(CL-ECBSC)被提出。CL-ECBSC 允许消息拥有者对待签消息进行盲化，签密者对盲化后的消息进行签名，签密者不知道消息的真实内容，即使消息-签名对公开，盲签密者也没有办法获取消息的真实内容。CL-ECBSC 可防止内部敌手和外部敌手的适应性攻击，对于需要考虑盲性的网络通信，具有很大的应用价值，尤其在资源受限环境下更具有吸引力。

6. 无证书椭圆曲线聚合签密算法

采用无证书密码体制和聚合签密体制的技术理论，无证书椭圆曲线聚合签密(CL-ECASC)被提出。CL-ECASC 能保证消息的机密性和不可伪造性，没有证书管理和密钥托管的问题。在椭圆曲线计算 Diffie-Hellman 问题和椭圆曲线离散对数问题的困难假设下，CL-ECASC 具有 IND-CCA2 安全性和 UF-CMA 安全性。

CL-ECASC 的计算速度快、通信成本低，适合应用于 5G 网络环境、云计算、物联网、电子医疗等领域，尤其 5G 网络环境下的数据中心需要对各种消息进行签名操作，然后及时发送到各个部门进行物联网接入认证。如果采用传统公钥签密技术，对不同消息分别进行签名再转发并认证会加大计算开销，CL-ECASC 可很好地解决这个问题。

7. 通用可复合身份代理签密算法

采用身份代理签密体制和通用可复合安全机制的技术理论，提出通用可复合的身份代理签密(IB-PSC)。该密码算法满足 IND-CCA2 安全性和 UF-CMA 安全性。第 8 章中形式化定义了身份代理签密协议 $\pi_{\text{IB-PSC}}$ 的理想函数 $F_{\text{IB-PSC}}$，同时，证明了身份代理签密协议 $\pi_{\text{IB-PSC}}$ 与其 IND-CCA2 安全性和 UF-CMA 安全性之间的等价关系。

通用可复合身份代理签密算法能保证与其他密码算法并行运行时的安全，也能保证作为复杂密码系统的组件时的安全。利用通用可复合身份代理签密的具体实例作为组件，可安全构建更为复杂的密码系统，从而在保证相应安全属性的情况下实现复合系统指定的任务。

8. 通用可复合广播多重签密算法

采用广播多重签密机制和通用可复合安全机制的技术理论，可设计出通用可复合广播多重签密（BMSC）。该密码算法在离散对数和计算 Diffie-Hellman 问题的困难假设下具有语义安全性。该密码算法不需要证书的管理和密钥的托管。第 9 章中形式化定义了广播多重签密 π_{BMSC} 的理想函数 F_{BMSC}，证明了广播多重签密 π_{BMSC} 的通用可复合安全性。

使用通用可复合广播多重签密算法的具体实例作为组件，可安全构建一个更为复杂的密码系统，从而在保证相应安全属性的情况下实现复合系统指定的任务。通用可复合广播多重签密算法在合同签署、网上交易和财务出账等方面具有很大的应用价值。

9. 通用可复合自认证盲签密算法

采用自认证盲签密机制和通用可复合安全机制的技术理论，提出通用可复合安全的自认证盲签密（SC-BSC）。第 10 章中形式化定义了通用可复合安全框架下的自认证盲签密协议 $\pi_{\text{SC-BSC}}$ 的理想函数 $F_{\text{SC-BSC}}$。在自适应攻击者条件下证明了自认证盲签密协议 $\pi_{\text{SC-BSC}}$ 可安全实现理想函数 $F_{\text{SC-BSC}}$，在获得 IND-CCA2 安全性的同时，同样能获得通用可复合框架下的安全性。

利用通用可复合自认证盲签密算法的具体实例作为组件可安全构建一个更为复杂的密码系统，从而在保证相应安全属性的情况下实现复合系统指定的任务。

11.2　工作展望

可证明安全公钥签密技术在一个多项式时间内能同时完成数字签名和公钥加密两项操作，公钥签密操作的计算代价、通信代价低于传统先签名后加密的密码系统。公钥签密技术是公钥密码系统的重要分支之一，是起着中流砥柱作用的密码原语。公钥签密技术的研究工作远没有停止，尤其离实际场景中的实践应用还有很大差距。不同公钥认证的可证明安全公钥签密技术的实例设计、形式化的算法模型和安全模型、可证明安全理论和性能评估方法等的研究，需要继续优化和完善。实际的密码学应用场景中的解决方案需要更深入的研究。从密码学与信息安全的研究经验发现，下面的研究具有重要的理论意义和实用价值。

11.2.1　通用可复合密码协议研究

　　通用可复合安全框架满足密码协议的模块化设计要求，可单独用来设计密码协议。如果某个密码协议满足通用可复合安全性，可保证与其他密码协议并发组合运行时的安全。设计安全密码协议，首先要将密码协议所希望完成的功能抽象为一个理想函数。通用可复合安全框架由现实模型、理想模型和混合模型组成。在通用可复合安全框架中采用交互式图灵机描述密码协议的参与方、敌手和环境机等实体，每个交互式图灵机的运行均限定在概率多项式时间内。现实模型包含参与方、真实敌手、密码协议与环境机等实体，参与方不仅诚实执行密码协议，相互之间还可直接通信。理想模型包含参与方、仿真者、理想函数与环境机等实体，和现实模型不一样的是参与方之间不能直接通信，而是通过理想函数转发信息。在复杂的网络环境中，单个密码协议已经不能满足人们的需求，越来越多地需要多个密码协议组合在一起使用，各自安全的密码协议组合后不能保证组合协议安全。

　　具有特殊性质的公钥签密算法的通用可复合安全性仍然是密码学界的研究热点。在通用可复合安全框架中具有特殊性质的公钥签密算法目前报道较少。通用可复合的具有特殊性质的公钥签密算法在与其他密码算法组合使用时，不会破坏整个密码系统的安全性。构造通用可复合具有特殊性质的公钥签密算法的理想函数，通过理想函数设计通用可复合安全的具有特殊性质的公钥签密算法实例是很重要的研究方向。

11.2.2　抗量子计算密码方案研究

　　1994 年的 Shor 算法指出量子分解算法在多项式时间内可解决大整数因数分解问题和离散对数问题。目前量子计算机发展很快，1998 年首台 2 个量子比特的量子计算机出现。2018 年 Google 发布首台计算能力能达到 72 个量子比特的计算机 Bristlecone。潘建伟团队在 2020 年构建量子计算原型机"九章"，可计算 76 个光子。美国国土安全部 DHS 在 2021 年 9 月发布"应对后量子密码学"备忘录。虽然量子计算技术还没有进入实用阶段，随着量子计算技术的迅速发展，采用传统数学困难问题设计的密码算法会面临严重的安全威胁，各个国家也开始布局研究抗量子密码体制。

随着互联网传播技术的超速发展，人类的生活较之前越来越便利。与此同时人们的通信方式转变成互联网通信，对日常生活中涉及的安全问题愈发重视。社会对安全的研究不得不提出更高的要求。据报道 4000 位的 RSA 密码能抵抗大型电子计算机的攻击，却不能抵抗大型量子计算机的攻击；具有四百万密钥的 McEliece 密码能抵抗大型电子计算机和大型量子计算机的攻击。现在必须考虑量子计算技术对传统密码算法的威胁，密码学界已经在关注抗量子计算密码体制的研究。绝大多数密码算法所依赖的数学困难问题主要是离散对数问题和大整数分解问题，没有办法克服量子计算攻击的问题。因此，设计抗量子计算密码算法显得尤为重要。多变量公钥密码算法有较高的计算效率、较低的计算代价和较成熟的研究背景，目前备受关注。多变量公钥密码算法的安全性主要依赖有限域上求解非线性多变量多项式方程组（multivariate quadratic，MQ）问题和多项式同构（isomorphism of polynomials，IP）问题的难解性。

签密可使用户同时实现签名和加密两项功能。采用格密码理论、多变量密码理论和签密理论的技术方法，可证明安全抗量子计算签密算法是非常重要的热点方向。目前普遍认为标准模型中密码算法计算效率比较低，真实环境中标准模型下的安全性能得以保证。标准模型中可证明安全密码算法一般比随机谕言模型中可证明安全密码算法的计算复杂度高。很多密码算法在标准模型中建立安全性归约是比较困难的。

11.2.3 网络编码环境下格密码方案研究

传统的通信网络采取存储转发的数据传输方式，中间节点扮演转发器的角色；采用网络编码的通信网络中间节点具有转储与编码功能，中间节点扮演编码器的角色。网络编码因有利于提升网络传输性能成为现代网络通信安全领域的研究热点，同时也带来了许多安全问题，污染问题是最主要的问题。为了阻止正常网络通信，敌手篡改传输数据或向网络中注入随机数干扰网络通信。如果采用网络编码的通信网络在传输数据时遭遇污染攻击，会因网络编码允许数据相互混合而导致污染信息在网中扩散，致使信宿节点收到污染信息无法译码得到原始消息。

采用传统密码体制的网络编码方案允许任意节点对收到的信息进行验证，如果无法通过验证会立即丢弃该消息，即清除网络中的污染信息。采用传统密码体制的网络编码方案无法避免因量子计算攻击带来的污染问题。格密码是目前抗量子计算密码中发展最快的领域之一，目前还未发现求解格密码体制所依赖的格中计算问题的多项式时间算法和量子算法。格密码体制可抗量子计算攻击，存在从最差情况到平均情况归约的特点，运算速度快，实现同等安全性条件下格密码方案参数取值较小，格密码体制具有更高的实用价值。利用格密码体制的抗量子计算的特性构造网络编码方案，将有利于解决网络编码因量子计算攻击导致的污染问题等，有利于增强网络编码的安全性和促进网络编码的实用化。适用于网络编码的格密码方案研究对未来新型网络通信系统的开发具有重要的指导意义，对抗量子计算网络编码通信技术的发展提供可借鉴的研究思路。

　　适用于网络编码的格密码方案的研究目标在于突破网络编码机制和格密码机制融合发展的技术瓶颈，其可有效解决网络编码面临的污染、量子计算攻击等问题，此方案研究面向无人机通信网络、移动无线网络、无线传感器网络、Ad hoc无线网络、车联网、电子医疗系统等领域的网络编码通信系统的需求，并针对新型通信系统的网络编码安全问题寻找出有效的解决方法。